ギリシャ文字

A	α	alpha	アルファ		N	ν	nu	ニュー
B	β	beta	ベータ		Ξ	ξ	xi	グザイ
Γ	γ	gamma	ガンマ		O	o	omicron	オミクロン
Δ	δ	delta	デルタ		Π	π	pi	パイ
E	ε	epsilon	イプシロン		P	ρ	rho	ロー
Z	ζ	zeta	ゼータ		Σ	σ	sigma	シグマ
H	η	eta	イータ		T	τ	tau	タウ
Θ	θ	theta	シータ		Y	υ	upsilon	ウプシロン
I	ι	iota	イオタ		Φ	φ,ϕ	phi	ファイ
K	κ	kappa	カッパ		X	χ	chi	カイ
Λ	λ	lambda	ラムダ		Ψ	ψ	psi	プサイ
M	μ	mu	ミュー		Ω	ω	omega	オメガ

電磁波の分類と対応する化学現象

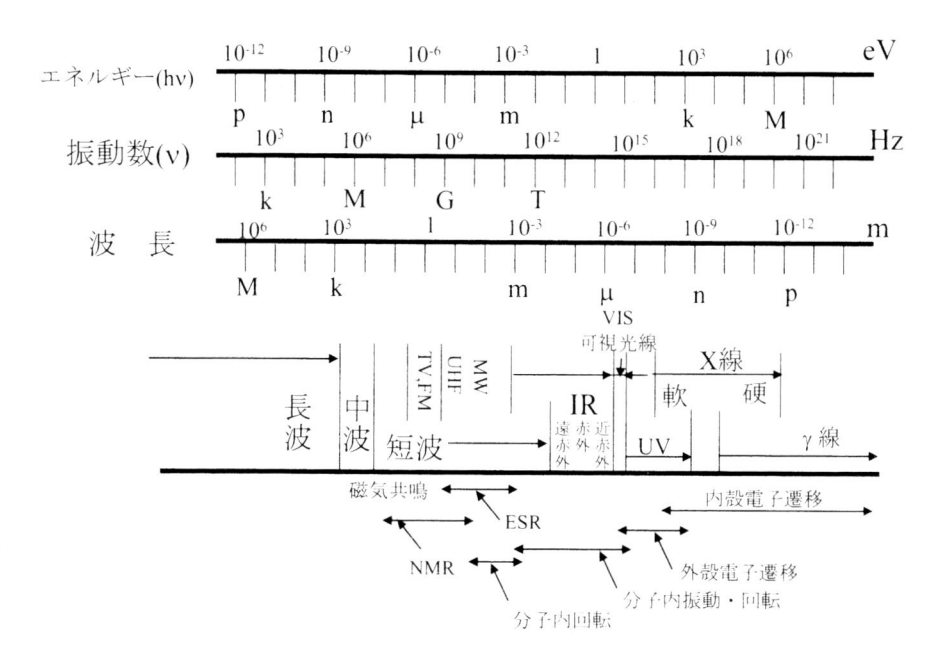

役にたつ化学シリーズ

村橋俊一・戸嶋直樹・安保正一 編集

③ 無機化学

出来　成人
辰巳砂　昌弘
水畑　穣
山中　昭司
足立　裕彦
町田　信也
峠　登
幸塚　広光
横尾　俊信
町田　憲一
中西　和樹
松林　玄悦
高田　十志和
木原　伸浩
今中　信人［著］

朝倉書店

役にたつ化学シリーズ ■ 編集委員

村 橋 俊 一　　岡山理科大学，大阪大学名誉教授
戸 嶋 直 樹　　山口東京理科大学基礎工学部物質・環境工学科
安 保 正 一　　大阪府立大学大学院工学研究科応用化学分野

3　無機化学　■ 編集者・執筆者

山 中 昭 司	広島大学大学院工学研究科物質化学システム専攻	[1章]
足 立 裕 彦	元 京都大学大学院工学研究科教授	[2.1, 2.2節]
町 田 信 也	甲南大学理工学部機能分子化学科	[2.3, 2.4節]
*辰巳砂 昌 弘	大阪府立大学大学院工学研究科応用化学分野	[2.5, 3.1節]
峠　　　登	元 近畿大学理工学部教授	[3.1節]
幸 塚 広 光	関西大学化学生命工学部化学・物質工学科	[3.2節]
横 尾 俊 信	京都大学化学研究所材料機能化学研究系	[3.3節]
町 田 憲 一	大阪大学先端科学イノベーションセンター	[3.4節]
*出 来 成 人	山梨大学燃料電池ナノ材料研究センター	[4.1, 4.2節]
*水 畑 穣	神戸大学大学院工学研究科応用化学専攻	[4.1, 4.2, 6.1節]
中 西 和 樹	京都大学大学院理学研究科化学専攻	[4.3節]
松 林 玄 悦	元 大阪大学大学院工学研究科教授	[5.1, 5.3節]
高 田 十志和	東京工業大学大学院理工学研究科有機・高分子物質専攻	[5.2節]
木 原 伸 浩	神奈川大学理学部化学科	[5.2節]
今 中 信 人	大阪大学大学院工学研究科応用化学専攻	[6.2, 6.3節]

執筆順．[　] 内は担当章・節．＊印は本巻の編集担当

は じ め に

　無機化学とは,「炭素および水素を中心とした炭化水素系化合物以外の物質を取り扱う化学」という,否定による定義で始まる化学の一分野である.しかし言い換えれば,研究の対象として何を扱ってもよいという自由な世界である.したがって,その研究分野は無機化学を専門とする研究者の数だけ存在するといっても過言ではない.このことは教科書の内容の多様性にも表れており,これから無機化学を学ぼうとする人が教科書を選ぶ際に迷いを生じるもとになる.非常に多くの教科書が出版されていながら,その構成や内容,さらには取り扱われている原理の多様性を見て,どこから学べばよいか決めかねることも少なくない.しかし,限られた授業の中で無機化学を学ぶには,多様で広範な内容の中で,物質を理解するための基礎となる「役にたつ」内容を選択することが重要である.

　一方で「無機化学で学ぶべきこと」は関連する科学と産業の発展とともに大きく変化してきた.そもそも無機化学の教科書に欠かすことのできない周期表がMendelejev(メンデレーエフ)により提案されたのは,明治維新の翌年の1869年である.戦後まもなくから1980年代までの無機化学の教科書の多くは,戦後復興期から高度成長に至る社会的背景もあって,化学工業における必須材料(たとえば,鉄鋼,セメント,肥料など)の合成法などが解説された各論が多くのページを占めてきた.しかし,1990年代になると,それまでの急速な工業技術の発展のため,各分野において高度な専門性が要求されるようになり,それに応えるための数多くの専門書が出版されるようになった.ここで無機化学の教科書が各論解説を行う役目は終えたといえる.その一方で,無機物質を研究対象とする場合,単にそれらを合成するだけでなく,関連する物理化学,分析化学,あるいは有機高分子や生体材料とのコンポジット化に端を発する多くの機能性材料,さらにはその機能を評価するための様々な物理現象…,と,無機化学において学ぶことは飛躍的に増大してきた.これらのことを受けて,1990年代には無機化学の教科書は大きく様変わりし,理論化学と物理化学では取り扱わない「元素固有の特徴」がその主要な構成・内容となった.このことが,非常に多様な教科書を生むきっかけとなり,さまざまな名著が出版されてきた.ところが,版を重ねるに従って内容はきわめて高度化し,大学院生にとっても歯ごたえのある叢書となりつつあることも否定できない.

　本書は既刊の『役にたつ化学シリーズ』と同様,大学の理・工学部ならびに薬学部,農学部などの化学の基礎知識を必要とする理系分野の学生が,これから様々な分野に進む際に必要とされる無機化学のエッセンスをまとめたものである.原子論から分子論,結合,さらに集合体の化学と視野を徐々に広げていく過程において必要とされる理論の導出とその理論からのずれを補う各元素の特徴を理解することによって,工業的に様々な分野で用いられている無機材料の特

徴を捉えることができると期待している．

　本書の構成は6章からなる．第1章の「原子の構造と周期性」では各元素の特徴を原子レベルでとらえ，元素の特徴を大きく左右する電子配置を中心に理解を深める．第2章「結合と構造」では，原子が結合する際に働く相互作用と結合の特徴を理解するとともに，集合体としての無機物質の特徴を理解する．第3章「元素と化合物」では各々の元素の特徴を捉え，その体系的な理解を図る．読者はおそらく，周期性という「理論」を学ぶだけでなく，そこからの「ずれ」を理解する面白さを知ることになろう．第4章「無機反応」では，無機化学反応を代表する平衡反応である「酸-塩基反応」と「酸化-還元反応」，さらに無機材料合成法の基礎である「溶液反応」を中心とする合成反応を理解する．第5章「配位化学」では，第2章で取り扱った化学結合の中で，電子配置と密接に関わる配位結合を特に取り上げ，その特徴に起因する様々な無機化合物，とりわけ金属錯体の物性を理解する．また，この配位結合が無機化学とそれ以外の分野（たとえば，有機金属化学や生物無機化学）との架け橋になって，これらの分野を支えていることを理解する．最後に第6章「無機材料化学」では，無機化学が産業・社会との関わりの中でどのように発展し，かつ必要とされているか，具体的な基幹材料や先端材料を取り上げて解説し，理解を深めることを目的としている．

　無機化学の面白さは取り扱う元素の多様性だけでなく，一見，美しい理論に彩られた周期表には現れてこない物質固有の性質（理論からのずれ）を理解すること，同じ化合物（組成）であっても，その集合や結合の仕方が異なると全く異なった物性を示すこと，また，それを利用した様々な材料が社会で役立っていること等，枚挙にいとまがない．

　「多様性の化学」を代表する無機化学において，内容の充実を最優先した結果，シリーズ中でも著者数が最多となった．一方で，それぞれの分野におけるオーソリティに執筆をお願いしたため，結果的に編集に多大な時間を要することになった．シリーズ最後の発刊となる本書が『役にたつシリーズ』を本当に役立たせることになるよう，是非，読者のご批判を仰ぎたい．

　最後に，本書の執筆者の一人である峠　登先生が，53歳という若さで急逝されました．ここに，心よりご冥福をお祈り申し上げます．また，本書の出版にあたり，多大なご配慮，ご協力をいただきました朝倉書店編集部の皆様に深謝申し上げます．

2009年2月

著者を代表して
出　来　成　人
辰巳砂　昌　弘
水　畑　　穰

役にたつ化学シリーズ 3 無機化学

目　次

■ 1. 原子の構造と周期性 ■

1.1 原子の構造 ……………………………………………………………………… 1
  a. 電子の発見と原子の構造　*1*
  b. 水素原子模型　*2*
  c. 波動方程式　*5*
  d. 箱の中の電子　*7*
  e. 原子核に束縛された電子　*9*
  f. 多電子原子　*13*
  g. 原子の周期表　*16*
1.2 元素の性質と周期性 …………………………………………………………… 16
  a. 有効核電荷　*17*
  b. イオン化エネルギー　*19*
  c. 原子の大きさ　*20*
  d. 電子親和力　*22*
  e. 電気陰性度　*23*

■ 演習問題 ………………………………………………………………………… 26

■ 2. 結合と構造 ■

2.1 化学結合（結合形式）………………………………………………………… 28
2.2 共有結合 ………………………………………………………………………… 31
  a. 分子軌道法の概念　*31*
  b. 原子軌道関数　*32*
  c. 分子軌道法　*33*
  d. 種々の分子軌道　*37*
  e. 多重結合　*38*
2.3 イオン結合と金属結合 ………………………………………………………… 41
  a. 静電的相互作用とイオン結合　*41*
  b. 代表的なイオン結晶構造　*42*
  c. 格子エネルギー　*45*
  d. Born-Haber（ボルン-ハーバー）サイクル　*50*

　　　　　　　　　　　e．イオン半径　52
　　　　　　　　　　　f．多原子イオンの半径　56
　　　　　　　　　　　g．金 属 結 合　57
　　　　　　　　　　　h．金属の構造（最密充塡構造）　60
　　　　　　　　　　　i．分子間力と分子結晶　62
2.4　固体化学 …………………………………………………………………… 63
　　　　　　　　　　　a．結　　　晶　63
　　　　　　　　　　　b．空 間 格 子　65
　　　　　　　　　　　c．Miller（ミラー）指数　67
　　　　　　　　　　　d．点　欠　陥　67
　　　　　　　　　　　e．イオン結晶における点欠陥　68
　　　　　　　　　　　f．点欠陥の表記方法　69
　　　　　　　　　　　g．固　溶　体　70
　　　　　　　　　　　h．不定比性化合物　71
　　　　　　　　　　　i．刃状転位とらせん転位　73
2.5　結晶と非晶質 ………………………………………………………………… 75
　　　　　　　　　　　a．単結晶と多結晶　75
　　　　　　　　　　　b．ガラスとアモルファス　75
　　　　　　　　　　　c．ガラスの組成　76
■演 習 問 題 …………………………………………………………………… 78

■3．元素と化合物■

3.1　非金属元素 …………………………………………………………………… 79
　　　　　　　　　　　a．水　　　素　79
　　　　　　　　　　　b．ホ ウ 素　81
　　　　　　　　　　　c．炭素族元素　82
　　　　　　　　　　　d．窒素族元素　87
　　　　　　　　　　　e．酸素族元素　90
　　　　　　　　　　　f．ハ ロ ゲ ン　94
　　　　　　　　　　　g．希 ガ ス　96
3.2　典型金属元素 ………………………………………………………………… 97
　　　　　　　　　　　a．sブロックとpブロックの元素　97
　　　　　　　　　　　b．sブロックの金属元素　98
　　　　　　　　　　　c．pブロックの金属元素　108
3.3　遷移金属元素 ………………………………………………………………… 114
　　　　　　　　　　　a．d-ブロック元素　114
　　　　　　　　　　　b．第1遷移系列元素各論　118
　　　　　　　　　　　c．第2および第3遷移系列元素　124
3.4　希土類金属元素 ……………………………………………………………… 124

■ 演習問題 ……………………………………………………………………………… *129*

■4. 無 機 反 応■

4.1 酸 と 塩 基 …………………………………………………………………… *130*
   a. Arrhenius（アーレニウス）の定義　*130*
   b. Brønsted-Lowry（ブレンステッド-ローリー）の定義　*131*
   c. Lewis（ルイス）の定義　*132*
   d. 酸・塩基の強さと酸塩基平衡　*134*
   e. Lewis 酸・塩基の強度とドナー数・アクセプター数　*137*
   f. 固 体 酸　*139*
   g. 酸濃度と pH 測定　*141*
4.2 酸化と還元 …………………………………………………………………… *141*
   a. 金属酸化物の酸化還元反応　*142*
   b. 電 気 分 解　*146*
   c. 標 準 電 位　*146*
   d. Latimar（ラティマー）図　*149*
   e. Pourbaix（プールベイ）図　*150*
   f. 光電気分解反応　*152*
4.3 化学反応と合成 ……………………………………………………………… *153*
   a. 溶解度を利用した反応　*153*
   b. 析出反応による無機化合物の合成　*155*
   c. 加水分解・重縮合反応による無機化合物の合成　*157*
■ 演習問題 ……………………………………………………………………………… *159*

■5. 配 位 化 学■

5.1 遷移金属錯体 ………………………………………………………………… *160*
   a. 錯体の構造と電子状態　*160*
   b. 錯体の反応　*166*
5.2 有機金属化学 ………………………………………………………………… *172*
   a. 有機金属化合物の分類と構造　*172*
   b. オクテット則と 18 電子則　*174*
   c. 有機金属化合物の反応　*175*
5.3 生物無機化学 ………………………………………………………………… *178*
   a. 鉄-ポルフィリンタンパク質　*179*
   b. 鉄・硫黄タンパク質　*182*
   c. ニトロゲナーゼ　*182*
   d. 銅タンパク質　*183*
■ 演習問題 ……………………………………………………………………………… *186*

6. 無機材料化学

6.1 無機工業化学の歴史 ……………………………………………………………… *188*
    a. 化学が近代工業に取り入れられるまで *188*
    b. 大規模製鉄に始まる無機工業化学 *189*
    c. 有機工業化学に対する無機工業化学 *189*
    d. 無機工業化学の拡大と細分化 *190*
    e. "What chemists want to know." *191*
6.2 工業材料の構造と機能 ……………………………………………………………… *192*
    a. 高温構造材料 *192*
    b. 電 気 材 料 *194*
    c. 磁気・光学材料 *197*
6.3 先端材料の構造と機能 ……………………………………………………………… *198*
    a. 光機能材料 *198*
    b. エネルギー変換および生体機能材料 *201*
■演習問題 …………………………………………………………………………………… *203*

付　　録

付録1 自由電子モデル ………………………………………………………………… *204*
付録2 第2および第3遷移系列元素各論 ………………………………………… *207*
付録3 希土類元素の物性 ……………………………………………………………… *208*

演習問題解答 ……………………………………………………………………………… *211*
索　　　引 ………………………………………………………………………………… *216*

原子の構造と周期性 1

化学で取り扱う物質の構造や結合状態，そして様々な特性，たとえば，反応性，色，硬さ，融点，沸点，電気伝導性，磁性，熱伝導性などは，すべて物質を構成する**電子**の状態（配列，挙動）が密接に関係している．物質を見たり，触れたりすることは，とりもなおさず，その電子の振舞いを見たり，電子に触れたりすることにほかならない．"化学" の学問体系は物質の電子の状態を研究し，その挙動を理解することであるといっても過言ではない．無機化学では，様々な原子から構成される物質を取り扱う．無機化学の理解の第一歩は原子の中の電子配列を理解することから始まる．

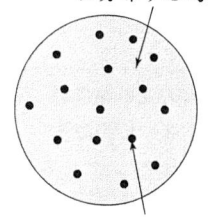

図 1.1 Thomson の原子模型

1.1 原子の構造

a．電子の発見と原子の構造

イギリスの Thomson (1856-1909) は真空にした放電管の実験を行い，陰極から質量と負の電荷をもった粒子（陰極線）が出ていることを発見し，これを**電子**と名づけた．陰極線の磁場と電場中の屈曲実験から，電子の比電荷（電荷と質量の比 e/m）が求められた．1909 年，アメリカの Milikan は有名な油滴の実験により，**電子の素電荷** e の測定に成功し，**電子の質量** m と素電荷 e はそれぞれ，9.1095×10^{-28} g，1.6022×10^{-19} C（クーロン）であることを決定した．

Thomson はこれらの知見から，原子は均質な正に帯電した物質からなり，その中に小さい電子がスイカの中の小さい種のようにちりばめられている原子の構造モデルを提案した．イギリスの Rutherford は 1911 年，薄い金箔にラジウムから放出される He の原子核（α 線）を照射する実験を行い，正に帯電した質量の大きい α 線が後方にも散乱されることを見出した．その軌跡の研究から，金箔の中には，He の原子核よりも何倍も大きく正に帯電した微粒子（核）が存在し，そのまわりを電子が惑星のように周回する原子の構造モデルを提案した．

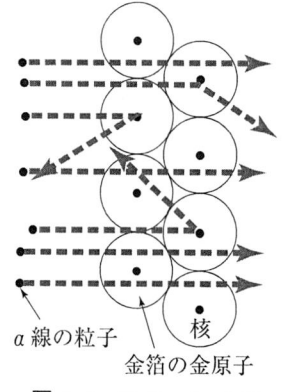

図 1.2 Rutherford の原子模型（金箔中の金原子）

金原子の大部分は中空．原子の質量とすべての正電荷は中心の小さい核に集中している．小さい軽い電子は核のまわりを周回している．金箔に照射された α 線の粒子は金原子の核のごく近傍を通過するときに，屈曲あるいは後方に散乱される．この照射実験から，核の大きさは $\sim 10^{-14}$ m で原子の大きさの約 1 万分の 1 と見積もられた．

b. 水素原子模型

19世紀末から20世紀初頭にかけて，今日の物理学にとって重要な発見が相次いでいる．1900年，Planck は加熱した物質から放出される光のスペクトルの波長分布を研究し，物質に加えたり，物質から除いたりできるエネルギーは，最少量 $h\nu$ の整数倍であるとする"量子仮説"を提唱した．h は **Planck（プランク）の定数** 6.6262×10^{-34} J s，ν は物質から放出あるいは物質に吸収される光の最も低い振動数である．同じ頃，Einstein は金属の表面に光を照射するときに放出される電子（**光電子**）の放出挙動の研究から，振動数 ν の光は $h\nu$ のエネルギーを有する粒子（光子）のように振る舞うことを見出した．**光の粒子性**の発見である．

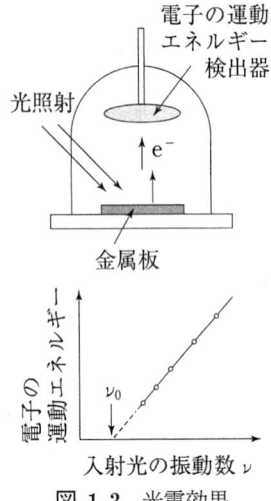

図1.3 光電効果

金属に振動数 ν の光を照射すると，$\nu>\nu_0$ のときに，金属表面から運動エネルギー $1/2\, mv^2$ をもった電子（光電子）が飛び出す．ここで ν_0 は金属の種類に固有の値，$h\nu = h\nu_0+1/2\, mv^2$ の関係がある．$\nu<\nu_0$ では，いくら強い光を照射しても光電子は放出されない．光は $\varepsilon = h\nu$ のエネルギーを有する粒子（光子）として作用している．$h\nu_0$ は金属中の電子の束縛エネルギーと考えられる．

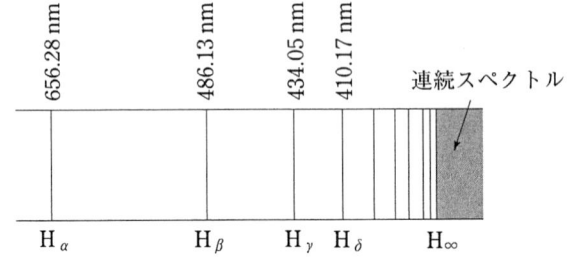

図1.4 可視光域に観察される水素の放電スペクトル（Balmer 系列）

水素を放電管に入れ，励起すると，可視光域に図1.4に示すような特定の波長の光が放出される．1885年，Balmer は一連の発光スペクトルの波数 $\tilde{\nu}$（波長 λ の逆数で単位長に含まれる波の数に相当する）は，次に示す経験式で表現できることを発見した．

$$\tilde{\nu}=\frac{1}{\lambda}=R\left(\frac{1}{4}-\frac{1}{n^2}\right) \tag{1.1}$$

ここで，R は定数，n は $3, 4, 5, 6, \cdots$ の整数である．

その後，水素から放出されるスペクトルには，可視光域だけでなく，紫外から赤外線域にも，同じような系列のスペクトルが含まれることが発見された．Rydberg はこれらのスペクトルは次式でまとめて表現できることを見出し，

$$\tilde{\nu}=R\left(\frac{1}{n_a^2}-\frac{1}{n_b^2}\right) \tag{1.2}$$

Balmer が見出した一連のスペクトル（Balmer 系列）は $n_a=2$ の場合に過ぎないことを示した．ここで定数 R は **Rydberg 定数**とよばれる．n_a と n_b は整数で，$n_a<n_b$ の関係があり，$n_a=1$ は Lyman 系列，$n_a=2$ は Balmer 系列，$n_a=3$ は Paschen 系列，$n_a=4$ は Brackett 系列，$n_a=5$ は Pfund 系列である．

Rutherford の研究室に留学し，デンマークにもどった Bohr は，いち早く，Planck と Einstein の量子と光子説を取り入れ，水素を入れた放電管から放出される発光スペクトルの理論的説明を試みた．Bohr は Rutherford が提唱した惑星型の原子モデルに基づいて，水素原子の電子の運動について計算を行った．電子は原子核のまわりを一定の半径 r の軌道を描いて速度 v で円運動すると考えた．このとき，原子核のまわりを回る質量 m の電子の遠心力と，核から受けるクーロン力はつり合っている．

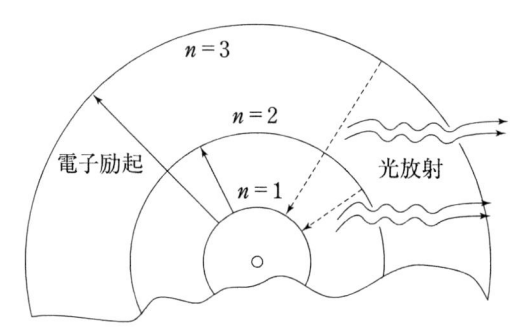

図 1.5 Bohr の水素原子モデル．電子は核のまわりのとびとびの軌道を回っている．励起された電子がエネルギーの低い内側の軌道に遷移するときに余ったエネルギーを光として放出する．

原子核の電荷は $+Ze$（水素原子では $Z=1$），真空の誘電率を ε_0 とすると次式となる．

$$\text{遠心力} = \frac{mv^2}{r} = \frac{Ze^2}{4\pi\varepsilon_0 r^2} = \text{クーロン力} \tag{1.3}$$

ここで，Bohr は次の仮定を行った．

(1) 電子は同一軌道内にあるときはエネルギーを放出しないで，同じスピードで回り続ける．軌道のエネルギーは核に近いほど低い．励起された電子が一つの軌道から，エネルギーの低い下の軌道に遷移するときに，余ったエネルギーを光として放出する．

(2) 軌道上の電子の角運動量 mvr は量子化されており，次のとびとびの値しか取れない．

$$mvr = \frac{nh}{2\pi}, \quad n = 1, 2, 3, \cdots \tag{1.4}$$

ここで，h は Planck の定数である．式 (1.3) および式 (1.4) を組み合わせると，電子の軌道半径 r は次式で与えられる．

$$r = \frac{\varepsilon_0 n^2 h^2}{\pi m e^2 Z} \tag{1.5}$$

$Z=1$ の水素では，$n=1$ のとき，$r=52.9\,\text{pm}\,(\text{pm}=10^{-12}\text{m})$ となる．こ

の半径は **Bohr 半径**とよばれる．

電子の全エネルギー E は電子の運動エネルギー T とポテンシャルエネルギー V の和である；

$$E = T + V = \frac{1}{2}mv^2 + \frac{-Ze^2}{4\pi\varepsilon_0 r} = \frac{-Ze^2}{8\pi\varepsilon_0 r} \tag{1.6}$$

ポテンシャルエネルギーは電子と核が無限に離れている状態を 0 にとっている．式 (1.5) の r を代入すると，n 番目の軌道のエネルギーは

$$E_n = \frac{-Z^2 e^4 m}{8\varepsilon_0^2 n^2 h^2} \tag{1.7}$$

電子が軌道 n_b から n_a に遷移するときのエネルギー変化 ΔE は

$$\begin{aligned}\Delta E &= \frac{-Z^2 e^4 m}{8\varepsilon_0^2 n_b^2 h^2} - \frac{-Z^2 e^4 m}{8\varepsilon_0^2 n_a^2 h^2} \\ &= \frac{Z^2 m e^4}{8\varepsilon_0^2 h^2}\left(\frac{1}{n_a^2} - \frac{1}{n_b^2}\right)\end{aligned} \tag{1.8}$$

光速を c とすると，$\Delta E = h\nu = hc/\lambda = hc\tilde{\nu}$ の関係があるので，放出される光の波数に対しては，Rydberg の式 (1.2) と同じ関係式が得られる．

$$\tilde{\nu} = \frac{Z^2 m e^4}{8\varepsilon_0^2 h^3 c}\left(\frac{1}{n_a^2} - \frac{1}{n_b^2}\right) = R\left(\frac{1}{n_a^2} - \frac{1}{n_b^2}\right) \tag{1.9}$$

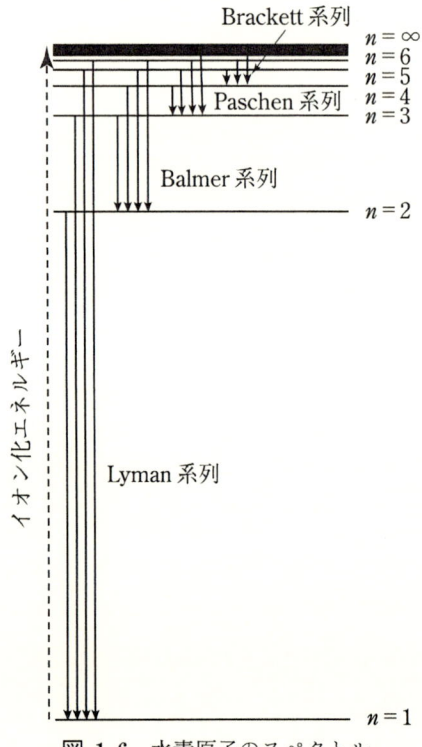

図 1.6 水素原子のスペクトル

この式から，Rydberg 定数は $R = 1.096776 \times 10^7 \mathrm{m}^{-1}$ と計算され，実験値 $1.097373 \times 10^7 \mathrm{m}^{-1}$ と非常によい一致が得られる．このことから，先の Rydberg の式は水素原子の電子が量子数 n_b の外側の軌道から内側の n_a の軌道に遷移する際に発するスペクトルの波数を与えていたことがわかる．$n_a = 2$ の軌道に電子が落ちる際に得られるスペクトルが図 1.4 の Balmer 系列である．

電子の軌道は内側から，$n = 1, 2, 3, 4, \cdots$ に対して，K, L, M, N, $\cdots$ 殻と名づけられる．スペクトルの起源に対する明確な説明と Rydberg 定数の正確な理論計算結果は Bohr が仮定した水素の原子模型が正しいことを証明した．しかし，電子の軌道が量子数 n により規定されるとびとびの状態しか取れないとする Bohr の仮定は，当時の古典物理学の常識では理解できない新しい概念を含んでいた．古典物理学では，核のまわりを周回する電子は，連続した光を放出しながらエネルギーを失い，ついには，原子核に融合するはずであった．

【例題 1.1】

(a) Bohr が導いた式 (1.9) を用いて，Rydberg 定数 (R) を計算せよ．ただし，電子の質量 $m = 9.10939 \times 10^{-31} \mathrm{kg}$，電子の素電荷 $e = 1.602177 \times 10^{-19} \mathrm{C}$，真空の誘電率 $\varepsilon_0 = 8.85419 \times 10^{-12} \mathrm{J}^{-1} \mathrm{C}^2 \mathrm{m}^{-1}$，光速 $c = 2.99792458 \times 10^8 \mathrm{m\,s}^{-1}$，Planck の定数 $h = 6.6260755 \times 10^{-34} \mathrm{J\,s}$ である．単位系を含めて計算せよ．

(b) ここで求めた Rydberg 定数 (R) を用いて，Balmer 系列において，もっとも波長の長いスペクトルの波長を計算せよ．

[解答]

(a) 水素原子では，$Z = 1$．式 (1.9) に代入すると，

$$R = \frac{(9.10939 \times 10^{-31} \mathrm{kg}) \times (1.602177 \times 10^{-19} \mathrm{C})^4}{8 \times (8.85419 \times 10^{-12} \mathrm{J}^{-1} \mathrm{C}^2 \mathrm{m}^{-1})^2 \times (6.6260755 \times 10^{-34} \mathrm{J\,s})^3 \times (2.99792458 \times 10^8 \mathrm{m\,s}^{-1})}$$

$$= 1.09737 \times 10^7 \frac{\mathrm{kg} \times \mathrm{C}^4}{\mathrm{J}^{-2} \mathrm{C}^4 \mathrm{m}^{-2} \times \mathrm{J}^3 \mathrm{s}^3 \times \mathrm{m\,s}^{-1}} = 1.09737 \times 10^7 \frac{\mathrm{kg}}{\mathrm{J\,m}^{-1} \mathrm{s}^2}$$

$\mathrm{J} = \mathrm{kg\,m^2 s^{-2}}$ であるので，$R = 1.09737 \times 10^7 \mathrm{m}^{-1}$．

(b) 式 (1.9) において $n_a = 2$, $n_b = 3$ を代入する．

$$\tilde{\nu} = R(1/4 - 1/9) = 0.15241 \times 10^7 \mathrm{m}^{-1}$$
$$\lambda = 1/\tilde{\nu} = 656.12 \times 10^{-9} \mathrm{m} = 656.12 \mathrm{nm}$$

---

c. 波動方程式

光が波と粒子の二面性を有することは，Einstein の光電子の理論により明らかとなったが，1924 年，de Broglie は運動する粒子は**波動性**を有することを提案し，その波長 λ は

$$\lambda = \frac{h}{p} \tag{1.10}$$

で与えられると主張した．ここで，h はプランクの定数，p は粒子の運動量 mv である．質量の小さい電子ではこの効果が顕著である．たとえば，10 kV の電位差で電子を加速すると，速度は 6×10^4 km s^{-1} に達し，電子の波長は約 10 pm になる．電子が波の特徴である回折や干渉を起こすことは，電子顕微鏡を用いた電子線の回折実験から確かめられている．

電子の粒子性と波動性を同時に表現する方法として，Heisenberg は式 (1.11) で示される**不確定性原理**を提唱した．Δx を位置を決める際の不確実さ，Δv を速度決定における不確実さとすると，その積は

$$\Delta x \cdot \Delta v \geqq \frac{h}{4\pi} \tag{1.11}$$

となる．すなわち，不確定性原理によると，非常に質量の小さい電子の位置と電子の速度を同時に正確に決めることはできない．電子の位置を正確に求めようとすると，運動している電子を止める必要があり，速度は不正確になる．逆に速度を正確に求めようとすると，位置が不正確になる．

電子の二面性のために，Bohr の電子軌道の考え方，すなわち，決まった速度で，決まった半径 r の軌道を，電子が動いているという考え方は，電子の波動性を考慮すると，電子をある空間内に見出すことができる確率で言い換える必要がある．Schrödinger は電子の波動性を中心にして，電子の運動状態を表現する新しい運動方程式を提案した．**Schrödinger の波動方程式**では，電子の軌道に関する情報が波動関数で与えられ，空間のある点 (x, y, z) での**波動関数** $\psi(x, y, z)$ の振幅の二乗 ψ^2 が電子の存在確率を与える．Schrödinger の波動方程式は次のように書かれる．

$$\frac{\partial^2 \psi}{\partial x^2} + \frac{\partial^2 \psi}{\partial y^2} + \frac{\partial^2 \psi}{\partial z^2} + \frac{8\pi^2 m}{h^2}(E - V)\psi = 0 \tag{1.12}$$

電子の位置のポテンシャル V を用いて，波動方程式を解くと，解として得られる波動関数が電子の軌道に関する情報を与え，固有値 E が軌道の全エネルギーを与える．この方程式が成立する解は無数にあるが，波動関数が物理的に意味あるものであるためには，ψ は連続関数，有限 (発散しない)，一価関数でなければならない．そして全空間で電子を見つける確率は 1 である．

$$\int \psi^2 d\tau = 1 \tag{1.13}$$

波動関数とは
電子の波動性に注目して，その状態を記述するのに用いられる関数．Schrödinger の波動方程式の解として，正確な波動関数が求まれば，それから電子のエネルギーや軌道の形などを導くことができる．

【例題 1.2】時速 144 km h^{-1} で投げられた 150 g の野球のボールと，100 kV の電圧で加速された電子の波動性を比較して論じなさい．

[解答]

- 野球のボールの速度（v）　144 km h^{-1} = 40 m s^{-1}

$$\lambda = \frac{h}{p} = \frac{6.626075 \times 10^{-34} \text{J s}}{40 \text{ m s}^{-1} \times 0.150 \text{ kg}} = 1.10 \times 10^{-34} \text{ m}$$

この物質波の波長は測定不可能なほど短い．したがって波動性は問題にならない．

- 電子では，エネルギー $\left(E = \frac{1}{2}mv^2\right)$

$$p = \sqrt{2mE}, \qquad \lambda = \frac{h}{\sqrt{2mE}}$$

200 kV で加速された電子のエネルギー E は

$200 \times 10^3 \times 1.60219 \times 10^{-19}$ J (200 keV)

$$\lambda = \frac{h}{\sqrt{2mE}} = 2.74 \times 10^{-12} \text{ m} \quad \text{測定可能（電子線回折）}$$

d．箱の中の電子

真空中を束縛を受けずに自由に運動する電子の運動エネルギーは $1/2\, mv^2$ であり，その速度に応じた連続したエネルギーを取り得るが，電子を狭い空間に閉じ込めると，波動性の制約から，エネルギーはとびとびの値しか取れなくなる．長さ a の一次元の空間に閉じ込められた電子の状態を考える．軌道のエネルギーは次の Schrödinger 方程式を解くことで与えられる．

$$\frac{\mathrm{d}^2 \psi}{\mathrm{d}x^2} + \frac{8\pi^2 m}{h^2}(E-V)\psi = 0 \tag{1.14}$$

電子は長さ a の空間より外に出られないので，$x \leq 0$ および $x \geq a$ では波動関数 $\psi = 0$ である．閉じ込められた一次元の空間内では，電子は自由に運動できるとすると，上の波動方程式において，ポテンシャル $V = 0$ である．この空間内で波動としての電子が定常波として残るためには，波の半波長の整数倍が空間の間隔 a に等しくなければならない．

$$\frac{\lambda}{2} \times n = a \tag{1.15}$$

この関係を用いると，この空間の中で Schrödinger 方程式に許される波動関数は次式で与えられる．

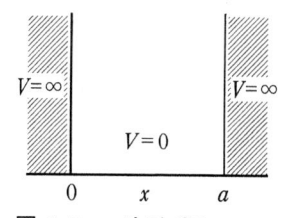

図 1.7　一次元ポテンシャル井戸

幅 a の一次元ポテンシャル井戸では，$0 \leq x \leq a$ において，電子の受けるポテンシャルはゼロ，井戸の外には，電子は存在しない（$\psi^2 = 0$）．

$$\psi = B\sin\frac{n\pi x}{a} \tag{1.16}$$

ここで，n は量子数とよばれる整数で，$n=1,2,3,\cdots$，無限大となる．B は関数の規格化に必要な定数で $B=(2/a)^{1/2}$ である．図1.8（a）に一次元の箱の中の電子の波動関数を示す．$n=1$ では関数は空間のどの領域でも正である．$n=2$ の波動関数は $x=a/2$ で 0 を横切り，符号が反転する．波導関数が常に 0 の点は**節**とよばれる．$n=1$ には節はなく，$n=2$ では 1 個，$n=3$ では 2 個，$n=4$ では 3 個の節がある．

波動関数の規格化
波動関数が広がる全空間にわたって電子を見つける確率は1であるので，$\int \psi^2 d\tau = 1$ として，式(1.16)を規格化できる．$B=(2/a)^{1/2}$ である．

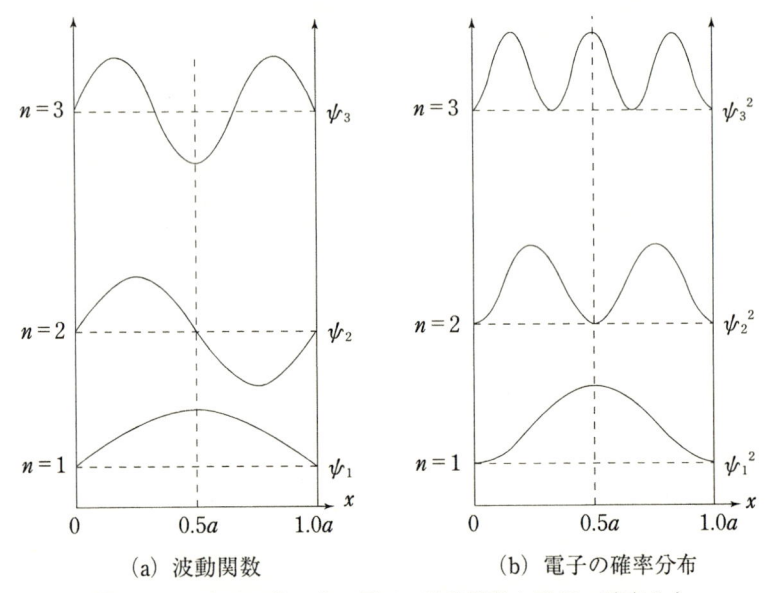

図 1.8　一次元の箱の中の電子の波動関数と電子の確率分布
（a）波動関数　　（b）電子の確率分布

波動関数を Schrödinger 方程式に代入すると，それぞれの波動関数に対する電子のエネルギー E_n が計算できる．

$$E_n = \frac{n^2 h^2}{8ma^2} \tag{1.17}$$

ここでも，軌道のエネルギーは整数 n で規定されるとびとびの値しか取れない．量子数 n は軌道を規定するとともに，電子のエネルギーを決めている．電子が取れるもっとも低いエネルギーは $E=h^2/8ma^2$ であり，$n=0$ の値は取れないので，$E=0$ にはならない．また，電子を空間に閉じ込めると，空間（長さ a）が広いほど軌道のエネルギーは低くなることがわかる．

電子のもっとも低いエネルギー状態
式(1.16)において，$n=0$ とすると，$\psi=0$ となり，電子は存在しないことになる．したがって，n のもっとも小さい値は 1 であって，式(1.17)の最低のエネルギーは $E>0$ となり，箱の中に束縛された電子は停止することができない．

一次元の箱の中の各点で電子を見出す**確率** ψ^2 を図1.8（b）に示す．空間の両端と節では電子を見出す確率は 0 である．水槽に入れた金魚はどこにでも泳いでくるが，箱の中の電子を捕まえるためには，待ち伏せする場所を選ぶ必要がある．節の数は $n-1$ 個であるので，

軌道のエネルギーが高いほど，節の数が多くなる．存在確率を空間にわたって積分すると1である．ここで示した一次元の空間に電子を閉じ込めるモデルは，長く共役したパイ結合の一次元鎖に存在する電子の状態に近い（演習問題1.1）．

一次元の空間の電子状態（波動関数）は，一種類の量子数を用いて記述できる．三次元の空間，たとえば，三辺の長さが a の立方体中の電子のエネルギーは次式で与えられ，三次元の空間に関連して，3種類の量子数（n_x, n_y, n_z）が必要になる．

$$E = \frac{h^2}{8ma^2}(n_x^2 + n_y^2 + n_z^2) \tag{1.18}$$

これは金属中の電子状態の重要なモデルになる．

e．原子核に束縛された電子

原子では，正の電荷をもつ原子核が電子の運動を束縛している．これはBohrが用いた原子構造モデルである．Bohrモデルでは，軌道の電子はとびとびの角運動量をとることを仮定しなければならなかったが，Schrödingerの波動方程式を用いると，空間にとじこめられた電子について学んだように，とびとびの状態は自然に得られる．水素のような原子，すなわち核と電子が1対だけの原子（水素様原子）では，Schrödinger波動方程式は数学的に厳密に解くことができる．これは先の波動方程式(1.12)に電子のポテンシャル（静電ポテンシャル）$V = -Ze^2/4\pi\varepsilon_0 r$ を代入して，三次元系のSchrödinger方程式を解くことになる．

この解を求めるには，**直交座標**(x, y, z)ではなく，方程式を図1.9に示す**極座標**(r, θ, ϕ)系に変換するのが便利である．その解き方は成書に譲るが，得られる波動関数の特徴の大事な要点を次に述べる．

（1）極座標を用いることにより，波動関数は変数分離できる；

$$\psi(r, \theta, \phi) = R(r)\Theta(\theta)\Phi(\phi) \tag{1.19}$$

$R(r)$は**動径波動関数**とよばれ，核からの距離 r だけの関数で波動関数の空間的広がりを決める．$\Theta(\theta)\Phi(\phi)$は**角度波動関数**とよばれる．極座標の θ と ϕ だけの関数であり，波動関数の形と方向を規定する．

（2）三次元空間に広がる波動関数（軌道）を規定するために3種類の**量子数**が必要である．

n, **主量子数**：軌道の広がりと大まかなエネルギーを決める．1, 2, 3, 4, … の整数値をとる．

l, **方位量子数**または**副量子数**：軌道の形を決める．主量子数 n に対して，0, 1, 2, …, $n-1$ のとびとびの値をとる．$l=0$を**s軌道**，$l=1$を**p軌道**，$l=2$を**d軌道**，$l=3$を**f軌道**とよぶ．

金属中の電子の挙動
金属の塊に含まれる一部の電子は，粗い近似として，式(1.18)で与えられる運動エネルギーをもって，自由に運動していると考えられる．ただし，運動は量子化されており，取り得るエネルギー状態に制限が加えられる．

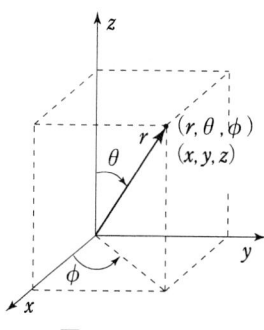

図 1.9 極座標

量子数とは
一次元の空間内の電子の状態を表現する波動関数(式(1.16))には整数 n が量子数として導入された．三次元の空間に広がる軌道の波動関数(極座標)を表現するには，三つの量子数(n, l, m_l)が必要である．

m_l, **磁気量子数**：軌道の向きを決める．方位量子数lに対して，$+l$から$-l$までの$2l+1$個の値をとる．

（3）**水素（様）原子**では軌道のエネルギーは主量子数nにより一義的に決まり，l, m_lが違っても同じエネルギーである．

$$E_n = \frac{-Z^2 e^4 m}{8\varepsilon_0^2 n^2 h^2} \quad (\text{水素原子では } Z=1) \tag{1.20}$$

これはBohrにより見出された式(1.7)と一致する．nの値が小さいほど軌道は安定である．複数個の同じエネルギーを有する軌道は互いに**縮退**（あるいは**縮重**）しているという．

（4）上の規則をまとめると，

主量子数nのエネルギー準位にはlが異なるnの種類の軌道がある（たとえば$n=3$では，$l=0,1,2$のs, p, d軌道がある）．各軌道には$2l+1$個の軌道がある．その結果，主量子数nに対して，可能な軌道の数はn^2個となる．

$n=1$,	$l=0$,	$m_l=0$	1s軌道
$n=2$,	$l=0$,	$m_l=0$	2s軌道
$n=2$,	$l=1$,	$m_l=-1,0,1$	2p軌道（3重に縮退）
$n=3$,	$l=0$,	$m_l=0$	3s軌道
$n=3$,	$l=1$,	$m_l=-1,0,1$	3p軌道（3重に縮退）
$n=3$,	$l=2$,	$m_l=-2,-1,0,1,2$	3d軌道（5重に縮退）
$n=4$,	$l=0$,	$m_l=0$	4s軌道
$n=4$,	$l=1$,	$m_l=-1,0,1$	4p軌道（3重に縮退）
$n=4$,	$l=2$,	$m_l=-2,-1,0,1,2$	4d軌道（5重に縮退）
$n=4$,	$l=3$,	$m_l=-3,-2,-1,0,1,2,3$	4f軌道（7重に縮退）

（5）**動径波動関数**

動径波動関数は量子数nとlにより規定され，軌道の広がりを決める．最初の四つの動径波動関数を次に示す．

$n=1$, $l=0$; $R_{1s} = 2(Z/a_0)^{3/2} e^{-\rho}$

$n=2$, $l=0$; $R_{2s} = (Z/2a_0)^{3/2} (2-\rho) e^{-\rho/2}$

$n=2$, $l=1$; $R_{2p} = \dfrac{1}{\sqrt{3}} (Z/2a_0)^{3/2} \rho e^{-\rho/2}$

$n=3$, $l=0$; $R_{3s} = \dfrac{2}{27} (Z/3a_0)^{3/2} (27-18\rho+2\rho^2) e^{-\rho/3}$

ここで，a_0はBohr半径，$\rho=Zr/a_0$である．

図1.10に水素の動径波動関数をrの関数として示す．関数は全体として指数関数的に減衰する．nが大きくなるほど，減衰の仕方は緩やかになる．$l=0$のs軌道の動径関数の特徴として，$r=0$で関数は0

縮退(縮重)とは

互いに独立なn個の軌道が同じエネルギーであるとき，軌道はn重に縮退(あるいは縮重)しているという．水素原子の2p軌道には向きが違う$2p_x, 2p_y, 2p_z$の三つの同じエネルギーの軌道が含まれ，2p軌道は三重に縮退している．この軌道は電場の中に入ると，向きによってエネルギーが異なる．このため縮退が解けて，三つの軌道のエネルギーは少しずつ異なる．

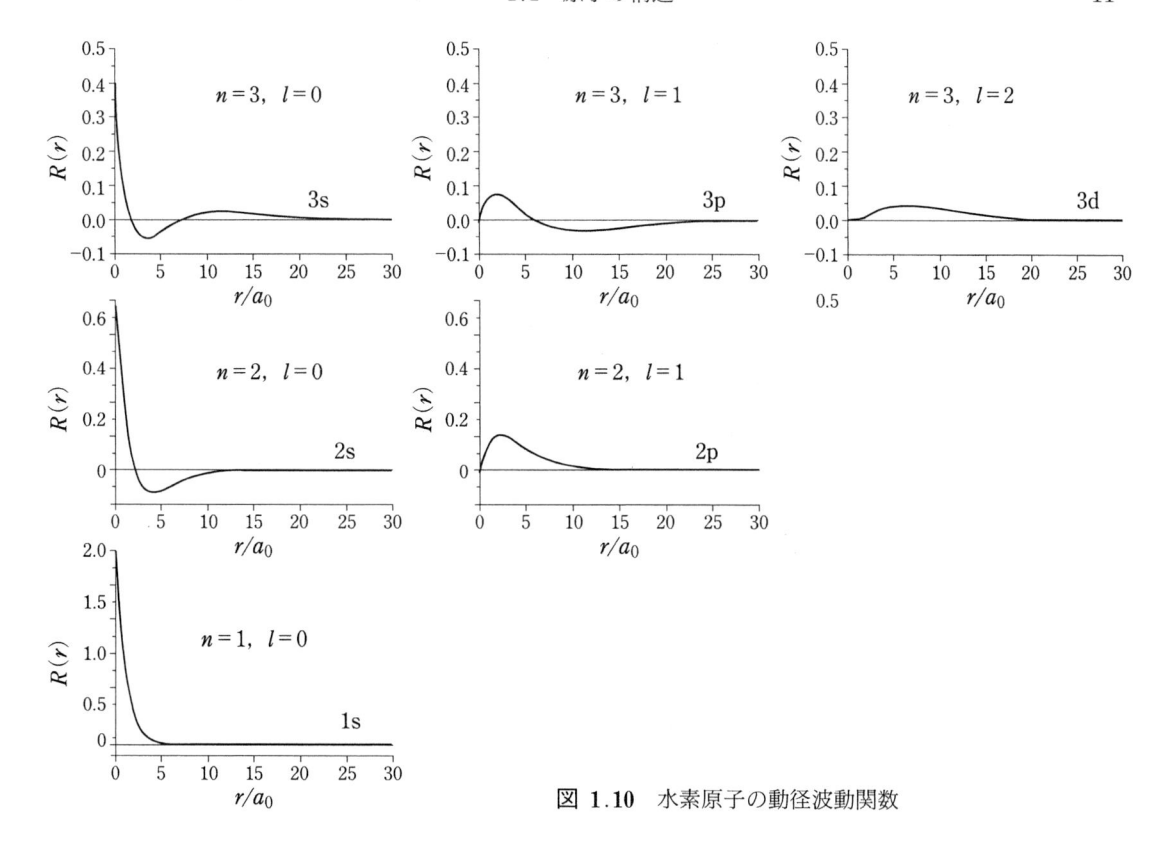

1.1 原子の構造

図 1.10 水素原子の動径波動関数

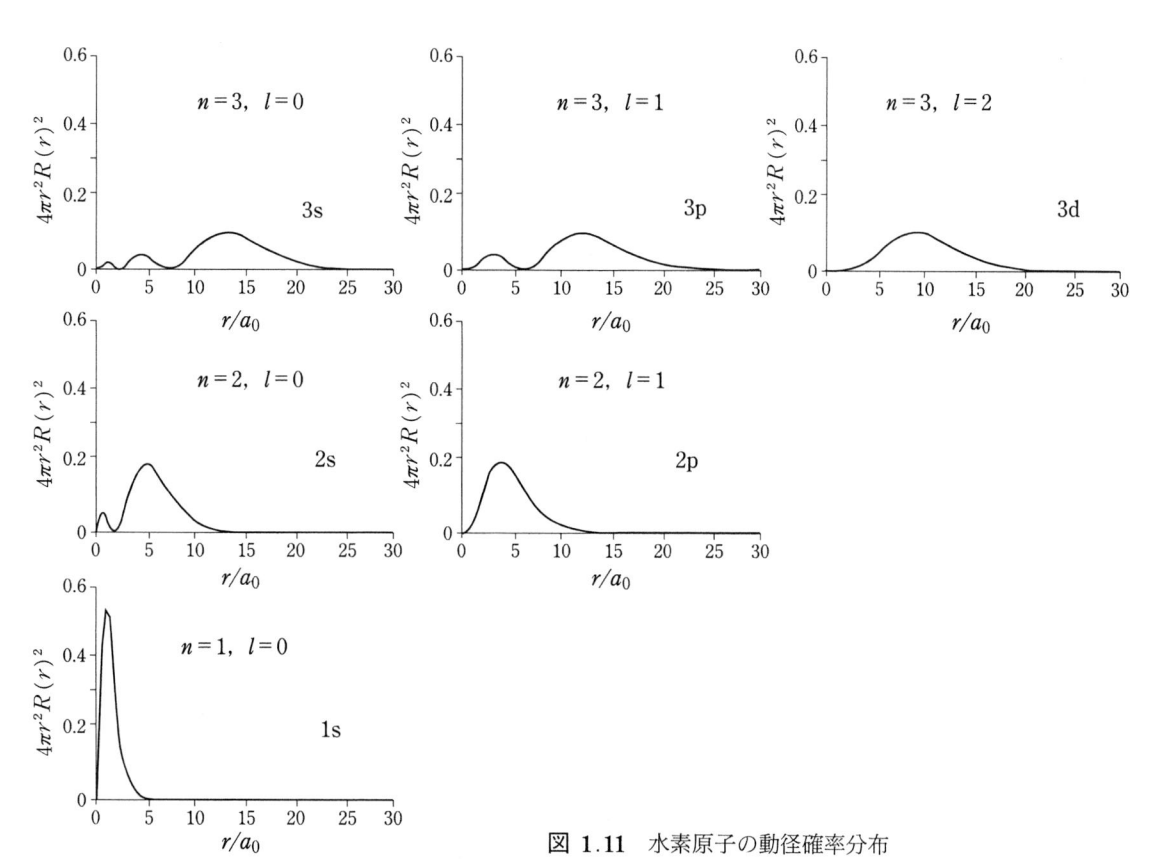

図 1.11 水素原子の動径確率分布

にならない．動径方向の確率分布は r から $r+\mathrm{d}r$ の間に球面状に分布する電子の存在確率を求める必要があるので，波動関数を単に二乗するだけでなく，$4\pi r^2$ を掛ける必要がある．

図 1.11 に動径波動関数に対応する動径確率分布関数を示す．主量子数 n が大きくなると，分布の極大を示す r 値が大きくなる傾向がある．$n=1$ における軌道（1s軌道）の動径確率分布極大値を示す r は $a_0=\varepsilon_0 h^2/\pi me^2=52.9\,\mathrm{pm}$ で，ボーア半径に一致する．先に学んだ箱の中の電子の波動関数と同様に，動径波動関数には節が存在する．主量子数 n の軌道には $n-1$ 個の節があり，そのうち，動径波動関数には $n-l-1$ 個の球面状の節がある．残りの l 個の節は，次に述べる角度波動関数に含まれる**節面**である．

> 【例題 1.3】次の量子数の組合せにおいて，存在しないものはどれか．
>
> (a) $n=2$, $l=2$, $m_l=1$ 　　(b) $n=2$, $l=1$, $m_l=1$
>
> (c) $n=3$, $l=3$, $m_l=-3$ 　　(d) $n=4$, $l=1$, $m_l=-2$
>
> [解答] (a), (c), (d)

(6) 角度波動関数

代表的な角度波動関数部分を次に示す．

$l=0$, $m_l=0$; $\Theta(\theta)\Phi(\phi)=(1/4\pi)^{1/2}$　　　　　　　　s軌道

$l=1$, $m_l=0$; $\Theta(\theta)\Phi(\phi)=(3/4\pi)^{1/2}\cos\theta$　　　　　p_z軌道

$l=1$, $m_l=+1$; $\Theta(\theta)\Phi(\phi)=(3/4\pi)^{1/2}\sin\theta\cos\phi$　　p_x軌道

$l=1$, $m_l=-1$; $\Theta(\theta)\Phi(\phi)=(3/4\pi)^{1/2}\sin\theta\sin\phi$　　p_y軌道

$l=2$, $m_l=0$; $\Theta(\theta)\Phi(\phi)=(5/16\pi)^{1/2}(3\cos^2\theta-1)$　d_{z^2}軌道

$l=0$ の **s軌道** では，$\Theta(\theta)\Phi(\phi)$ は定数で角度に無関係であり，図 1.12 (a) に示すように，分布は球になる．$l=1$ の **p軌道** には $m_l=-1, 0, 1$ の3種類の軌道が含まれる．確率分布の境界面を図 1.12 (b) に示す．これらの軌道は互いに直交しており，それぞれ x, y, z 軸の方向を向いている．磁場や電場がないときには，3種類の軌道は等価である．$l=2$ の5種類の **d軌道** を図 1.12 (c) に示す．これらの軌道も電場や磁場がないときには，等価であり，縮退している．このほかに $l=3$ の7種類の **f軌道** がある．角度波動関数はs軌道を除いて，角度方向によって符号が変わる．図 1.12 (b) (c) のローブ（葉状の部分）に符号を合わせて示した．波動関数の符号は原子が結合をつくる際に，軌道が重なり合えるかどうかを考える上で，非常に重要である．軌道の対称性について，中心に対して符号が反転する場合を **ungerade**,

---

動径分布関数とは
動径波動関数 $R(r)$ に対して，$4\pi r^2 R^2(r)$ を動径分布関数という．s軌道では，$r=0$ で動径波動関数の振幅は最大値をとるが，$r=0$ での体積はゼロであるので，動径分布は図 1.11 に示すように，$r=0$ で消失する．

波動関数の符号とは
波動関数の振幅の符号は物理的な意味をもたない．その2乗が電子の存在確率に比例する．しかし，二つの軌道が近づくときには，その符号が大切で，符号によって，関数の和は強め合ったり，逆に弱め合うため，化学結合の生成に重要な役割がある．

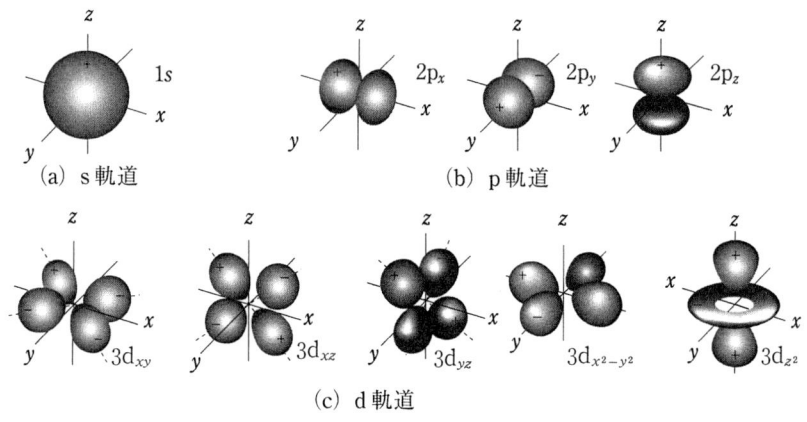

図 1.12 角度波動関数

(a) s軌道
(b) p軌道
(c) d軌道

対称な場合を **gerade** とよぶ．ドイツ語で奇と偶という意味である．s および d 軌道は gerade，p 軌道は ungerade の対称性をもつ．

図から明らかなように，p 軌道では軸に沿って中心を通る面状の節（節面）が 1 枚存在する．d 軌道では 2 枚の面状の節（節面）がある．一般に量子数 l の軌道には，l 枚の節面がある．s 軌道は節面をもたない（演習問題参照）．

f．多電子原子

電子の数が 2 個以上の原子を**多電子原子**とよぶ．この場合にも，Schrödinger 方程式を解くことにより，軌道に関する情報とエネルギーが計算されるはずであるが，核と電子の相互作用だけでなく，電子どうしの反発を考慮する必要があり，いわゆる多体問題とよばれる制約から，厳密解は得られない．近似法による数値解が得られる．それによると，多電子原子においても軌道の種類と数は，水素原子で求めたものと同じであるが，電子間の反発により，軌道の縮退が解かれ，エネルギーの異なる軌道に分裂する．これにエネルギーの低い軌道から順に電子を詰めることにより，多電子原子の電子配置が決められる．電子を詰め込むルールは**築き上げの原理**とよばれる．エネルギーの低い軌道の順番は原子番号によっても異なるが，大体は，図 1.13 に矢印で示した次の順序に従う；

1s＜2s＜2p＜3s＜3p＜4s≦3d＜4p＜5s≦4d＜5p＜6s≦4f≦5d＜6p＜7s

量子数 n, l, m_l が異なる各軌道は最大で 2 個の電子を収容できる．電子は自転（スピン）の向きによって角運動量をもち，**スピン量子数** $m_s=+1/2$ および $m_s=-1/2$ をもつ．逆平行のスピンをもつ 2 個の電子は電子対を作る．平行のスピンをもつ電子は，同じ軌道を占めることはできない．Pauli は原子スペクトルの研究から同じ原子に電子を詰める場合，4 種類の量子数 n, l, m_l, m_s すべての組合せが同じで

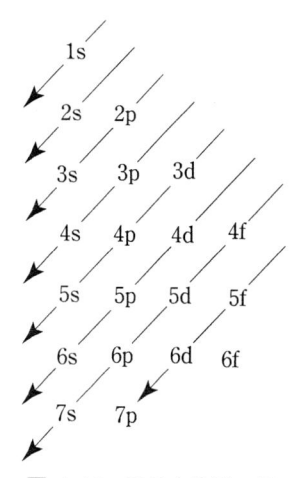

図 1.13 電子を軌道に詰める順序

築き上げの原理
原子の軌道に電子を詰めて行く際に，エネルギーの低い軌道から，Pauli の原理と Hund の規則に従って，入れて行くこと．最外殻の軌道に入る電子を価電子とよぶ．

電子対と不対電子
同じ軌道にある逆スピンの2個の電子は電子対をつくる．1個だけの電子は不対電子とよばれる．電子は互いに反発するので，縮退した軌道がある場合には，電子はなるべく別の軌道に入って同じ向きの平行スピンの数を最大にする傾向がある．これが Hund の規則である．

ある電子は一つしか存在しないという **Pauli**（パウリ）の排他原理を導いた．電子はエネルギーの低い軌道から順番に Pauli 排他原理に従って軌道を満たして行くが，同じエネルギーの縮退した軌道がある場合，**Hund の最大多重度の規則**が適用される．電子はできるだけ多くのスピンが同じ方向になるように，できるだけ別々の軌道を占めるように配列するという規則である．別の言葉で表現すれば，電子は，どれか一つの軌道で対形成が起こる前に，すべての軌道が平行なスピンをもった1個ずつの電子によって占められるという規則である．たとえば，p 軌道に3個の電子が入る場合，配列は ↑|↑|↑ であって，↑↓|↑|□ とはならない．

このようにして原子の原子番号が決まれば，番号と同じ数の電子を軌道に詰めることができる．H から Ne までの元素の電子配置を電子対を収容する箱図式と軌道の記号を用いて記述する（図 1.14）．

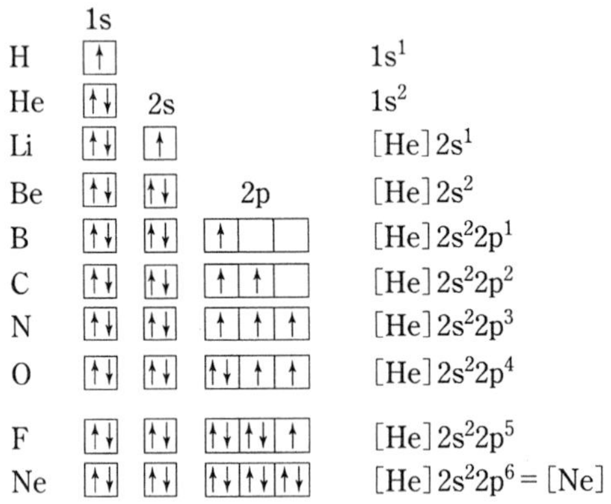

	1s	2s	2p	
H	↑			$1s^1$
He	↑↓			$1s^2$
Li	↑↓	↑		$[He]2s^1$
Be	↑↓	↑↓		$[He]2s^2$
B	↑↓	↑↓	↑ □ □	$[He]2s^22p^1$
C	↑↓	↑↓	↑ ↑ □	$[He]2s^22p^2$
N	↑↓	↑↓	↑ ↑ ↑	$[He]2s^22p^3$
O	↑↓	↑↓	↑↓ ↑ ↑	$[He]2s^22p^4$
F	↑↓	↑↓	↑↓ ↑↓ ↑	$[He]2s^22p^5$
Ne	↑↓	↑↓	↑↓ ↑↓ ↑↓	$[He]2s^22p^6 = [Ne]$

図 1.14 電子配置

すべての元素の電子配置を表 1.1 に示す．この表では，電子配置の表現を簡略化するため，希ガスの電子配置を [He]，[Ne]，[Ar]，[Kr]，[Xe]，[Rn] で表している．内側のエネルギーの低い軌道を内殻軌道，その軌道にある電子を**内殻電子**とよぶ．結合に直接関与するのは最も外側にあるエネルギーの高い軌道（原子価軌道）にある電子で，**価電子**とよばれる．表を注意して見ると，築き上げの原理から予想される電子配置と実際の電子配置が違っている元素があることに気づく．たとえば，Cr では電子配置は $[Ar]3d^54s$ であり，築き上げの原理から予想される $[Ar]3d^44s^2$ にはなっていない．Cu でも $[Ar]3d^{10}4s^1$ であり，予想される $[Ar]3d^94s^2$ ではない．これらの原因は，3d と 4s 軌道のエネルギーが非常に接近していることと，軌道が半分あるいは全部充填された構造が安定化することにある．同じような効果は他の元素でも見られる．

閉殻と半閉殻構造
軌道が縮退している場合，すべての軌道を電子が半分だけ満たした構造とすべて満たした構造は球対称となり，特別の安定化が起こる．電子が築き上げの原理から外れた電子配置をとったり，原子やイオンの大きさが特異である場合には，この現象が関与することが多い．

表 1.1 原子の電子配置

Z	元素	電子配置	Z	元素	電子配置	Z	元素	電子配置
1	H	1s	36	Kr	$[Ar]3d^{10}4s^24p^6$	71	Lu	$[Xe]4f^{14}5d6s^2$
2	He	$1s^2$	37	Rb	$[Kr]5s$	72	Hf	$[Xe]4f^{14}5d^26s^2$
3	Li	$[He]2s$	38	Sr	$[Kr]5s^2$	73	Ta	$[Xe]4f^{14}5d^36s^2$
4	Be	$[He]2s^2$	39	Y	$[Kr]4d5s^2$	74	W	$[Xe]4f^{14}5d^46s^2$
5	B	$[He]2s^22p$	40	Zr	$[Kr]4d^25s^2$	75	Re	$[Xe]4f^{14}5d^56s^2$
6	C	$[He]2s^22p^2$	41	Nb	$[Kr]4d^45s$	76	Os	$[Xe]4f^{14}5d^66s^2$
7	N	$[He]2s^22p^3$	42	Mo	$[Kr]4d^55s$	77	Ir	$[Xe]4f^{14}5d^76s^2$
8	O	$[He]2s^22p^4$	43	Tc	$[Kr]4d^55s^2$	78	Pt	$[Xe]4f^{14}5d^96s$
9	F	$[He]2s^22p^5$	44	Ru	$[Kr]4d^75s$	79	Au	$[Xe]4f^{14}5d^{10}6s$
10	Ne	$[He]2s^22p^6$	45	Rh	$[Kr]4d^85s$	80	Hg	$[Xe]4f^{14}5d^{10}6s^2$
11	Na	$[Ne]3s$	46	Pd	$[Kr]4d^{10}$	81	Tl	$[Xe]4f^{14}5d^{10}6s^26p$
12	Mg	$[Ne]3s^2$	47	Ag	$[Kr]4d^{10}5s$	82	Pb	$[Xe]4f^{14}5d^{10}6s^26p^2$
13	Al	$[Ne]3s^23p$	48	Cd	$[Kr]4d^{10}5s^2$	83	Bi	$[Xe]4f^{14}5d^{10}6s^26p^3$
14	Si	$[Ne]3s^23p^2$	49	In	$[Kr]4d^{10}5s^25p$	84	Po	$[Xe]4f^{14}5d^{10}6s^26p^4$
15	P	$[Ne]3s^23p^3$	50	Sn	$[Kr]4d^{10}5s^25p^2$	85	At	$[Xe]4f^{14}5d^{10}6s^26p^5$
16	S	$[Ne]3s^23p^4$	51	Sb	$[Kr]4d^{10}5s^25p^3$	86	Rn	$[Xe]4f^{14}5d^{10}6s^26p^6$
17	Cl	$[Ne]3s^23p^5$	52	Te	$[Kr]4d^{10}5s^25p^4$	87	Fr	$[Rn]7s$
18	Ar	$[Ne]3s^23p^6$	53	I	$[Kr]4d^{10}5s^25p^5$	88	Ra	$[Rn]7s^2$
19	K	$[Ar]4s$	54	Xe	$[Kr]4d^{10}5s^25p^6$	89	Ac	$[Rn]6d7s^2$
20	Ca	$[Ar]4s^2$	55	Cs	$[Xe]6s$	90	Th	$[Rn]6d^27s^2$
21	Sc	$[Ar]3d4s^2$	56	Ba	$[Xe]6s^2$	91	Pa	$[Rn]5f^26d7s^2$
22	Ti	$[Ar]3d^24s^2$	57	La	$[Xe]5d6s^2$	92	U	$[Rn]5f^36d7s^2$
23	V	$[Ar]3d^34s^2$	58	Ce	$[Xe]4f5d6s^2$	93	Np	$[Rn]5f^46d7s^2$
24	Cr	$[Ar]3d^54s$	59	Pr	$[Xe]4f^36s^2$	94	Pu	$[Rn]5f^67s^2$
25	Mn	$[Ar]3d^54s^2$	60	Nd	$[Xe]4f^46s^2$	95	Am	$[Rn]5f^77s^2$
26	Fe	$[Ar]3d^64s^2$	61	Pm	$[Xe]4f^56s^2$	96	Cm	$[Rn]5f^76d7s^2$
27	Co	$[Ar]3d^74s^2$	62	Sm	$[Xe]4f^66s^2$	97	Bk	$[Rn]5f^97s^2$
28	Ni	$[Ar]3d^84s^2$	63	Eu	$[Xe]4f^76s^2$	98	Cf	$[Rn]5f^{10}7s^2$
29	Cu	$[Ar]3d^{10}4s$	64	Gd	$[Xe]4f^75d6s^2$	99	Es	$[Rn]5f^{11}7s^2$
30	Zn	$[Ar]3d^{10}4s^2$	65	Tb	$[Xe]4f^96s^2$	100	Fm	$[Rn]5f^{12}7s^2$
31	Ga	$[Ar]3d^{10}4s^24p$	66	Dy	$[Xe]4f^{10}6s^2$	101	Md	$[Rn]5f^{13}7s^2$
32	Ge	$[Ar]3d^{10}4s^24p^2$	67	Ho	$[Xe]4f^{11}6s^2$	102	No	$[Rn]5f^{14}7s^2$
33	As	$[Ar]3d^{10}4s^24p^3$	68	Er	$[Xe]4f^{12}6s^2$	103	Lr	$[Rn]5f^{14}6d7s^2$
34	Se	$[Ar]3d^{10}4s^24p^4$	69	Tm	$[Xe]4f^{13}6s^2$			
35	Br	$[Ar]3d^{10}4s^24p^5$	70	Yb	$[Xe]4f^{14}6s^2$			

【例題 1.4】Hund の規則から推定されるもっとも安定なリン原子の電子配置はどれか.

          3s   3p
(a) [Ne] [↓↑] [↑↓|↑|]
(b) [Ne] [↑↓] [↑|↓|↓]
(c) [Ne] [↑↓] [↑|↑|↑]
(d) [Ne] [↑↓] [↑|↑|↑]
(e) [Ne] [↑] [↑↓|↑|↑]
(f) [Ne] [↑↑] [↑|↑|↑]

[解答] (c)

g. 原子の周期表

元素を図 1.15 に示すように原子番号順に配列すると，価電子の配置が等価な原子が周期的に現れる元素の周期表が得られる．周期表の分類と電子配置とは密接な関係がある．表の横並びの行は周期を表し，縦の並びは族とよばれる．最外殻に 1 個の s 電子をもつ元素群は 1 族（アルカリ金属）で，最外殻に 2 個の s 電子をもつ元素群は 2 族（アルカリ土類金属）である．これら二つの族は **s ブロック元素** を構成する．

		sブロック		dブロック										pブロック					
族		1	2	3	4	5	6	7	8	9	10	11	12	13	14	15	16	17	18
		IA	IIA	IIIB	IVB	VB	VIB	VIIB		VIIIB		IB	IIB	IIIA	IVA	VA	VIA	VIIA	VIIIA
周期	1	$_1$H																	$_1$H	$_2$He
	2	$_3$Li	$_4$Be											$_5$B	$_6$C	$_7$N	$_8$O	$_9$F	$_{10}$Ne
	3	$_{11}$Na	$_{12}$Mg											$_{13}$Al	$_{14}$Si	$_{15}$P	$_{16}$S	$_{17}$Cl	$_{18}$Ar
	4	$_{19}$K	$_{20}$Ca	$_{21}$Sc	$_{22}$Ti	$_{23}$V	$_{24}$Cr	$_{25}$Mn	$_{26}$Fe	$_{27}$Co	$_{28}$No	$_{29}$Cu	$_{30}$Zn	$_{31}$Ga	$_{32}$Ge	$_{33}$As	$_{34}$Se	$_{35}$Br	$_{36}$Kr
	5	$_{37}$Rb	$_{38}$Sr	$_{39}$Y	$_{40}$Zr	$_{41}$Nb	$_{42}$Mo	$_{43}$Tc	$_{44}$Ru	$_{45}$Rh	$_{46}$Pd	$_{47}$Ag	$_{48}$Cd	$_{49}$In	$_{50}$Sn	$_{51}$Sb	$_{52}$Te	$_{53}$I	$_{54}$Xe
	6	$_{55}$Cs	$_{56}$Ba	$_{57}$La	$_{72}$Hf	$_{73}$Ta	$_{74}$W	$_{75}$Re	$_{76}$Re	$_{77}$Os	$_{78}$Pt	$_{79}$Au	$_{80}$Hg	$_{81}$Ti	$_{82}$Pb	$_{83}$Bi	$_{84}$Po	$_{85}$At	$_{86}$Rn
	7	$_{87}$Fr	$_{88}$Ra	$_{89}$Ac															

						fブロック									
ランタノイド	$_{57}$La	$_{58}$Ce	$_{59}$Pr	$_{60}$Nd	$_{61}$Pm	$_{62}$Sm	$_{63}$Eu	$_{64}$Gd	$_{65}$Tb	$_{66}$Dy	$_{67}$Ho	$_{68}$Er	$_{69}$Tm	$_{70}$Yb	$_{71}$Lu
アクチノイド	$_{89}$Ac	$_{90}$Th	$_{91}$Pa	$_{92}$U	$_{93}$Np	$_{94}$Pu	$_{95}$Am	$_{96}$Cm	$_{97}$Bk	$_{98}$Cf	$_{99}$Es	$_{100}$Fm	$_{101}$Md	$_{102}$No	$_{103}$Lr

図 1.15 元素の周期表

周期表における族の表記
元素の周期表において，IUPAC（国際純正および応用化学連合）では等価な価電子をもつ元素を同族として，1〜18 族に分類する表記を推奨している．価電子の数をもとに I から VIII 族に分類し，典型元素に A，遷移元素に B を付して分類する方法もある．IIIA から VIIIA 族は 10 を加えると，それぞれ 13〜18 族に対応している．

最外殻に 3 個の電子（2 個の s 電子と 1 個の p 電子）を有する元素は 13 族とよばれる．同様に 4 から 7 個の外殻電子を有する元素を 14，15，16，17 族とよぶ．酸素を除く 16 族元素はカルコゲン元素，17 族はハロゲン元素とよばれる．18 族元素は希ガスである．13 から 18 族元素を **p ブロック元素** とよぶ．s ブロックと p ブロックの元素をまとめて主族元素あるいは典型元素という．3〜12 族の d 軌道が満たされていく元素を **d ブロック元素**，あるいは遷移元素とよぶ．第 4〜第 6 周期の d ブロック元素をそれぞれ第 1〜第 3 遷移金属元素とよぶ．f 軌道が満たされていく元素は **f ブロック元素** とよぶ．4f が占められる **ランタノイド**（La から Lu までの 15 元素）と 5f が占められるアクチノイド元素がある．Sc, Y とランタノイドの 17 元素を **希土類元素** とよぶ．

1.2 元素の性質と周期性

無機化学で取り扱う様々な原子は，プラスの電荷を担う原子核とその周りに束縛された電子でできている点では，すべて同じであるが，

それぞれ異なった特性，個性をもっている．アルカリ金属は電気的に陽性であり，電子を放出して陽イオンになりやすい．塩素などのハロゲン原子は，逆に電気的に陰性で，陰イオンになりやすい．このような元素の特性と周期性は何によるものなのか．原子のもつ個性の原因について，考えてみよう．

a．有効核電荷

　球面の上に均一に分布する電子の負電荷は，その全電荷があたかも球の中心にあるように作用し，核の正電荷を中和して，球面より外にいる電子に対して，核電荷を遮蔽する．Bohr の水素原子モデルのように，核のまわりにタマネギ状に電子の軌道がある場合には，中心の核の電荷は効率的に電子の遮蔽を受ける．しかし，Schrödinger の波動関数からわかるように，軌道は決まった半径 r を有するのではなく，そのまわりに広く分布しており，内殻の電子による**核電荷の遮蔽**は必ずしも完全ではない．たとえば，ns 軌道は核の中心付近にも確率分布をもち（**貫入**とよばれる），遮蔽を受けにくい．これは ns 軌道のエネルギーが np 軌道より低くなる原因になっている．逆に，d 軌道は中心付近に分布がなく，軌道はひろがっており，内殻電子の遮蔽を受けやすいが，外殻電子に対して，核電荷を遮蔽する能力が低い．同じ主量子数の軌道にある電子は，隣の電子に対する核の遮蔽は弱い．Slater はこれらのことを総合的に考慮し，核の遮蔽を計算する簡単な経験的なルール（**Slater の規則**）を導いた．

　ns および np 軌道にある電子が受ける遮蔽定数を計算するには，
（1）元素の電子配置を次の順番と組み分けによって書き表す．
　　　(1s) (2s, 2p) (3s, 3p) (3d) (4s, 4p) (4d) (5s, 5p)…
（2）(ns, np) のグループの右側にあるグループの電子は遮蔽定数に寄与しない．
（3）(ns, np) のグループ内の電子は各 0.35 だけ他の電子を遮蔽する．ただし，(1s) グループについては 0.30 となる．
（4）$n-1$ 殻に入っている電子は各 0.85 だけ遮蔽する．
（5）$n-2$ 殻に入っている電子，またはそれより下の殻にある電子は完全に遮蔽する．
（6）遮蔽を受けている電子が nd または nf グループのものであるとき，(2)，(3) の規則は同じであるが，nd または nf グループの左側にあるグループの電子は各 1.00 の寄与をする．

　電子が感じる**有効核電荷** Z^* は，原子番号 Z からこの遮蔽定数 S を差し引いた値である．

$$Z^* = Z - S \tag{1.21}$$

希土類元素

ランタノイドと Y, Sc を合わせて希土類元素とよぶ．実際には，希土類元素は名前の示すように稀少な元素ではないので，この名称は相応しくなくなっている．ランタノイド (lantanoid) はランタニド (lanthanide) とよばれることもあるが，…nide は塩 (salt) の表記と紛らわしいので，IUPAC では…noid を推奨している．

例を次にあげる．

① 酸素原子 O：$Z=8$ の価電子が受ける有効核電荷を計算する．軌道は $(1s)^2(2s\,2p)^6$ である．$S=(2\times 0.85)+(5\times 0.35)=3.45$，$Z^*=Z-S=8.0-3.45=4.55$

② 亜鉛原子 Zn：$Z=30$ の 4s 電子が受ける有効核電荷を計算する．軌道は $(1s)^2(2s,2p)^8(3s,3sp)^8(3d)^{10}(4s)^2$．$S=(1\times 10)+(0.85\times 18)+(0.35\times 1)=25.65$；$Z^*=Z-S=4.35$．

③ 亜鉛の 3d 電子が受ける有効核電荷は；$S=(1\times 18)+(0.35\times 9)=21.15$；$Z^*=8.85$．

有効核電荷の概念は，原子の特性を理解する上で大変重要である．

【例題 1.5】 金属に加速した電子を照射すると，原子の K 殻（1s 軌道）の電子がはじき飛ばされ，その後に L 殻あるいはその上の殻から電子が落ち込む．このとき，二つの軌道のエネルギー差に相当する光が放出される．これは X 線の領域の光で，その X 線は原子の電子軌道に特有のエネルギーを反映して原子に固有の波長を有するため，**特性 X 線**とよばれる．X 線構造解析に使われる銅（Cu）から放出される特性 X 線（Cu Kα 線）の波長を計算せよ．

[**解答**] これは銅の L 殻から K 殻に電子が落ちる際に放出される特性 X 線である．Cu($Z=29$) の電子配置は，$(1s)^2(2s,2p)^8(3s,3p)^8(3d)^{10}(4s)^1$ である．1s 電子が除かれたあとの電子状態は $(1s)^1(2s,2p)^8\cdots$ であり，X 線の放出後の電子配置は $(1s)^2(2s,2p)^7\cdots$ である．X 線放出前後の原子の全電子のエネルギー差が X 線として放出されると考える．

電子の全エネルギー E は有効核電荷と式 (1.20) を用いて，次式で計算できる．

$$E=\sum \frac{-Z^{*2}e^4 m}{8\varepsilon_0^2 n^2 h^2}=\frac{-e^4 m}{8\varepsilon_0^2 h^2}\sum \frac{Z^{*2}}{n^2} \tag{1.22}$$

L 殻より外の軌道の影響を無視し，Slater のルールを用いて，有効核電荷を計算する．放出前の 1s 電子が受ける有効核電荷は $Z_{1s}^*=29$，(2s, 2p) 電子に対する有効核電荷は $Z_{2s,2p}^*=29-[0.85+0.35\times 7]=25.7$．

$$E[(1s)^1(2s,\,2p)^8]=\frac{-e^4 m}{8\varepsilon_0^2 h^2}\left[\left(\frac{29}{1}\right)^2+\left(\frac{25.7}{2}\right)^2\times 8\right]$$

$$=\frac{-e^4 m}{8\varepsilon_0^2 h^2}\times 2162$$

同様に X 線放出後は，$Z_{1s}^*=29-0.30=28.7$，$Z_{2s,2p}^*=29-[0.85$

$$\times 2 + 0.35 \times 6] = 25.2.$$

$$E[(1s)^2(2s, 2p)^7] = \frac{-e^4 m}{8\varepsilon_0^2 h^2}\left[\left(\frac{28.7}{1}\right)^2 \times 2 + \left(\frac{25.2}{2}\right)^2 \times 7\right]$$

$$= \frac{-e^4 m}{8\varepsilon_0^2 h^2} \times 2759$$

$$\Delta E = \frac{-e^4 m}{8\varepsilon_0^2 h^2} \times (2162 - 2759) = \frac{hc}{\lambda}, \quad \lambda = 0.156 \text{ nm}.$$

Cu Kα 線の実測値は 0.15418 nm で，例題で求めた計算値と十分な一致が見られる．Slater の核遮蔽定数の計算が有効なことがわかる．

特性 X 線は，核に近い電子の軌道が直接関係しており，原子番号を強く反映している．このため，特性 X 線は X 線構造解析の単色光源としてだけでなく，元素の定性分析や定量分析に広く利用される．

b．イオン化エネルギー

孤立した原子から電子を一つ取り除き，無限の遠方に解離させるのに必要なエネルギーを第 1 イオン化エネルギーとよぶ．二つ目の電子を取り除くのに必要なエネルギーは第 2 イオン化エネルギー，それ以後，同じように n 番目の電子を除くのに必要なエネルギーは第 n イオン化エネルギーとよぶ．**第 1 イオン化エネルギー**の小さい原子ほど，電気的に陽性であり，元素は金属的で，陽イオンになりやすい．同じ族に属する原子では，周期が下がるほど原子の軌道半径は大きくなるが，有効核電荷はあまり変化しないから，イオン化エネルギーは小さく，したがって電気的陽性が増加する．同じ周期を右に移ると，原子番号（核の電荷）と電子は1ずつ増えるが，Slater のルールによれば，核電荷は 0.35 しか遮蔽されないので，有効核電荷は増加する．したがって，静電引力による束縛は強くなり，イオン化し難くなる．一般に周期表を右に移動すると，原子の電気的陽性は減少し，陰性が増加する．

図 1.17 と図 1.18 に原子の第 1 イオン化エネルギーと原子番号の関係を示す．曲線は各周期では，全体として右上りで，周期を右に進むと，第 1 イオン化エネルギーが大きくなることをよく表している．図 1.18 に示すように，途中，Be → B および Mg → Al で，$n\text{s}^2$ から $n\text{s}^2 n\text{p}^1$ に移るときに，イオン化エネルギーが少し下がり気味となる．これは s 軌道よりも p 軌道の方がエネルギーが高い軌道であり，イオン化しやすいことによる．N から O および P から S へ移るときに，イオン化エネルギーが減少するが，これは，電子配置において，軌道を全部あるいはちょうど半分満たした構造が安定であることによる．酸

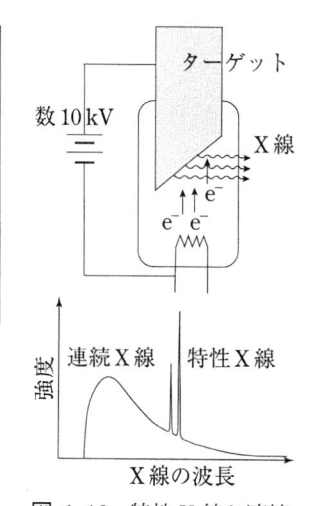

図 1.16 特性 X 線と連続 X 線

電子を加速して物質（ターゲット）にぶつけると，エネルギーの大部分は熱になるが，一部は連続的な波長分布をもつ連続 X 線に変換される（制動放射）．ターゲットに含まれる原子に固有の波長を有する特性 X 線は連続 X 線に重なって観察される．

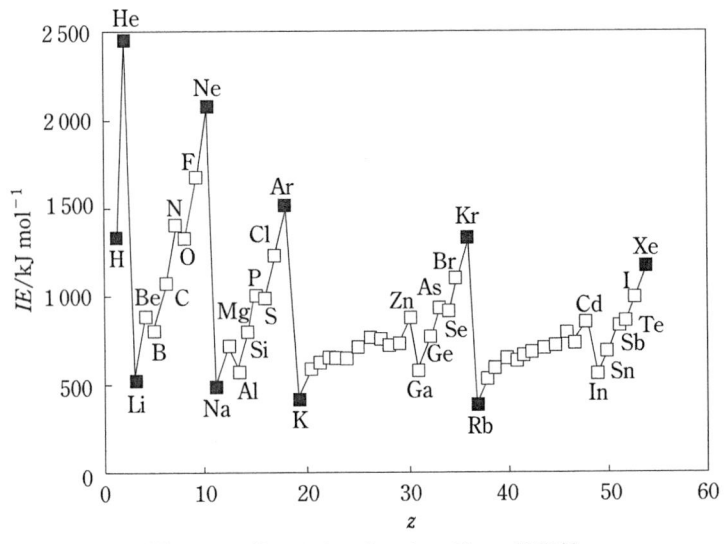

図 1.17 第1イオン化エネルギーの周期性

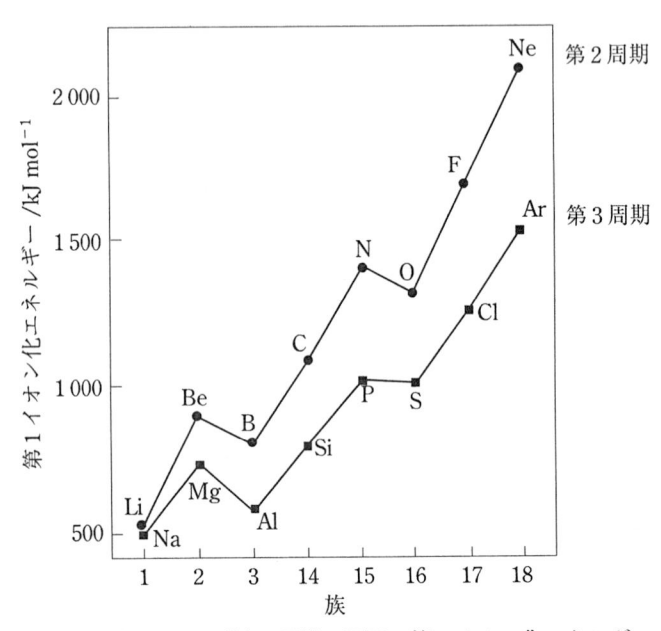

図 1.18 第2および第3周期の原子の第1イオン化エネルギー

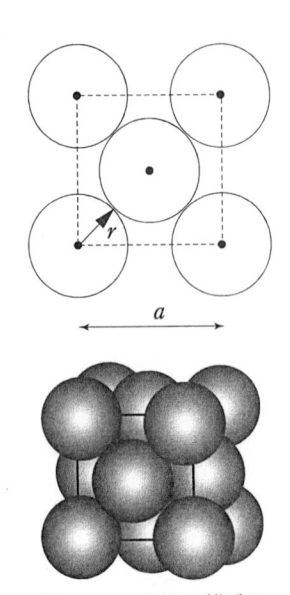

図 1.19 金属の構造と原子半径

金属の結晶構造は，球状の原子がパチンコ玉が積み重なるように，もっとも密な詰まり方をしている（最密充塡）．X線構造解析から求まる格子定数(a)から原子の半径(r)を導くことができる．上図の構造（面心立方格子）では，$\sqrt{2}\,a = 4\,r$ の関係がある．この半径は金属原子半径とよばれる．

素原子 ($2s^22p^4$) から電子を一つ取ることによって，2p 軌道を半分満たした安定な電子配置 ($2s^22p^3$) が実現する．半分満たされた p 軌道をもつ N ($2s^22p^3$) から電子を取り出すには，これより大きいイオン化エネルギーを必要とする（第4周期については演習問題で考えよう）．

c．原子の大きさ

原子の電子分布には境界面がないので，その大きさをはっきりと規定するのは困難であるが，金属中では原子はパチンコ玉を詰め込むようにパッキングされており，密度と格子定数から，原子の中心間距離を測定することができる．中心間距離の半分は**金属結合半径**とよば

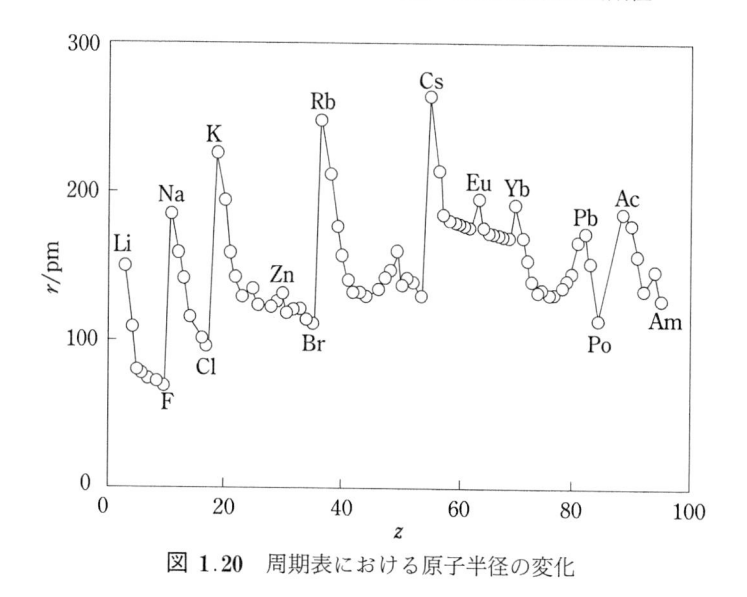

図1.20 周期表における原子半径の変化

れ，原子の大きさの目安にできる．非金属の元素では，化合物中の同一元素の原子間距離を2で割った**共有結合半径**を原子半径の目安とする．希ガスを除く原子半径を図1.20にまとめて示す．原子半径は第1イオン化エネルギーと強い相関があり，次の傾向がある．

周期を下がると原子半径が増大する．これは主量子数が増大して，軌道の平均分布の半径の位置が増大することに対応している．原子半径が大きくなると，電子に対する核の束縛が弱くなるので，原子が大きくなると，電気的陽性が増大し，金属性が増大する．周期表を右に進むとき，原子番号が増え，電子数も増大するので，一見，原子は大きくなるように思われるが，逆に，原子は小さくなる傾向があることがわかる．この原因は有効核電荷が増大し，電子に対する静電引力が増大することで説明できる．軌道がちょうど半分だけあるいは全部満たされる原子では原子半径は増大する．希ガスではすべての軌道が満たされるので，安定配置となり，原子半径は大きくなる．

4f軌道に電子が増加するランタノイド系列では，4f電子の遮蔽効率が悪いため，原子半径は原子番号の増加とともに，顕著に減少する．これを**ランタニド収縮**という．第5周期と第6周期の遷移金属の同じ族の原子半径を比較すると，原子半径はほとんど同じであることがわかる．これは，第6周期において，Hfの前にある4f族の14元素における収縮が大きく，第5周期から第6周期に移行するときに生じる半径の増加を相殺してしまうためである．第5と第6周期の同族遷移金属は互いに化学的な特性がよく似ている．その原因は価電子の数と配置に加えて，原子半径が似ていることにある．

原子から電子を除くと陽イオンが生じる．陽イオンでは，価電子が

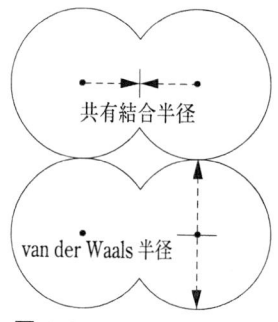

図1.21 いろいろな原子半径

非金属元素が同じ原子間で共有結合をつくる場合にはその原子間距離の半分を共有結合半径として，これを原子半径に用いる．原子間に結合がないときの最近接原子間距離の半分をvan der Waals（ファンデルワールス）半径という．化合物をつくらない希ガスの原子半径を求めるのは難しい．低温で結晶する場合，金属原子半径を求める方法で原子間距離を測定し，希ガスの原子半径を求めることができるが，これはvan der Waals半径に相当する．

表1.2 ランタノイド前後の原子半径（pm）

Sc	Ti	V	Cr
161	145	132	125
Y	Zr	Nb	Mo
181	160	143	136
La-Lu	Hf	Ta	W
188-173	156	143	137

除かれるだけでなく，有効核電荷が増大するため，陽イオンのイオン半径は原子半径に比べて，ずっと小さくなる．逆に，陰イオンが形成される場合には，電子が加えられるので，軌道は膨張し，陰イオンのイオン半径は原子半径よりも大きい．イオン半径は NaCl や MgO，Al_2O_3 のようなイオン性固体の結晶構造を決定する重要なパラメーターである．

イオン化で除かれる電子の順序は築き上げの原理で電子を詰めた順序と逆にすればよいと考えられるが，遷移金属では，例外的に次のようにイオン化する．

$$[Ar]3d^n4s^2 \longrightarrow [Ar]3d^n$$

　　　　原子の電子配列　　　2価陽イオン

この原因は，いろいろ考えられるが，$(n-1)d$ と ns 軌道のエネルギーが接近していることに加えて，築き上げの原理は中性原子について求められたものであり，電荷をもつイオンについてのものでない点がおもな理由である．

【例題 1.6】次に示す原子およびイオンの組合せについて，それぞれの問に答えよ．

(a) (F, Cl, Br, I)　(b) (Li, Na, K, Rb)　(c) (Al, Si, P, S)
(d) (Ti, V, Fe, Ni)　(e) (Rb^+, Y^{3+}, Br^-, Sr^{2+}, Se^{2-})

① (a) でもっとも電気陰性度の大きい原子はどれか．
② (b) でもっとも電気的陽性な原子はどれか．
③ (c) でもっとも原子半径の大きい原子はどれか．
④ (d) でもっとも原子半径の大きい原子はどれか．
⑤ (e) のイオンはすべて Kr と等電子構造である．イオン半径が大きいものから順番に並べなさい．

[解答] ① F，② Rb，③ Al，④ Ti，
　　　　⑤ $Se^{2-} > Br^- > Rb^+ > Sr^{2+} > Y^{3+}$

---

d．電子親和力

孤立した原子に電子を加えるときに発生するエネルギーを**電子親和力**と言う．原子は中性であっても，核の遮蔽が不十分であり，電子親和力は必ず正である．表 1.3 に代表的な原子の電子親和力を示す．電子親和力は，習慣によって，発生するエネルギー量を正にとる．ハロゲンのように電気的陰性の大きい電子の電子親和力は大きい．酸素を見ると，最初の電子を一つ加えるときには電子親和力は正であるが，二つ目の電子を加えるときには大きく負になっている．これは O^{2-} を

表 1.3　原子の電子親和力（kJ mol^{-1}）

元素	電子親和力	元素	電子親和力	元素	電子親和力
H	72				
He	0				
Li	59.8	Na	53	K	48
Be	0	Mg	0	Ca	0
B	27	Al	44	Sc	0
C	122	Si	134	Ge	120
N	−7	P	72	As	77
N$^-$ → N^{2-}	−800				
O	141	S	200	Se	195
O$^-$ → O^{2-}	−780	S$^-$ → S^{2-}	−590	Se$^-$ → Se^{2-}	−420
F	328	Cl	349	Br	325
Ne	0	Ar	0	Kr	0

つくるにはエネルギーが必要であり，酸素原子はO^{2-}になることによって安定化することを意味しない．MgOの結晶では，形式電荷はMg$^+$O$^-$でなく，Mg^{2+}O^{2-}であるのが自明のように考えられているが，これが本当かどうか，検討する必要がある．単純に計算すると，Mgの第2イオン化エネルギーと酸素の第2電子親和力を考慮すると，原子からMg^{2+}とO^{2-}をつくりだすには大きなエネルギーが必要である．結晶では，このエネルギーはイオンが結晶をつくることによる格子エネルギーから供給されている．

e. 電気陰性度

化学の結合における電子の役割の重要性が認識されるようになり，化合物中の原子間で電子がどのように分布するのか，議論されるようになった．化合物中で原子が電子を獲得する傾向を**電気陰性度**と言う．原子間の結合を考えるとき，電子が一方の原子からもう一方の原子へ移り，イオンとして結合する場合（**イオン結合**）と，電子をお互いに出し合い，対等な関係で結合をつくる場合（**共有結合**）がある．分子A–Bが純粋な共有結合であれば，分子A–Bの結合エネルギーE_{A-B}は，分子A–Aと分子B–Bの結合エネルギーE_{A-A}およびE_{B-B}の幾何平均になるはずである．

$$E_{A-B} = (E_{A-A} \cdot E_{B-B})^{1/2}$$

PaulingはE_{A-B}の方が大きいのは，A–B結合間にイオン性の寄与があるからであると考え，そのエネルギー差の平方根は原子A，Bの電気陰性度の差に比例するとした．

$$\left[\frac{E_{A-B} - (E_{A-A} \cdot E_{B-B})^{1/2}}{C} \right]^{1/2} = |\chi_A - \chi_B|$$

結合エネルギーがkJ mol^{-1}単位であるときには，$C = 96.5$ kJ mol^{-1}

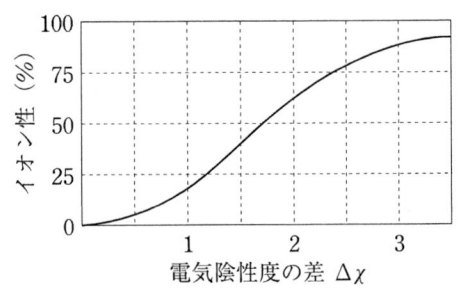

図 1.22 結合のイオン性と電気陰性度．電気陰性度の差 $\Delta\chi$ と結合のイオン性には図に示す関係があり，結合のイオン性（％）を推定できる．電気陰性度の差が 1.7 で約 50 ％ のイオン結合と見積もられる．

である．フッ素の電気陰性度 $\chi_F=4$ とすると，リチウムは $\chi_{Li}=1$ となり，ほとんどの元素の電気陰性度はこの二つの値の間に入る．表 1.4 に **Pauling の電気陰性度** を示す．電気陰性度の周期性は表から明らかであって，同じ族では下に行くほど，電気陰性度は小さくなり，同じ周期を右に移ると電気陰性度は大きくなる．

電気陰性度の差が求まれば，大まかな共有結合性（あるいはイオン性）を推定することができる．電気陰性度は原子の反応性を考える上で極めて重要なパラメーターであり，多くの化学者がその意味するところの解釈に取り組んできた．**Allred と Rochow は電気陰性度** は原子の電子をひきつける性質であると考え，有効核電荷を原子半径の二乗で割った値を Pauling の電気陰性度と比較した．その結果，次の関係式で，Pauling の値とよく一致することを見出した．

$$\chi_{AR}=3590\frac{Z^*}{r^2}+0.744 \tag{1.23}$$

ここで r は原子半径（pm）である．

Pauling は反応熱の熱量測定から電気陰性度を導いたが，Allred-Rochow の電気陰性度は Slater のルールから有効核電荷を求め，原子半径を組み合わせることにより，簡単に計算される．このため，Pauling の電気陰性度よりもよく利用されている．表 1.4 に Allred-Rochow の電気陰性度を Pauling による値と比較して示す．

【例題 1.7】 表 1.4 の Pauling の電気陰性度と図 1.22 を用いて，H-Cl, H-I および H-O 結合における結合のイオン性を評価せよ．
[解答]

$\Delta\chi_{H-Cl}=\chi_H-\chi_{Cl}=|2.20-3.16|=0.96\approx 20\%$

$\Delta\chi_{H-I}=\chi_H-\chi_I=|2.20-2.66|=0.46\approx 5\%$

$\Delta\chi_{H-O}=\chi_H-\chi_O=|2.20-3.44|=1.24\approx 26\%$

イオン性　H-O＞H-Cl＞H-I

表 1.4 Pauling と Allred-Rochow の電気陰性度

周期＼族	1	2	3	4	5	6	7	8	9	10	11	12	13	14	15	16	17	18
1	H 2.20 2.20																	He — 5.50
2	Li 0.98 0.97	Be 1.57 1.47											B 2.04 2.01	C 2.55 2.50	N 3.04 3.07	O 3.44 3.50	F 3.98 4.10	Ne — 4.84
3	Na 0.93 1.01	Mg 1.31 1.23											Al 1.61 1.47	Si 1.90 1.74	P 2.19 2.06	S 2.58 2.44	Cl 3.16 2.83	Ar — 3.20
4	K 0.82 0.91	Ca 1.00 1.04	Sc 1.36 1.20	Ti 1.54 1.32	V 1.63 1.45	Cr 1.66 1.56	Mn 1.55 1.60	Fe 1.83 1.64	Co 1.88 1.70	Ni 1.91 1.75	Cu 2.00 1.75	Zn 1.65 1.66	Ga 1.81 1.82	Ge 2.01 2.02	As 2.18 2.20	Se 2.55 2.48	Br 2.96 2.74	Kr 3.0 2.94
5	Rb 0.82 0.89	Sr 0.95 0.99	Y 1.22 1.11	Zr 1.33 1.22	Nb 1.60 1.23	Mo 2.16 1.30	Tc 1.90 1.36	Ru 2.20 1.42	Rh 2.28 1.45	Pd 2.20 1.35	Ag 1.93 1.42	Cd 1.69 1.46	In 1.78 1.49	Sn 1.96 1.72	Sb 2.05 1.82	Te 2.10 2.01	I 2.66 2.21	Xe 2.66 2.40
6	Cs 0.79 0.86	Ba 0.89 0.97	La 1.10 1.08	Hf 1.30 1.23	Ta 1.50 1.33	W 2.36 1.40	Re 1.90 1.46	Os 2.20 1.52	Ir 2.20 1.55	Pt 2.28 1.44	Au 2.54 1.42	Hg 2.00 1.44	Tl 2.04 1.44	Pb 2.33 1.55	Bi 2.02 1.67	Po 2.00 1.76	At 2.20 1.90	Rn — 2.06
7	Fr 0.70 0.86	Ra 0.90 0.97	Ac 1.10 1.00															

上段は Pauling の値、下段は Allred-Rochow の値
[J. E. Huheey, Inorganic Chemistry, 3rd ed., Harper & Row Publishers (1983) 表 3.12]

Mulliken は電気陰性度は原子が電子を失う傾向（第1イオン化エネルギー）と原子が電子を獲得する傾向（電子親和力）を平均したものであると考えた．次の式により得られる **Mulliken の電気陰性度**は Pauling の値とよい対応関係にある．

$$\chi_\mathrm{M} = 0.168(IE + EA - 1.23) \tag{1.24}$$

ここで，第一イオン化エネルギー（IE）と電子親和力（EA）は電子ボルト（eV）の単位で表されている．電気陰性度は同じ原子であっても，軌道の種類によって違うはずである．Mulliken は"軌道電気陰性度"の概念を発展させた．たとえば，s 軌道の電子は p 軌道の電子に較べて，核による束縛が大きいため，電気陰性度は大きい．混成軌道 sp, sp^2, sp^3 の電子では，この順番に s 軌道の寄与が小さくなり，電気陰性度はこの順序で減少する．sp 混成軌道のアセチレン（C_2H_2）がエタン（sp^3 混成）やエチレン（sp^2 混成）と違って，イオン性の化合物 CaC_2 や Li_2C_2 をつくりやすいのはこのためである．

エネルギーの単位

エネルギーの単位はジュール（J = kg m^2 s^{-2}）であるが，電子のエネルギーを表すのに eV（エレクトロンボルトあるいは電子ボルト）がよく用いられる．これは電荷 e の電子が 1 V の電位差で得るエネルギーである．1 電子だけでなく，1 モル（1 アボガドロ数個）の電子が得るエネルギーも単位として利用される．

1 eV = 1.60219×10^{-19} J
     = 96.485 kJ mol^{-1}

演習問題（1章）

1.1 カロチンの電子構造

カロチンの分子構造を図に示す．

H$_3$C   CH$_3$
   \\ /
    CH=CH-C=CH-CH=CH-C=CH-CH=CH-C=CH-CH=CH-C=CH-CH
                CH$_3$ CH$_3$ CH$_3$ CH$_3$
H$_3$C / \\ CH$_3$ ... H$_3$C / \\ CH$_3$

これは 22 個の C_{2p} 軌道が共役してできる一次元的な箱と見なすことができるので，式 (1.17) を用いて，近似的ではあるが，電子のおおまかなエネルギーを推定できる．次の問に答えよ．

（i）平均の C-C 距離を 139 pm として，箱の長さを求め，軌道のエネルギーを n の関数として導け．

（ii）22 個の電子は電子対をつくって $n=1$ から $n=11$ 番目の軌道まで満たしている．$n=11$ の軌道の電子を $n=12$ の空の軌道に励起するのに必要な光の波長を推定せよ．

（iii）赤いカロチンは補色の緑色の光（波長約 500 nm）を吸収しているはずである．この波長と (ii) の計算値とのずれはどのように考えればよいか．

1.2 水素原子のイオン化エネルギーを計算せよ．（ヒント：式 (1.9) を用いる）

1.3 次の原子およびイオンの電子配列を記せ．

$_{20}$Ca，$_{26}$Fe，$_{26}$Fe^{3+}，$_{24}$Cr，$_{24}$Cr^{3+}，$_{78}$Pt^{2+}，$_{29}$Cu，$_{29}$Cu$^+$，$_{53}$I$^-$

1.4 次の第 4 周期の原子のイオン化エネルギーを原子番号に対してプロットし，その変動の原因を説明せよ（単位は kJ mol^{-1}）．

K(419), Ca(590), Sc(631), Ti(656), V(650), Cr(652), Mn(717), Fe(762), Co(758), Ni(736), Cu(745), Zu(906), Ga(579), Ge(760), As(947), Se(941), Br(1142), Kr(1351)

1.5 図1.23の軌道の電子分布にある節に注意し,軌道の名称を記せ.

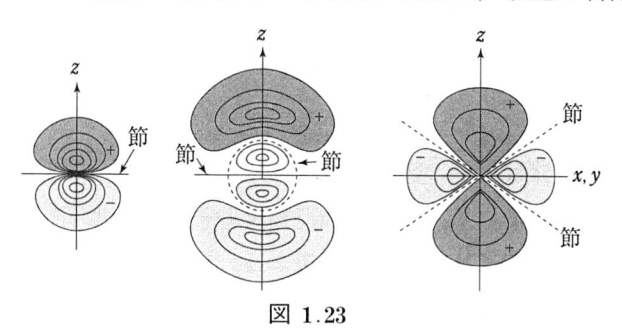

図 1.23

1.6 Allred-Rochowの式を用いて,銅の電気陰性度を算出せよ.銅の共有結合半径 $r = 115\,\mathrm{pm}$ を用いて,式(1.23)を適用せよ.

1.7 d_{z^2}軌道の xz 断面の角度波動関数の形を図1.24のグラフにプロットせよ.関数の符号と節の位置を示せ.なお,図1.24のグラフは変数 θ に対して円周 $(0\text{-}2\pi)$ に沿って40等分している.

d_{z^2} の角度波動関数:$\Theta(\theta)\Phi(\phi) \propto 3\cos^2\theta - 1$

図 1.24

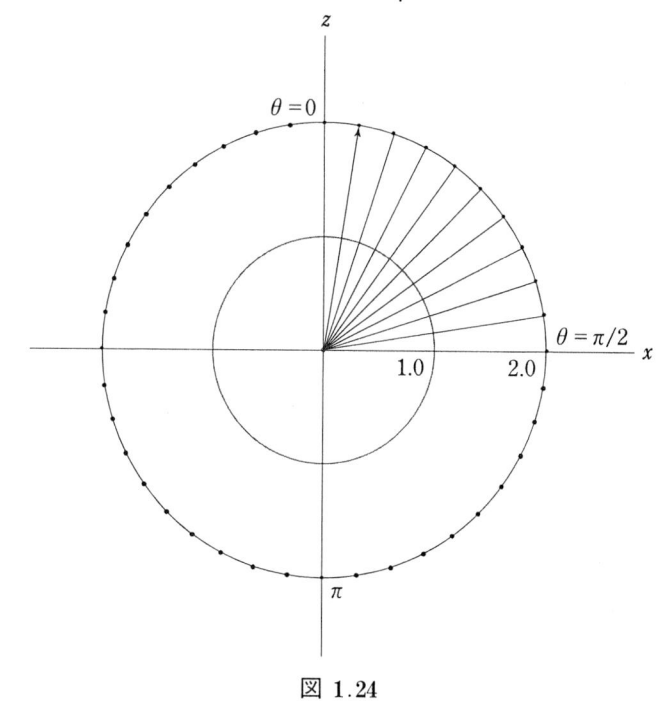

2 ■ 結 合 と 構 造

　すべての物質は原子の組合せでできているが，その原子は原子核と電子で構成されている．そのため，物質の物理的，化学的性質の大部分がその物質の電子状態によって決まる．すなわち硬いとか柔らかいとか，透明であるとか色が着いているとか，電気をよく通すとか通さないとか，あるいは燃えやすいとか燃えにくいといった性質である．物質中の電子は無数に存在しているが，それぞれの電子はその存在状態，すなわち，エネルギー状態やそれらの運動範囲（それらをひっくるめて電子状態という）が異なっているのである．電子それぞれが固有の役割をもっていて，物質のいろいろな性質を決定しているといえる．すなわち，電気伝導に寄与する電子や原子間の化学結合に寄与する電子などいろいろな電子が存在する（図 2.1 を参照）．

2.1 化学結合（結合形式）

　物質の性質は電子状態によって左右されるというが，それではその電子状態はどのようにして決まるのであろうか．まず，物質は原子からできているので，その性質は大雑把には，構成原子の性質の組合せで決まる．原子は普通，希ガス元素以外は単一原子の状態では安定に

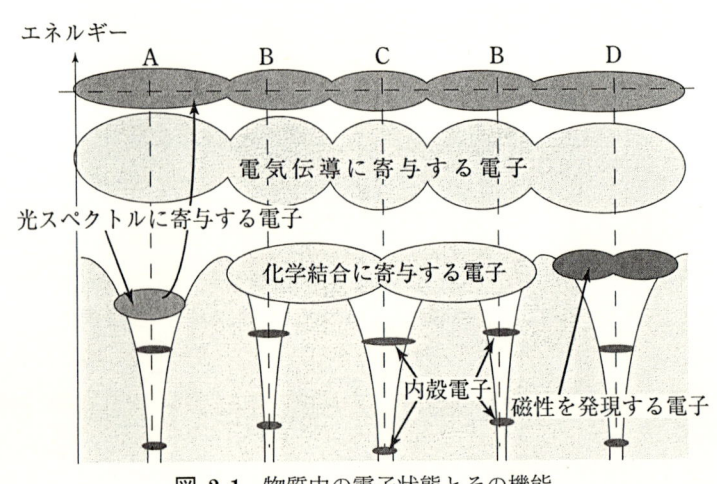

磁性を発現する電子
電子は上向きか下向きかのスピンを有する．パウリの原理に従って一つの軌道には上向きおよび下向きスピンの計2個の電子を収容できる．しかし電子数が奇数の場合や複数の軌道が部分的に占有される場合には片方のスピンの電子がもう一方のスピンより多くなる場合がある．この場合は原子や分子が磁気モーメントをもつようになる．そのほか軌道の角運動量に起因する磁性がある．

図 2.1　物質中の電子状態とその機能

2.1 化学結合（結合形式）

存在しないので，その性質といってもすぐには理解しがたい．しかし，元素の周期表を見れば，だいたいの性質は予測できる．たとえば，この元素はイオンになりやすいのでイオン結晶をつくりやすいとか，この元素は4価なので四つの水素と結合するといったことはわかる．しかし，それではそのようにしてできた化合物がどれだけ硬いのか，どのような性質をもっているのかといったことは，もう少し正確な電子状態の知識が必要となる．物質は原子の集まりである．したがって，その中に存在する電子は，原子のポテンシャルの重ね合せでできた**ポテンシャル場**の中を運動している．そして，その電子状態はポテンシャル場によって決まる．このようなわけで，いろいろな原子の組合せによって，いろいろな性質の電子状態が出現することになる．

原子や分子のようなミクロな世界を支配するのは，古典力学ではなく量子力学であり，電子は波動として存在し，その運動状態は波動力学（量子力学）によって記述される．第1章で示したように，量子力学では，ある電子の電子状態は**Schrödinger方程式**

$$\left\{-\frac{\hbar^2}{2m}\nabla^2+V(r)\right\}\psi(r)=E\psi(r) \tag{2.1}$$

を解くことによって求められる．ここで r は位置，V はポテンシャル，E は電子のエネルギー，ψ は**波動関数**，$\hbar=h/2\pi$ である．また

$$\nabla^2=\frac{\partial^2}{\partial x^2}+\frac{\partial^2}{\partial y^2}+\frac{\partial^2}{\partial z^2} \tag{2.2}$$

であり，式 (2.1) は偏微分方程式である．この方程式を正確に計算することは大変難しい．そのため，いろいろな近似法があるが，ここでは詳細は述べない．この方程式は，図2.2に示すように古典論のエネルギー方程式と比較すると，"運動エネルギー＋ポテンシャルエネルギー＝全エネルギー"の形になっていることが理解できる．この方程式を解くと，電子のエネルギー E が得られ，また波動関数 $\psi(r)$ が求まる．波動関数は電子の運動状態を表す関数で，電子の軌道関数（あるいは単に軌道）ともよぶ．その2乗 $\rho(r)=|\psi(r)|^2$ は，位置 r における電子の存在確率を表し，またこれは電子の密度と解釈することができるので，その電子密度の分布状態を電子雲の形で表すことができる．物質中には多数の電子が存在しているが，それらはそれぞれ固有のエネルギーをもっており，図2.2に示すように電子のエネルギーレベル図として表すことができる．すなわち，Schrödinger方程式を解くと電子状態，つまり各電子のエネルギー状態と空間的分布状態がわかることになる．

物質は原子が集まり，それらが結合することによってできている

ポテンシャル場
物質中の電子は原子核による引力およびほかの電子による電子雲との斥力の静電場を運動していると考えることができる．ポテンシャルはその電場の勾配に負の符号を付けたもので表される．

```
エネルギー保存則（古典力学）

$$\frac{p^2}{2m} + V = E$$

Schrödinger 方程式（量子力学）

$$\left(-\frac{\hbar^2}{2m}\nabla^2 + V(r)\right)\psi = E\psi\ (r)$$

波動関数            エネルギー
（電子密度）

電子密度の等高線図      エネルギーレベル図
```

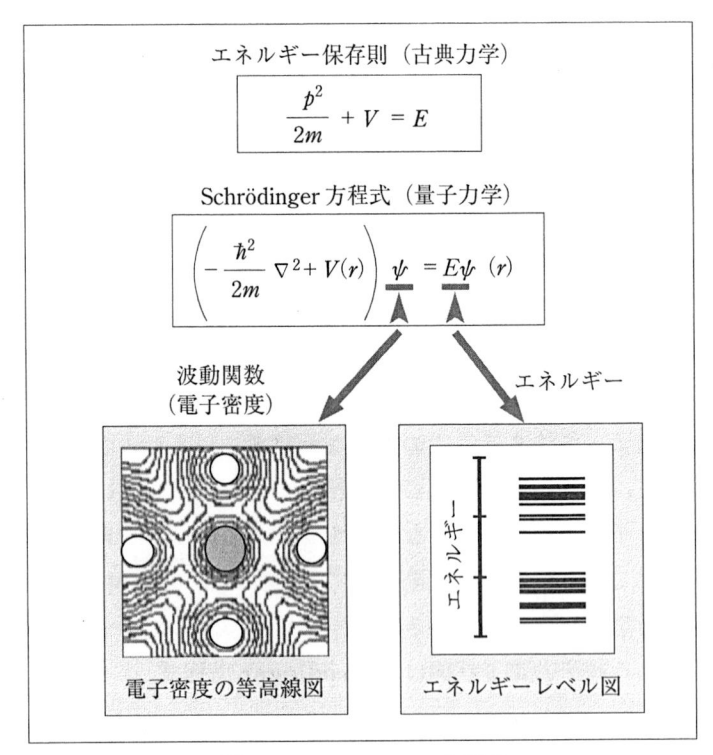

図 2.2　Schrödinger 方程式

が，それは結合に寄与する電子が存在するためである．つまり原子と原子とをくっつける糊の役目をする電子がある．結合に寄与する電子といっても，その中でいろいろな種類の状態の電子がある．すなわち，いろいろな種類の糊が存在する．そのため化学では一般に共有結合，イオン結合，金属結合などといった結合様式に分類して考える．結合様式の違いは，簡単にいえば，結合電子の空間分布（**電子雲**）の違いによるのである．化学結合の原理は，電子と原子核，また電子どうしの間に働くクーロン力である．

図 2.3 は，いろいろな結合様式の違いで，電子雲の分布の仕方はどのように異なるのかを模式的に示している．ある電子の分布が原子と原子との間の狭い領域に局在しているとすると，この電子は両側の原子核を静電的に引きよせようとして，原子間の共有結合が形成される．また別の電子はもともと所属していた原子ではなく，隣の原子の領域に飛び移ってその原子のまわりで運動しているとする．その場合は，それぞれの原子は正負のイオンになり，イオン結合ができることになる．さらにある電子が，物質全体を運動している場合，この電子は電気伝導の原因になるが，また化学結合にも寄与していて，このような場合は金属結合とよばれている．しかし，このような結合様式の分類はあくまで便宜的なもので，実際の物質中の電子雲は一般にもっと複

電子雲
電子の存在状態は位置の関数である波動関数で表される．波動関数を2乗したものが電子のその位置での存在確率を表すので，これを電子の密度と解釈できる．この電子の密度は空間の場所によって濃淡があるので，これを雲状に表し電子雲とよぶことがある．

2.2 共有結合

雑であり，前述のようにはっきり分類できるものではない．実際には，これらの結合様式が混ざりあっていると考えるのが適当な場合が多いし，またいろいろな結合様式の電子が混ざっている場合も多い．

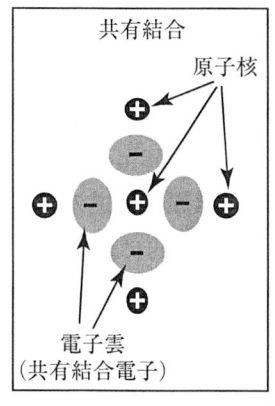

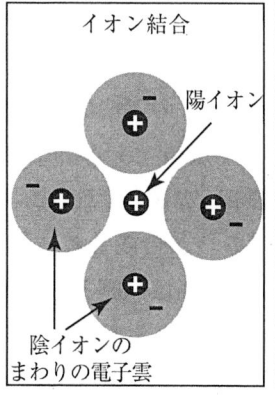

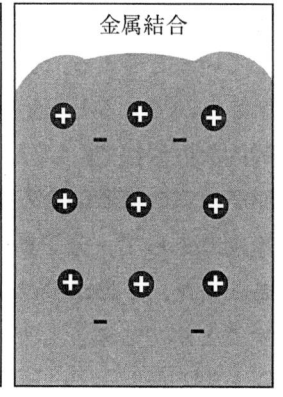

図 2.3 種々の化学結合様式

分子軌道法による結合様式
分子軌道法ではセルフ・コンシステントな計算を行うことにより原子間の電荷移行を正確に取り扱うことができるので，共有結合のみならず電荷移行の程度を定量的に評価してイオン結合性についても考察することができる．

2.2 共有結合

a．分子軌道法の概念

化学結合は，前述のように，物質中の多種多様な電子の中で，原子どうしを結合させる糊のような状態にある電子による．電子状態を正しく理解しようとすると，式 (2.1) に示した Schrödinger 方程式を解く必要がある．しかし，この Schrödinger 方程式を正確に解くことは大変難しく，実際には，ポテンシャルや波動関数などを近似して計算する方法がとられる．

分子中の電子状態を計算する方法として，**分子軌道法**という近似法があり，いろいろな分子の化学結合を理解するのにもよく用いられている．分子軌道法では，電子は図2.4 に示すように分子全体に広がっ

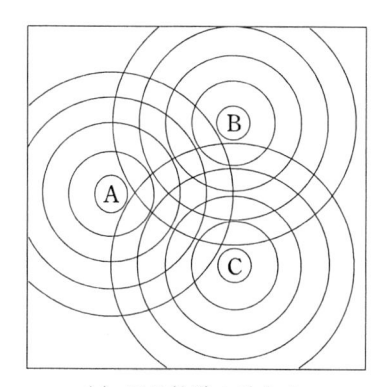

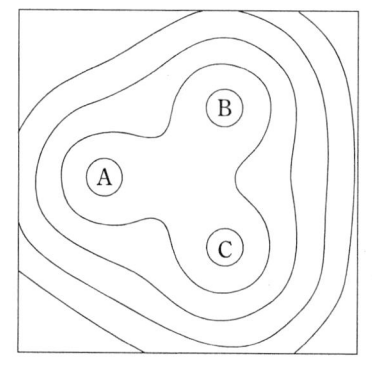

(a) 原子軌道の重合せ　　　(b) 分子軌道
図 2.4 分子軌道の概念図

て分布している波動関数で表される軌道(**分子軌道**とよばれる)を運動していると考える.分子軌道の波動関数は,原子軌道関数の重合せで表すことができると仮定する.この方法は,分子軌道を表すもっとも一般的な近似法で,**LCAO**(linear combination of atomic orbitals；原子軌道の線形結合の意味)**法**とよばれる.図2.4は原子軌道の波が重なりあって,分子軌道の波が合成される様子を模式的に表している.また,そのポテンシャル場は,原子のポテンシャルの重合せで表すことができる.したがって,l番目の分子軌道 ψ_l は原子軌道 i を χ_i と書くと,

$$\psi_l = \sum_j C_{il} \chi_i \tag{2.3}$$

と表される.ここで χ_i は原子軌道関数なので,わかっている関数である.また C_{il} は未知の係数である.

後で述べる分子軌道法の計算を行うと,すなわち分子のSchrödinger方程式を解くと,分子軌道 l の電子のエネルギー E_l と分子軌道の係数 C_{il} が求まり,χ_i がわかっているので分子軌道関数 ψ_l が求まることになる.

分子軌道は,原子軌道の重ね合せで表されるので,分子軌道をよく理解するためには,まず原子軌道を知る必要がある.

b. 原子軌道関数

原子軌道は,Schrödinger方程式(2.1)において,ポテンシャル V を原子のポテンシャルとして計算することによって求まる.原子の計算でも,式(2.1)が解析的に解けるのは水素原子(1電子)の場合だけで,一般の多電子原子ではコンピュータを用いて,数値計算で求めなければならない.実際の計算は **SCF**(self-consisitent field；セルフ・コンシステント・フィールド)**法**とよばれる方法で計算される.この方法では,一つの電子を考え(1電子近似),その電子が原子核からの引力と他の電子のつくる電子雲による斥力の平均ポテンシャル場を運動していると考える.SCF法は,原子だけでなく分子や固体の計算にも用いられている.

水素原子のSchrödinger方程式を解いて得られる結果は,次のように要約できる.水素原子の電子状態は量子数 n, l, m_l で規定される原子軌道 χ_{nlm} で表され,そのエネルギーは $E = -1/(2n^2)E_0$ で,とびとびの値をとり得る(図2.5を参照).水素原子の1個の電子は,これらの中の一つの状態をとる.

多電子原子については,上で述べたようなSCF法で数値的に計算することができる.波動関数は,水素原子の場合と類似しており,角度に関する角度波動関数は同じで,動径波動関数は原子によって異な

2.2 共有結合

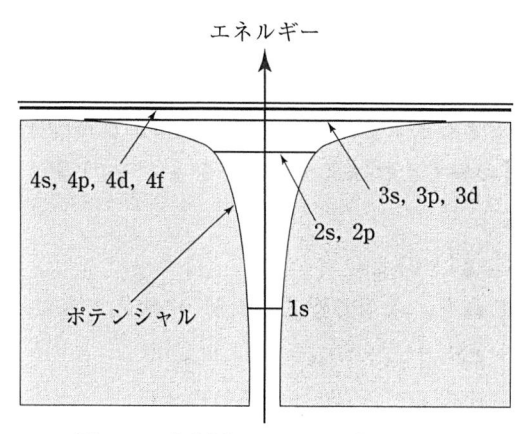

図 2.5 水素原子のエネルギーレベル

る関数（数値関数）になる．

多電子原子の原子軌道について要約すると，

（1）水素原子と同様な原子軌道 χ_{nlm} が存在する．ただし，軌道の広がりは原子によって異なる．

（2）原子軌道のエネルギーレベルは，水素の場合と異なり n だけでなく l にも依存し，l が大きいほど高くなる．

（3）Pauli の原理によれば，一つの原子軌道 χ_{nlm} には電子は二つまでしか収容できない．

原子軌道は，それぞれ空間的な形が異なっていて，このことが化学的に大変重要である（第 1 章の図 1.12 参照）．

c. 分子軌道法

分子の電子状態は，上に述べたように原子軌道の重合せで表すことができる．これを計算する方法として**分子軌道法**がよく使われる．電子状態の計算は，式 (2.1) で示した Schrödinger 方程式

$$h\psi_l = E\psi_l, \quad h = -\frac{1}{2}\nabla^2 + V(r) \tag{2.4}$$

を解いて得られる．ここで，h は**ハミルトニアン**とよばれる．上に述べたように LCAO 分子軌道法では，分子軌道は式 (2.3) で示すように原子軌道を組み合わせて得られる．実際に分子軌道を求める方法は，**Rayleigh-Ritz（レイリー-リッツの変分法）**とよばれる方法で得られる**永年方程式**を解く．この永年方程式は

$$\sum_j (h_{ij} - E_l S_{ij}) C_{jl} = 0 \tag{2.5}$$

で表される．ここで

$$h_{ij} = \int \chi_i^* h \chi_j dv, \quad S_{ij} = \int \chi_i^* \chi_j dv \tag{2.6}$$

で，それぞれ**共鳴積分**，**重なり積分**とよばれる．

ハミルトニアン
ハミルトン演算子のことで，古典力学におけるハミルトン関数 $H = \sum p_i q_i - (T - V)$ の運動量 p_i を $-i\hbar \partial/\partial p_i$ で置き換えることによって得られる演算子である．ここで p_i は座標，T は運動エネルギーであるが，働く力がポテンシャル V のみによって決まる場合はハミルトニアン $H = E = T + V$ となり，全エネルギー E を表す演算子となる．

変分法

量子力学において変分原理を適用する場合，波動関数 $\psi=\sum C_i\chi_i$ を変化させて ψ の積分で表されるハミルトニアンの期待値 $E(\psi)=\int\psi^*H\psi d\tau/\int\psi^*\psi d\tau$ を極小にする $(\delta E=0)$ 条件から永年方程式が得られる．この永年方程式を解くことによりエネルギー固有値と波動関数を求める方法．

永年方程式

波動関数 Ψ を直交関数系 χ_i を基底として $\psi=\sum C_i\chi_i$ と近似し，変分原理を適用して $\int\delta\int\psi^*\psi d\tau=0$（$\psi$ が規格化され，$\int\psi^*\psi d\tau=1$ であるとして）の条件の下でエネルギー固有値 $E=\int\psi^*H\psi d\tau$ が極小となる条件を見つけることにより本文の式(2.8)のような連立方程式 $\sum H_{ij}C_i-EC_i=0$ が得られる．これを永年方程式とよぶ．この方程式は行列の形で表すことができ，その固有値問題を解くことによりエネルギー固有値 E および固有ベクトルとしての波動関数の係数 C_i が得られる．

次に分子軌道計算を行うと，どのようなことがわかるのかを，水素分子を例にとって調べてみよう．二つの水素原子 A と B とが結合して水素分子ができるとする．分子軌道関数は，水素の原子軌道（この場合は 1s 軌道のみ考えればよく，これを χ_A, χ_B と書くことにする）から形成され，

$$\psi = C_A\chi_A + C_B\chi_B \tag{2.7}$$

と書かれる．これを，永年方程式 (2.5) に代入すると，

$$(h_{AA}-ES_{AA})C_A + (h_{AB}-ES_{AB})C_B = 0$$
$$(h_{AB}-ES_{AB})C_A + (h_{BB}-ES_{BB})C_B = 0 \tag{2.8}$$

の連立方程式が得られる．また，軌道関数（原子軌道でも分子軌道でも）は規格・直交化されており，

$$\int\chi_i^*\chi_j dv = \delta_{ij}, \quad \int\psi_i^*\psi_j dv = \delta_{ij} \tag{2.9}$$

である．したがって，原子軌道に関しては

$$S_{AA} = S_{BB} = 1 \tag{2.10}$$

また，分子軌道では

$$\int\psi^*\psi dv = \int(C_A\chi_A + C_B\chi_B)^2 dv = C_A^2 + C_B^2 + 2C_AC_BC_{AB} = 1 \tag{2.11}$$

が成り立つ．また，A，B が同じ水素原子なので

$$h_{AA} = h_{BB} = E_0$$

と書くことにする．したがって式 (2.8) は

$$(E_0-E)C_A + (h_{AB}-ES_{AB})C_B = 0$$
$$(h_{AB}-ES_{AB})C_A + (E_0-E)C_B = 0 \tag{2.12}$$

となり，これを解くと

$$E = E_{\pm} = \frac{E_0 \pm h_{AB}}{1 \pm S_{AB}} \tag{2.13}$$

が得られる．すなわち，E_+ と E_- の二つのエネルギー状態が存在する．この計算で必要な E_0, h_{AB}, S_{AB} の積分値は，原子 A と B との距離 R が変わると図 2.6 のように変化する．これらの値を式 (2.13) に代入すると $E_{\pm}$ の値が求まる．このようにして分子軌道のエネルギーが計算できる．また式 (2.12) に式 (2.13) を代入し，式 (2.11) を用いると分子軌道の係数 C_A, C_B が計算でき，$E=E_+$ のときの分子軌道は

$$\psi_+ = \sqrt{\frac{1}{2(1+S_{AB})}}(\chi_A + \chi_B) \tag{2.14}$$

となる．また，$E=E_-$ のときは

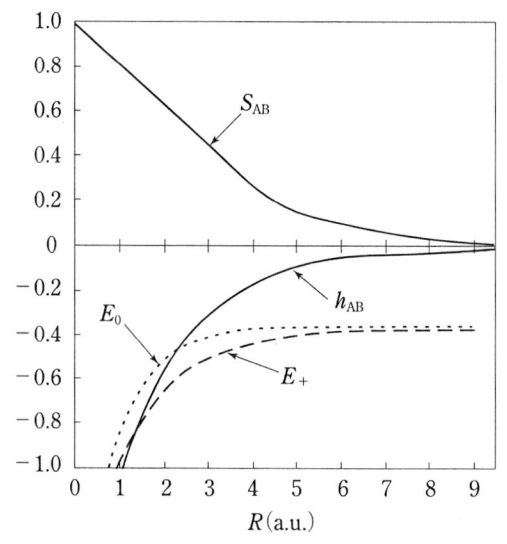

図 2.6 水素分子の軌道計算の積分パラメーター（E, E_0, h_{AB} は原子単位）

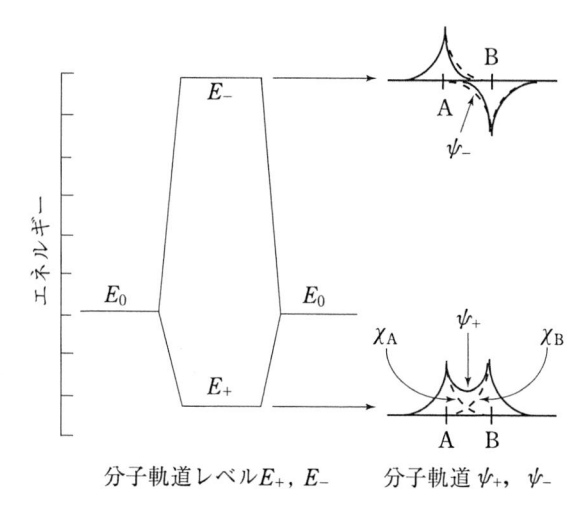

図 2.7 水素分子の分子軌道レベルと分子軌道関数

$$\psi_- = \sqrt{\frac{1}{2(1-S_{AB})}}(\chi_A - \chi_B) \tag{2.15}$$

が得られる．A，B が平衡原子間距離（$R=1.40$ a.u.）のときは分子軌道 ψ_+ および ψ_-，軌道エネルギー E_+ および E_- は図 2.7 のようになる．

次に得られた分子軌道の波動関数 ψ_+ および ψ_-（これらを σ および σ^* と記すことにする）とそれらの軌道に電子が 2 個占有したときの電子密度 $\rho(\sigma^2)$ および $\rho(\sigma^{*2})$ の等高線をプロットしてみると図 2.8 のようになる．この図では，差電子密度 $\Delta\rho$ も示してある．差電子密度は分子の電子密度から原子の電子密度を差し引いたもので，原子から分子ができる際の電子密度の変化を示している．水素分子は 2 個の電子があり，これらが ψ_+ あるいは ψ_- の分子軌道を占有する．基底

波動関数

量子力学では系の状態は波動関数 ψ で表される．ψ は波動を表すので当然位置 r によって正の値も負の値も取りうる．粒子の波動関数の 2 乗 $|\psi(r)|^2$ がその位置での粒子の存在確率を表すが，これが波動関数の物理的意味である．

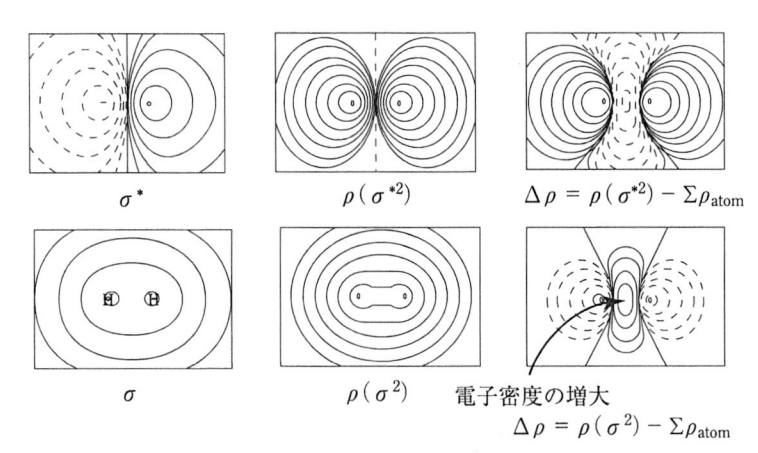

図 2.8 水素分子軌道，電子密度，差電子密度の等高線図（図中の実線はプラスの値の，破線はマイナスの値の等高線を示す）

状態では2個の電子は，ψ_+ を占有している．このときの差電子密度をみると，原子AとBとの間の領域ではプラスの等高線で示されるように，電子密度の増加が起こっている．この増加分の電子電荷（負の電荷）が，両側の正の電荷をもつ原子核（プロトン）を引きつけることにより，原子AとBとを結合させる．このような理由で ψ_+ 分子軌道を**結合軌道**とよぶ．またこのようにしてできた結合は，もともと原子AおよびBにあった，2個の電子を共有することによって形成されると解釈できるので，共有結合とよばれる．もし電子がエネルギー的に励起され，エネルギーの高い ψ_- 軌道に入ったとすると，差電子密度から原子間で電子密度は減少し，逆にAとBの外側で増加することがわかる．したがって両原子核は外側へ引っ張られ，お互いに離れようとする．このような理由で ψ_- 軌道は**反結合軌道**とよばれる．このように二つの原子軌道が，相互作用することにより結合軌道と反結合軌道が形成される．結合軌道を電子が占有すると，共有結合ができるのである．

【例題 2.1】水素分子の平衡核間距離は 1.4 a.u.（＝0.074 nm）である．このとき重なり積分 $S_{AB}=0.64$，共鳴積分 $h_{AB}=-0.64$ (a.u.)，$E_0=-0.33$ (a.u.) であるとして結合・反結合軌道のレベルエネルギー E_+，E_- の値を計算せよ（1 a.u.＝27.2 eV）．また結合および反結合軌道の波動関数 ψ_+ および ψ_- の式を示せ．
［解答］軌道エネルギーは式 (2.16) より $E_+=-0.57$ a.u.（＝−15.4 eV），$E_-=+0.75$ a.u.（＝+20.4 eV）となる．また波動関数は式 (2.17)，式 (2.18) から $\psi_+=0.55(\chi_A+\chi_B)$，$\psi_-=1.18(\chi_A-\chi_B)$ であることがわかる．

d. 種々の分子軌道

以上のように二つの原子軌道が相互作用して，結合軌道と反結合軌道の二つの分子軌道ができることがわかった．上の例は原子軌道としてs軌道のみを考えた．しかし一般の原子ではs軌道電子だけでなく，p軌道，d軌道などの電子も存在する．このような原子軌道からできる分子軌道も，原理的にはs軌道の場合と同様であるが，原子軌道の形が複雑になるので，分子軌道の形も複雑になる．

まず，二つのp原子軌道が相互作用する場合を考えよう．p軌道には p_x, p_y, p_z の3種類の方向性の違う軌道がある．したがってこれらからできる分子軌道も形の違うものになる．ここでは，二つの原子A，Bが z 軸上に存在していると考えることにする．そうすると，p_z 軌道はもう一つの原子の方向を向いていて，他の p_x, p_y 軌道はそれと垂直方向を向いていることになる．したがってこれらの組合せでできる分子軌道は違ったものになる．

分子軌道の形は，厳密には群論を用いて分類することができるが，ここでは概略を述べる．2原子分子のような直線形の分子の場合，原子を結ぶ軸（今の場合は z 軸）のまわりの回転の対称性で分類する．p軌道からできる分子軌道の場合では，p_z 軌道からできる結合・反結合軌道は，軸のまわりを回転しても波動関数の値が変化しない．すなわち円対称性をもつ．これに対して，p_x や p_y 軌道どうしでできる分子軌道は，軸のまわりを1回転するとsinあるいはcos関数の変化，すなわち＋→0→−→0→＋となる．これらを z 軸の方向からみると，前者は丸くs軌道のように見え，後者は亜鈴型のp軌道のように見える．分子軌道の場合は，これらをs，pに対応するギリシャ文字の σ および π を使って分類する．このようにp軌道からは，σ および π 結合・反結合軌道ができる．これらの軌道エネルギーはどのようになるのであろうか．

図2.9には，2s軌道からできる分子軌道も含めたエネルギーレベルとそれに対応する分子軌道を模式的に示している．2s軌道からは，水素分子の場合と同様な分子軌道ができ，結合軌道，反結合軌道を σ，σ^*（反結合軌道は * をつけて表すことにする）と記した．また三つの2p原子軌道のエネルギーはまったく同じで（三重に縮退している），$2p_z$ 軌道からは **σ 型の結合軌道**（σ）と反結合軌道（σ^*），$2p_x$, $2p_y$ 軌道からは **π 型の結合軌道**（π）と反結合軌道（π^*）ができる．これらの π および π^* 軌道はそれぞれ二重に縮退している．結合軌道と反結合軌道とのエネルギーレベルの差は，だいたい原子軌道間の重なり積分の大きさで決まる．σ 型と π 型との分子軌道を比較すると，軌道の

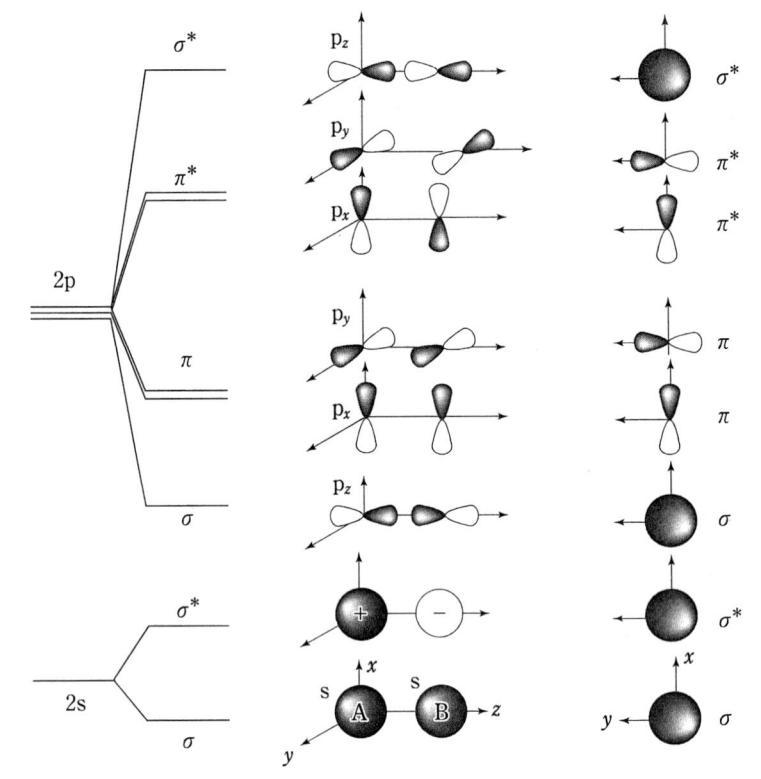

(a) 軌道レベル　　(b) 分子軌道の模式図　　(c) z軸方向から見た分子軌道

図 2.9　2s および 2p 原子軌道からできる分子軌道

d 軌道からできる結合・反結合軌道

d 原子軌道間の相互作用により σ, π, δ 型の結合・反結合軌道ができる．その軌道レベルと分子軌道とを模式的に図 2.10 に示す．

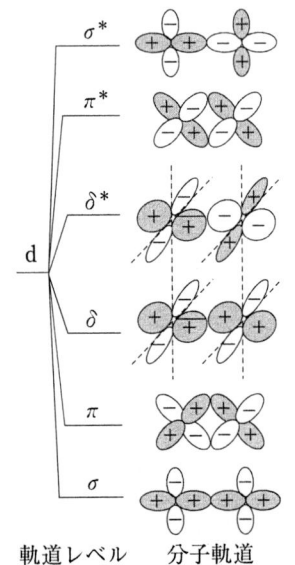

軌道レベル　　分子軌道
図 2.10　結合・反結合軌道

方向性からみて，一般に σ 型分子軌道の方が重なり積分が大きく，結合・反結合レベルの分裂も大きくなるとと考えられる．したがって，分子軌道レベルはエネルギーの低い方から，σ, π, π^*, σ^* の順になる．しかし実際にはレベルが逆転して π, σ, π^*, σ^* となっている場合も多い．

遷移金属元素は d 軌道電子を有する．d 軌道電子も σ, π 型の分子軌道を作るが，それに加えて δ 型の分子軌道も形成する．遷移金属原子が金属結晶として存在するとき，隣の原子の d 軌道間で σ, π および **δ 型分子軌道**を形成し共有結合をつくる．しかし，金属化合物中で遷移金属元素がイオンとして存在している場合は，d 軌道の空間的な広がりが狭くなり，金属イオンに局在するようになる．この場合は，d 電子は磁気モーメントを生じ，金属イオンは常磁性イオンになる．

e．多重結合

第 2 周期の元素 B, C, N, O, F は 2p 軌道に 1～5 個の電子が占有している．これらの 2 原子分子 B_2, C_2, N_2, O_2, F_2 の分子軌道を考えてみよう．これらの分子軌道のエネルギーレベルは図 2.11 のようになっていることがわかっている．分子ができると，それぞれの原子の

2.2 共有結合

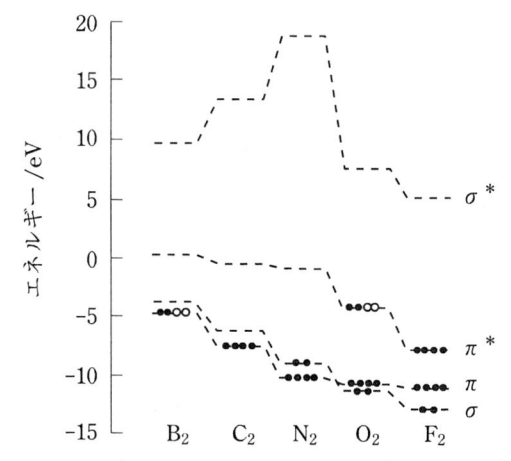

図 2.11 C_2，アセチレン，エチレン，エタン分子のエネルギー準位

2p 電子は，2p 軌道からできる分子軌道を占有していく．B_2 と C_2 分子では p 結合軌道に 2 個と 4 個の電子が入る．結合軌道に 2 個の電子が入ると，一つの共有結合が形成されると考えると，B_2，C_2 では結合の数は 1 および 2 となる．これを形式的結合次数（あるいは単に結合次数）とよぶことにする．また，N_2 分子では，もう 2 個の電子が σ 結合軌道にはいる．したがって，結合次数は 3 になる．結合次数が 2, 3 の場合を**二重結合**，**三重結合**ともよぶ．O_2 分子では，さらに 2 個の電子が，今度は π 反結合軌道に入る．反結合軌道に入った 2 個の電子は，逆に結合を相殺する働きをすると考えられる．したがって，この場合は結合次数は 2 となる．F_2 分子では，さらに 2 個の電子が反結合軌道に入ることになるので，結合次数は 1 になる．結合軌道および反結合軌道を占有する電子の数を n_+ および n_- とすると，結合次数 p は

$$p = \frac{1}{2}(n_+ + n_-) \tag{2.16}$$

として求められる．

二重，三重結合などの多重結合は，有機分子中の C-C 結合の中でもよく見られる．上に示した例で，2 原子分子 C_2 は二重結合している．これに水素原子が付加していくと，三重結合のアセチレン C_2H_2，二重結合のエチレン C_2H_4，単結合のエタン C_2H_6 分子ができる．これらの多重結合も上の例と同様に説明できる．これらの分子の軌道レベルを図 2.12 に示してある．C_2 分子は π 結合軌道に 4 個の電子が入るので，結合次数 2 すなわち二重結合ができている．これに二つの水素原子が C_2 の外側に付加すると，C-H 間の結合ができることにより，σ 結合軌道が低下してレベルの順序が少し変化するが，2 個の H 原子からの 2 個の電子は C-C 間の σ 結合軌道を満たすことになる．したがって，N_2 分子と同じ電子配置で結合次数が 3 になり，C_2H_2 では三

O_2 分子の磁性

π 型分子軌道は二重縮退しているのでスピンが上向きと下向きの電子をそれぞれ 2 個ずつ計 4 個収容することができる．O_2 分子では π 型反結合軌道に 2 個の電子が占有されるが，これらの電子はフントの法則に従うようにスピンがそろう状態（三重項状態）をとるとエネルギーが低くなる．そのため O_2 分子は磁気モーメントをもち常磁性で存在する（p. 91 図 3.24 参照）．

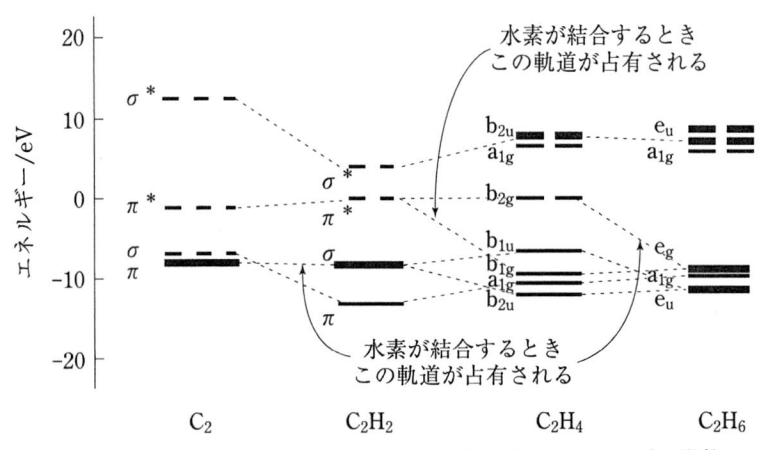

図 2.12 C₂, アセチレン, エチレン, エタン分子のエネルギー準位

重結合が形成されることになる．C_2H_2 にさらに 2 つの H 原子が付加するとき，今度は 2 個の電子が π 反結合軌道に入ることになる．そのため C_2H_4 分子では C–C 間の結合次数は O_2 分子と同様で 2，すなわち二重結合になる．

CO 分子の結合次数
N_2 分子の電子配置は図 2.13 に示すとおりで結合次数は 3，つまり三重結合である．一方 CO 分子の総電子数は 14 で N_2 分子と等電子的であるので，結合次数は N_2 分子同様 3 である．

【例題 2.2】第 3 周期元素の等核 2 原子分子の結合エネルギーは Si_2；3.26 eV, P_2；5.03 eV, S_2；4.36 eV, Cl_2；2.48 eV である．これらの変化を第 2 周期元素の場合と同様に結合次数の考察から説明せよ．

[解答] Si_2, P_2, S_2, Cl_2 の結合次数が 2, 3, 2, 1 と変化するので，それに対応して結合エネルギーが変化する．

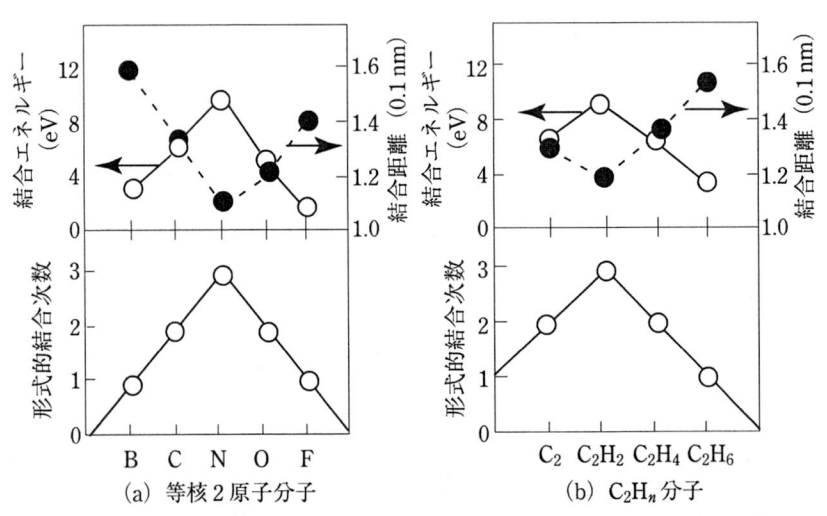

図 2.13 等核 2 原子分子および C_2H_n 分子の結合エネルギーと結合距離および形式的結合次数

(a) 等核 2 原子分子
(b) C_2H_n 分子

結合次数は，原子間の結合の強さと相関関係にある．すなわち結合次数が大きくなると，結合エネルギーは大きくなり，結合距離は小さくなる．上で述べた等核2原子分子 C_2H_n 分子の場合を図2.13に示す．

2.3 イオン結合と金属結合

a. 静電的相互作用とイオン結合

イオンとは正または負の電荷を帯びた原子のことである．これらのイオンがつくる純粋なイオン結合は簡単な静電的モデルで取り扱うことができる．電磁気学でクーロンの法則として学ぶように，距離 r だけ離れた二つの点電荷 q_1[単位 C] と q_2[単位 C] の間には式 (2.17) で与えられる力 F[単位 N] が働き，この二つの点電荷の間に働く相互作用エネルギー E[単位 J] は式 (2.18) で与えられる．

$$F = \frac{q_1 \cdot q_2}{4\pi\varepsilon_0\varepsilon_r \cdot r^2} \tag{2.17}$$

$$E = \int_\infty^r F \cdot dr = -\frac{q_1 \cdot q_2}{4\pi\varepsilon_0\varepsilon_r \cdot r} \tag{2.18}$$

ここで，ε_0 は真空の誘電率 ($8.854 \times 10^{-12} \mathrm{kg^{-1}m^{-3}s^2C^2}$)，$\varepsilon_r$ は比誘電率であり，空気中ではほぼ1とみなしてよい．q_1 と q_2 が同じ符号の場合（正電荷と正電荷，あるいは負電荷と負電荷）には斥力が働き，反対符号の場合（正電荷と負電荷）には引力が働く．

すなわち，正電荷をもつ陽イオンと負電荷をもつ陰イオンの間に働く静電引力こそが，陽イオンと陰イオンを結びつける力の源であり，この静電引力によってイオン間に形成される化学結合がイオン結合である．このような静電的な力は方向に依存せず，等方的に働く．このため，イオンは格子状に配列し，結晶を形成する．この結晶をイオン結晶とよぶ．具体的なイオン結晶の構造を述べる前に，イオン結晶に共通する特徴を以下に示す．

（1）通常，**イオン結晶の電気伝導性は低い**．結晶中のイオンは強い静電的な相互作用によって規則的に配列し，安定な構造をとる．これにより，イオンが結晶中を自由に動くことができず，導電率は低い．しかし，溶融状態では非常によく電気を通す．溶融状態では，電場により，電荷をもつイオンが自由に動いて電気を運ぶためである．

（2）**イオン結晶には融点の高いものが多い**．イオン結合は非常に強く，等方的に働くため，イオン結合性化合物の融点や沸点は非常に高くなる．

（3）通常，**イオン結晶は非常に硬いが，同時に脆いものが多い**．イ

オン結晶が硬いのは，上で示した性質と同じ理由による．脆い性質はイオン結合の本質に由来する．イオン結晶は陽イオンと陰イオンが静電的に引き合い，交互に配列することで形成されているが，イオンの位置がごくわずかずれるだけの力が外から加わると，陽イオン-陽イオンおよび陰イオン-陰イオンの接触が起こり，静電引力として働いていた力が，静電反発力となる．このため，結晶が破壊されてしまう．ゆえに，イオン結晶は**劈開性**を示す．

（4）イオン結晶には高い比誘電率 ε_r をもつ**極性溶媒に溶けるものが多い**．よく用いられる極性溶媒の例をあげると，水の ε_r は82であり，アセトニトリルは33，アンモニアは25である．静電エネルギーは式（2.21）で表されるため，$\varepsilon_r=25$ のアンモニア中では，静電エネルギーが真空中の4％にしかならない．さらにイオンは，極性溶媒の持つ双極子モーメントと相互作用し，溶媒和によってかなりのエネルギーが生成する．このようなエネルギーが与えられることにより，普通の状態では壊れなかったイオン結晶が，溶媒中でバラバラになる．

b．代表的なイオン結晶構造

正電荷をもつ陽イオンと負電荷をもつ陰イオンの間に働く静電引力が最大になり，同じ電荷をもったイオンとの反発力が最小になるように，陽イオンと陰イオンが配列し，結晶構造をつくり上げる．結晶構造の幾何学的な特徴やその生成エネルギーについて考える前に，代表的なイオン結晶の構造を概観しておくことは理解を進めるうえで重要である．

（1）岩塩型構造（NaCl）

図2.14に塩化ナトリウムの構造を示す．塩化物イオンは立方体の8個の隅と，6個の面心位置を占め，面心立方格子を形成している．ナトリウムイオンは，隅にある塩化物イオンを結ぶ稜の中央位置と，体心の位置を占めている．ここで注意することは，ナトリウムイオンのみ

劈開性

劈開性（cleavage）とは，結晶が，機械的な力によって，ある特定の方位をもった平滑な面に沿って割れやすいことをいう．この面を劈開面といい，結晶面と同様にミラー指数（2.4節 b. 項参照）で表す．たとえばダイヤモンドでは{111}，方解石では{10$\bar{1}$1}，透輝石では{110}面などがよく知られている．

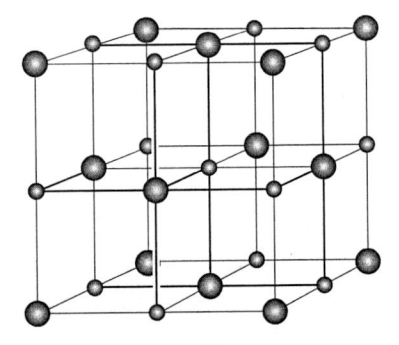

● Na^+（または Cl^-）　● Cl^-（または Na^+）

図 2.14　塩化ナトリウム（NaCl）の構造

を見ると，塩化物イオンと同じく，面心立方格子を形成していることである．（これを見るためには，格子を延長した図をかかなければならないが．）また，ナトリウムイオンを中心に見た場合，もっとも近い位置に6個の塩化物イオンがある．同様に，塩化物イオンも6個のナトリウムイオンに取り囲まれている．このように，どちらのイオンの配位数も6である．

（2）塩化セシウム型構造（CsCl）

図2.15に塩化セシウムの構造を示す．塩化物イオンは立方体の8個の隅にあり，体心の位置をセシウムイオンが占めている．また，セシウムイオンは8個の塩化物イオンに囲まれており，同様に，塩化物イオンは8個のセシウムイオンに囲まれているので，どちらの配位数も8である．

（3）ヒ化ニッケル型構造（NiAs）

図2.16にヒ化ニッケルの構造を示す．ヒ素は六方形に配列している．ニッケルは岩塩型のときと同様に，6個のヒ素に取り囲まれており，この6個の砒素は正八面体型の配位多面体を形成している．ヒ素のまわりも6個のニッケルに囲まれているが，配位多面体が正八面体ではなく，三角プリズムとなっている．

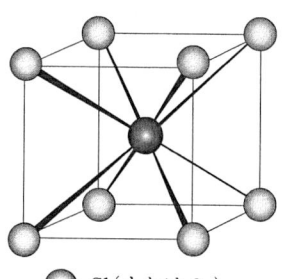

図2.15 塩化セシウム（CsCl）の構造

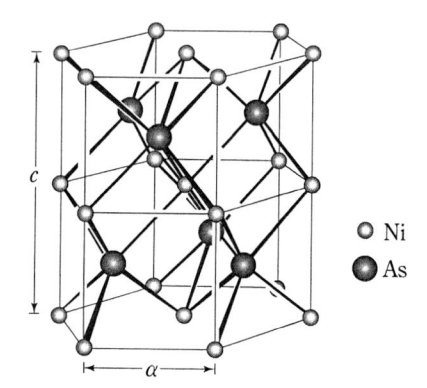

(a) ヒ化ニッケル（NiAs）の構造 　(b) ヒ素まわりの三角プリズム型配位の様子
図2.16 ヒ化ニッケル（NiAs）の構造とヒ素まわりの三角プリズム型配位の様子

（4）閃亜鉛鉱型構造（ZnS）

閃亜鉛鉱の構造を図2.17に示す．硫化物イオンは面心立方格子を形成している．また，亜鉛イオンは4個の硫化物イオンに取り囲まれており，この硫化物イオンは正四面体の配位多面体を形成している．同様に，硫化物イオンも4個の亜鉛イオンに取り囲まれている．

（5）ウルツ鉱型構造（ZnS）

図2.18にウルツ鉱の構造を示す．ウルツ鉱では硫化物イオンが六

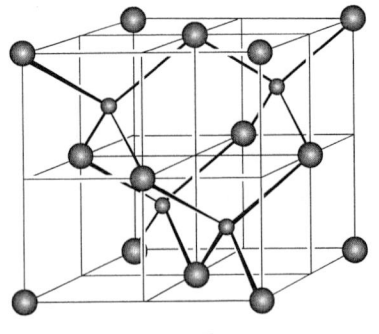

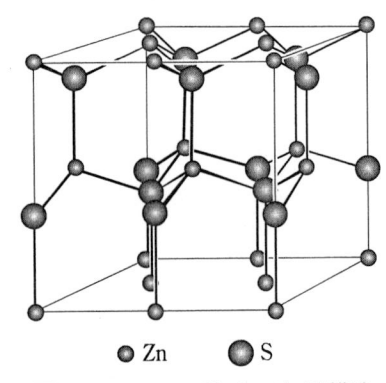

- Zn（またはS）　● S（またはZn）
図 2.17　閃亜鉛鉱型（ZnS）の構造

● Zn　　● S
図 2.18　ウルツ鉱（ZnS）型構造

方形に配列しており，亜鉛イオンは，閃亜鉛鉱の場合と同様に，4個の硫化物イオンに取り囲まれ，硫化物イオンも4個の亜鉛イオンに取り囲まれている．

（6）蛍石型構造（CaF_2）

図2.19に蛍石の構造を示す．陽イオンであるカルシウムイオンが面心立方構造を形成している．フッ化物イオンは4個のカルシウムイオンに取り囲まれており，このフッ化物イオンは正四面体の配位多面体を形成している．この様子は図2.17の閃亜鉛鉱の場合とよく似て

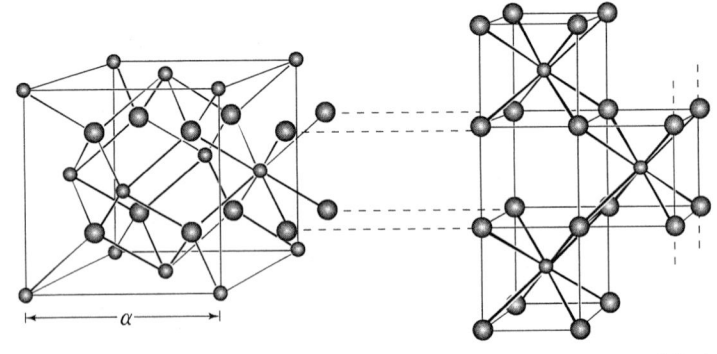

(a) カチオンの面心立方格子を見た図

(b) アニオンがつくる単純立方格子を見た図

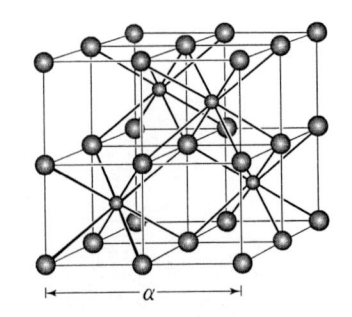

(c) アニオンの単純立方格子を拡張してみた図

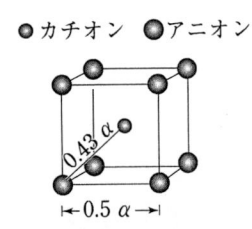

● カチオン　● アニオン

(d) 単純アニオン格子におけるイオン半径と格子定数の関係を示した図

図 2.19　蛍石（CaF_2）型構造

いる．しかし，閃亜鉛鉱の場合，陽イオンの数と陰イオンの数が1：1であったのに対して，蛍石の場合1：2であるため，カルシウムイオンは8個のフッ化物イオンに取り囲まれている．この構造において，陽イオンの位置と陰イオンの位置がまったく逆になった構造は，逆蛍石構造とよばれ，Li_2O や Na_2O などのアルカリ酸化物はこの逆蛍石構造をとる．

(7) ルチル型構造（TiO_2）

図2.20にルチルの構造を示す．チタンイオンは8個の隅と体心位置を占め，このチタンを6個の酸素が正八面体を形成するように配位している．この八面体は稜を共有して C 軸方向（図の上方向）に鎖状につながっている．また，酸化物イオンはチタンのつくる三角形の中心にあり，平面3配位となっている．

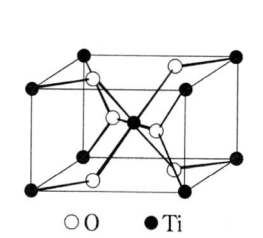

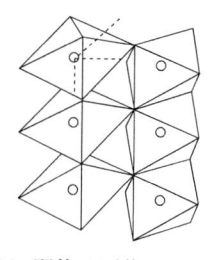

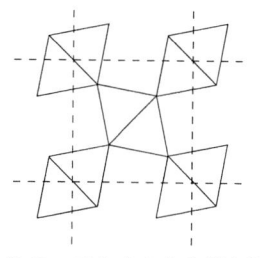

(a) 単位格子　(b) TiO_6 配位八面体がつくる二つのコラムを見た図　(c) このコラムを上から見た図（点線が単位格子を示す）

図 2.20　ルチル型酸化チタン（TiO_2）の構造

c．格子エネルギー

b.項で見たように，イオン結晶は点電荷が規則正しく三次元的に配列したものとみなせる．0K，常圧の条件のもとで，イオンが無限に離れた状態から集まって結晶をつくるときに放出されるエネルギーは，**結晶格子エネルギー**（lattice energy）L_0 とよばれる．この結晶格子エネルギーは，結晶内の静電引力と反発力のすべてを合計することで求められる．

$$M^{Z+}_{(gas)} + X^{Z-}_{(gas)} \longrightarrow MX_{(crystal)} \tag{2.19}$$

この格子エネルギーの見積もりについて考えよう．まずは単純化のために，1対のイオンを考える．このイオン対（$M^{Z+}X^{Z-}$）に働くクーロンエネルギー E_c は，それらが真空中に距離 r だけ離れて存在する点電荷であると仮定すると，式（2.18）より，式（2.20）のように記述できる．

$$E_c = -\frac{Z_+Z_-e^2}{4\pi\varepsilon_0 r} \tag{2.20}$$

ここで，e は電子の電荷（1.6×10^{-19}C）であり，Z_+，Z_- は各イオンの価

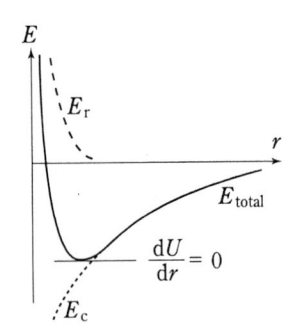

図 2.21 イオンペアにおける相対距離とエネルギーの関係

表 2.1 ボルン指数

イオンのタイプ	ボルン指数
[He]	5
[Ne]	7
[Ar]	9
[Kr]	10
[Xe]	12

数である。このエネルギーの関係を図 2.21 に点線で示した。これを見ると、静電引力による引き合いのエネルギー E_c は、イオン間距離 r が無限小に近づくと、無限に小さくなる。しかし、現実のイオン対で距離が無限に近付くことはあり得ない。何らかの反発力がクーロン引力とつり合ってこそ、安定なイオン対ができる。

この反発エネルギーを図 2.21 では破線で表している。原子やイオンは、おのおのの電子雲が重なり合うほど接近すると、反発力を及ぼしあう。この反発力は、イオン間距離 r が大きいときには無視できるほど小さいが、r が極めて短くなると加速度的に大きくなる。

この反発エネルギー E_r を Born は式 (2.21) で表されると考えた。

$$E_r = \frac{B}{r^n} \tag{2.21}$$

ここで、n は **Born（ボルン）指数** とよばれる値であり、イオンの電子配置によって n の値は変化する。大きなイオンでは電子雲が比較的高い電子密度をもつため、n の値は大きくなる。n として Pauling は表 2.1 の値を提案している。また、B は定数である。

一方、Mayer はこの反発エネルギーを式 (2.22) のように導いた。

$$E_r = b \exp\left(-\frac{\rho}{r}\right) \tag{2.22}$$

ここで、b と ρ は圧縮率の測定から導かれる定数である。

このように、静電引力と電子雲の反発力がつり合う距離 r_0 だけ離れて、イオン対が生成することになる。

さて、結晶中ではイオン対の場合よりも、もっと多くの静電相互作用がある。塩化ナトリウムを例に取ると、図 2.22 の中で⊗で示したナトリウムイオンのまわりには、●で示した 6 個の塩化物イオンが距離 r_0 離れて存在している。それから、$\sqrt{2}\,r_0$ 離れた位置に◎で示した 12 個のナトリウムイオンがあり、さらに $\sqrt{3}\,r_0$ 離れた位置に○で示した 8 個の塩化物イオン、$2r_0$ 離れた位置にさらに 6 個のナトリウムイオンが存在している。結晶中の静電相互作用エネルギー E_c は、これらの相互作用を、すべて加え合わせることにより与えられる。

$$E_c = -\frac{Z_+ Z_- e^2}{4\pi\varepsilon_0 r}\left(6 - \frac{12}{\sqrt{2}} + \frac{8}{\sqrt{3}} - \frac{6}{2} + \frac{24}{\sqrt{5}} + \cdots\right) \tag{2.23}$$

括弧の中に示した級数の和は **Madelung（マーデルング）定数 A** とよばれる。この級数は収束することが知られており、コンピュータを用いて計算されている。ここで示したものは岩塩型構造についての計算方法であるが、Madelung 定数 A が結晶構造にのみ依存する値であ

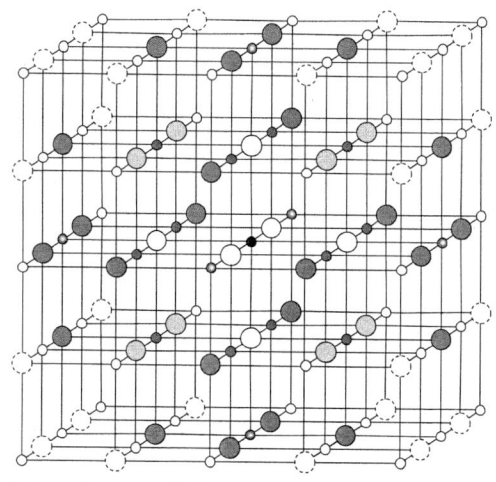

図 2.22 塩化ナトリウムの構造と Madelung 定数：●の位置にある Na^+ イオンを中心とすると，最近接の Cl^- イオンは○で表される6つである．この Na^+ と Cl^- 間の距離を r_0 とすると，●の位置にある 12 個の Na^+ イオンまでの距離は $\sqrt{2}\,r_0$ である．また，◉の位置にある 8 個の Cl^- イオンまでの距離は $\sqrt{3}\,r_0$ である

ることは明らかであろう．この Madelung 定数 A を用いて，1モルのイオン結晶における静電相互作用エネルギー E_c は式（2.24）のように書ける．

$$E_c = -\frac{N_A Z_+ Z_- e^2 A}{4\pi\varepsilon_0 r} \tag{2.24}$$

ここで，N_A は Avogadro（アボガドロ）数（$6.02\times10^{23}\mathrm{mol}^{-1}$）である．注意しておくべきことは，たとえば塩化ナトリウム1モルの中には，陽イオンと陰イオンがおのおの1モルずつあるので，式（2.24）の N_A は2倍の値になると思うかもしれない．しかし，相互作用は二つのイオンをペアとして考えるので，$2N_A$ 倍すると重複して数えることになってしまう．

b.項で見たものを含め，いくつかの結晶構造について算出されているマーデルング定数 A を表2.2に示す．

表 2.2 Madelung 定数 A

構　造	A	$\dfrac{A}{\nu}$	配位数の関係
塩化セシウム型構造	1.763	0.88	8:8
塩化ナトリウム型構造	1.748	0.87	6:6
蛍石型構造	2.519	0.84	8:4
閃亜鉛鉱型構造	1.638	0.82	4:4
ウルツ鉱型構造	1.641	0.82	4:4
コランダム型構造	4.172	0.83	6:4
ルチル型構造	2.408	0.80	6:3

コランダム型構造
(corundum structure, α-アルミナ型構造ともいう) A_2X_3 の化学組成式をもつ化合物の代表的な結晶構造である(図2.23). 陰イオン X は c 軸方向に六方最密充填(本節 h.項参照)している. この陰イオンのつくる格子中の八面体隙間の 2/3 を陽イオン A が占める. 陽イオンは 6 配位, 陰イオンは 4 配位である. 陽イオンを中心とする八面体は最密充填面内では稜を共有し, c 軸方向の上下にまたがる場合には面を共有している. この構造の化合物には, α-Al_2O_3, α-Fe_2O_3, Cr_2O_3, V_2O_3 などがある.

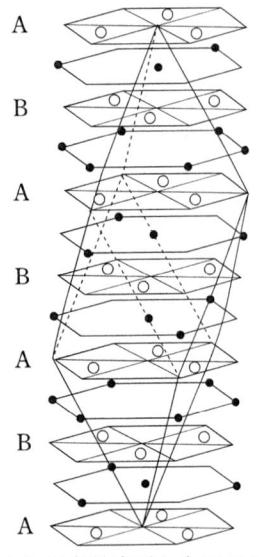

(a) 三方晶表示したコランダム A B は酸素の最密充填面

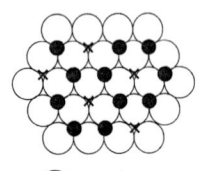

(b) コランダム型結晶中での陽イオンの占有位置

○ 陽イオン
● 陰イオン
× 空位

図 2.23 コランダム型結晶構造

このように結晶中で働く静電相互作用エネルギー E_c と電子雲による反発エネルギー E_r がわかると, イオン結晶を構成する格子エネルギー L_c が算出できる. その算出方法を示そう. 格子エネルギー L_c は静電相互作用エネルギー E_c と電子雲による反発エネルギー E_r の合算値になるので,

$$L_c = E_c + E_r = -\frac{N_A Z_+ Z_- e^2 A}{4\pi\varepsilon_0 r} + \frac{N_A B}{r^n} \tag{2.25}$$

と書ける. ここでは E_r の値は Born の式を用いた. このように, 格子エネルギー L_0 は r の関数として表される. ここで, 結晶が平衡状態にあるとき, すなわちイオン間距離が平衡値 r_0 のときに L_0 は最小となるので, L_0 を r で微分して, $r = r_0$ のときに微分値がゼロになると置くと,

$$\frac{dL_0}{dr} = \frac{N_A Z_+ Z_- e^2 A}{4\pi\varepsilon_0 r_0^2} - \frac{nN_A B}{r_0^{n+1}} = 0 \tag{2.26}$$

この式を整理して, B を求めると,

$$B = \frac{Z_+ Z_- e^2 A}{4\pi\varepsilon_0 r_0^2} \cdot \frac{r_0^{n+1}}{n} = 0 \tag{2.27}$$

ここで, 式 (2.25) に, この B を代入し, $r = r_0$ とすると,

$$L_c = -\frac{N_A Z_+ Z_- e^2 A}{4\pi\varepsilon_0 r_0} + \frac{N_A}{r_0^n} \cdot \frac{Z_+ Z_- e^2 A}{4\pi\varepsilon_0 r_0^2} \cdot \frac{r_0^{n+1}}{n}$$

$$L_c = -\frac{N_A Z_+ Z_- e^2 A}{4\pi\varepsilon_0 r_0} \cdot \left(1 - \frac{1}{n}\right) \tag{2.28}$$

を得る. これは **Born-Landé** (ボルン-ランデ)式とよばれている. ここで, 定数項に数値を入れて整理すると, 式 (2.29) を得る.

$$L_c = -\frac{1.389 \times 10^5 \times A Z_+ Z_-}{r_0} \cdot \left(1 - \frac{1}{n}\right) \tag{2.29}$$

ここで, r_0 の単位は pm であり, L_c の単位は $kJ mol^{-1}$ である.

【例題 2.3】塩化ナトリウム (NaCl) 結晶および塩化ストロンチウム ($SrCl_2$) 結晶について格子エネルギーを算出せよ. NaCl は岩塩型構造を, $SrCl_2$ は蛍石型構造をとることが知られている. また, それぞれのイオン半径は表2.3を参照せよ.

[解答] 塩化ナトリウムの場合, イオン半径はおのおの, $r_{Na^+} = 116$ pm, $r_{Cl^-} = 167$ pm である. ゆえにイオン間距離 r は $r = r_{Na^+} + r_{Cl^-} = 116 + 167 = 283$ pm である. また, 岩塩型の Madelung 定数 A は表2.2より $A = 1.748$ である. 一方 Born 指数 n は, Na^+ イオンは [Ne] 型の電子配置をもつので $n = 7$, Cl^- イオンは

[Ar] 型の電子配置をもつので $n=9$ であるから，これを平均して，$n=8$ とする．これらの値を，式 (2.32) に代入して，

$$L_c = -\frac{1.389\times 10^5 \times 1.74756}{283}\times\left(1-\frac{1}{8}\right)$$
$$= 750.51 \text{ kJ mol}^{-1}$$

となる．同様に，塩化ストロンチウムの場合，イオン半径はおのおの，$r_{Sr^{2+}}=140$ pm，$r_{Cl^-}=167$ pm である．ゆえにイオン間距離 r は $r=r_{Sr^{2+}}+r_{Cl^-}=140+167=307$ pm である．また，蛍石型の Madelung 定数 A は，$A=2.51939$ である．一方，Born 指数 n は Sr^{2+} イオンは [Kr] 型の電子配置をもつので $n=10$，Cl^- イオンは [Ar] 型の電子配置をもつので $n=9$ であるから，これを平均して，$n=(10+9\times 2)/3=28/3$ とする．これらの値を式 (2.29) に代入して，$L_c=2035.2$ kJ mol^{-1} を得る．

以上見てきたように，式 (2.28) で示される Born-Landé 式では反発エネルギー項 E_r として，Born の式 (2.21) を用いた．一方，反発エネルギー E_r は，Mayer の提案した式 (2.22) によっても表すことができる．そこで，Born-Landé 式を導いた時と同様に，反発エネルギー E_r として式 (2.22) を用いて格子エネルギー L_0 を導くと，式 (2.30) を得る．

$$L_c = -\frac{N_A Z_+ Z_- e^2 A}{4\pi\varepsilon_0 r_0}\cdot\left(1-\frac{\rho}{r_0}\right) \tag{2.30}$$

この式は，**Born-Mayer（ボルン-メイヤー）式**とよばれており，Born-Landé 式と並んで格子エネルギー L_0 の見積もりによく使われている．式中，ρ は距離の次元をもつ定数である．

さて，Born-Landé 式を用いた場合も，Born-Mayer 式を用いた場合でも，Madelung 定数が結晶構造に依存した定数であるため，結晶構造が既知でないと格子エネルギーを見積もることは困難である．しかし，すべてのイオン結晶の構造が解析されているわけではないので，構造が明らかでない結晶についても，何らかの方法で格子エネルギーを見積もることはできないであろうか？

Kaputinskii はイオン結晶のマーデルング定数とイオン間距離およびその実験式を考察し，イオン化合物 "1 分子" あたりのイオンの数を ν としたとき，Madelung 定数を ν で割るとほぼ一定の値，$A/\nu=0.874$ が得られることに気がついた．表 2.2 に，この計算結果も示してある．この事実は，Madelung 定数が明らかでないとき，すなわち結晶構造が明らかでないときにも，格子エネルギーを算出できる方法を

与える．Born-Landé 式にこの考えを適用し，n に平均値の 9 を用いて，陽イオンと陰イオンのイオン半径をおのおの r^+, r^- とすると式 (2.31) が導かれる．

$$L_c = -\frac{1.079 \times 10^5 \times \nu Z_+ Z_-}{r_+ + r_-} \tag{2.31}$$

同様に，Born-Mayer 式にこの考えを適用し，ρ の値としてアルカリ金属ハロゲン化物の値 $\rho = 34.5\,\text{pm}$ を用いると，式 (2.32) を得る．

$$L_c = -\frac{1.214 \times 10^5 \times \nu Z_+ Z_-}{r_+ + r_-}\left(1 - \frac{34.5}{r_+ + r_-}\right) \tag{2.32}$$

これらの式は **Kapustinskii（カプスチンスキー）式**とよばれ，陽イオンと陰イオンのイオン半径がわかれば，格子エネルギーを算出できる．これらの式は未知の結晶構造をもつ化合物について，格子エネルギーを導くときによく用いられる．

d. Born-Haber（ボルン-ハーバー）サイクル

c.項で述べたように，格子エネルギーは静電モデルを用いて，理論的に推定することができた．そこで，この格子エネルギーを実験的に求め，推定値と比較することは興味深いことであろう．しかし，この格子エネルギーの定義を考えると，これを直接測定することは極めて難しい．

Born と Haber は Hess ヘス（ヘス）の法則（反応のエンタルピーはその経路に拠らない）をイオン結晶の生成エンタルピーに適用し，格子エネルギーを間接的に求めた．この過程を Born-Haber サイクルとよぶ．このサイクルを図 2.24 に示す．ハロゲン化アルカリを例として考えると，図中，ΔH_f はアルカリ金属と非金属の 2 原子分子からハロゲン化アルカリ MX を生成するときに放出される生成エネルギー，ΔH_{atm} は金属を原子化するためのエネルギー，ΔH_{dis} はハロゲンの 2 原子分子 $X_2(\text{gas})$ を原子化するためのエネルギー，ΔH_{IE} は原子状の金属元素から電子を取り去るためのイオン化エネルギー，ΔH_{EA} は原子状のハロゲンに電子を与えるためのエネルギー，L は格子エ

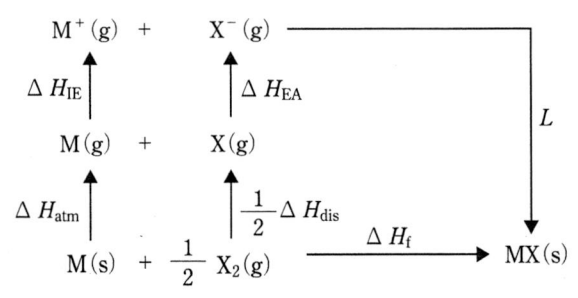

図 2.24 ハロゲン化アルカリ MX についての Born-Haber サイクル

ネルギーである．これらの間には次式が成立する．

$$H_f = \Delta H_{atm} + \frac{1}{2}\Delta H_{dis} + \Delta H_{IE} + \Delta H_{EA} + L \tag{2.33}$$

この式を変形すれば，格子エネルギーをほかの量の和で表現できる．すなわち，式 (2.34) となる．

$$L = \Delta H_f - \left\{\Delta H_{atm} + \frac{1}{2}\Delta H_{dis} + \Delta H_{IE} + \Delta H_{EA}\right\} \tag{2.34}$$

ここで，各項目の値が求められれば，最終的に格子エネルギーを計算することができる．また，ΔH_{EA} は原子状のハロゲンに電子を与え

【例題 2.4】 Born-Haber サイクルを用いて，塩化ナトリウム結晶の格子エネルギー L を求めよ．

[解答] NaCl 結晶について，式 (2.36) の各項を一般的な物性表から求めると，$\Delta H_f = -410.9\,\mathrm{kJ\,mol^{-1}}$, $\Delta H_{atm} = 108.4\,\mathrm{kJ\,mol^{-1}}$, $\Delta H_{dis} = 241.8\,\mathrm{kJ\,mol^{-1}}$, $\Delta H_{IE} = 495.4\,\mathrm{kJ\,mol^{-1}}$, $\Delta H_{EA} = -348.5\,\mathrm{kJ\,mol^{-1}}$ であるから，$L_0 = -787.0\,\mathrm{kJ\,mol^{-1}}$ と算出される．この値と，Born-Landé の式から求めた $L_0 = 750.51\,\mathrm{kJ\,mol^{-1}}$ と比較すると，2％ 程度の誤差範囲内で一致している．このときの，Born-Haber サイクルを図 2.25 に示した．これを見ることで，各項の相対的な大きさが把握できるであろう．

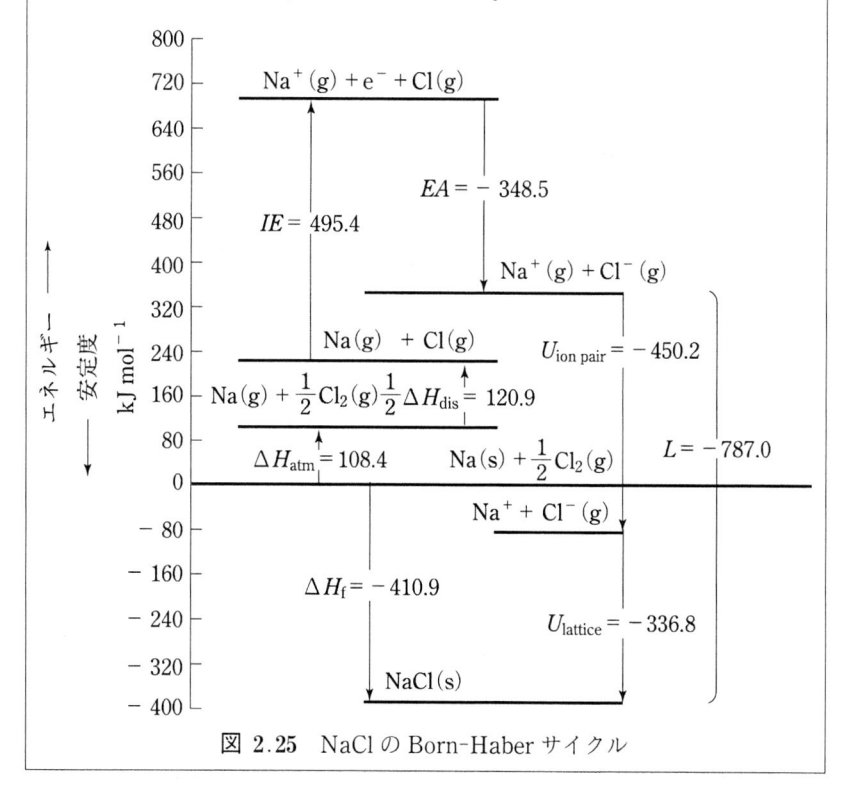

図 2.25 NaCl の Born-Haber サイクル

るためのエネルギーであるが，これの絶対値は電子親和力 EA と等しく，反対の符号をもつ．一方，ΔH_{dis} はハロゲンの2原子分子を原子化するためのエネルギーであるが，これは2原子分子の解離エネルギーの半分に等しい．

ここで，各段階におけるエネルギー変化は，298 K における標準エンタルピー変化を用いるのが普通であるが，格子エネルギー L は 0 K における値として定義されている．この意味で，Born-Haber サイクルから得られる格子エネルギー L は，厳密には，L_{298} と書かれるべき値である．また，定義に厳密に従った格子エネルギーは L_0 と書かれる．一般に，L_0 と L_{298} の差は 10 kJ mol^{-1} 程度にすぎず，通常同じものとみなされる場合が多い．

e．イオン半径

量子力学の研究から，原子やイオンは正確に定義できるような半径を持たないことが知られている．しかし，イオン結晶の構造やその生成エネルギーについての議論から，イオンが結晶中で極めて規則正しく配列しており，その原子位置すなわちイオン間距離は，X線回折実験から，非常に正確に測定できることがわかった．したがって，イオンを特定の半径をもつ剛体球とみなすことは大変有効な概念である．ここで困ったことは，イオンの中心と隣のイオンの中心との間の距離は測定できるが，その距離が二つのイオンにどのように分配されているかがわからないことである．すなわち，陽イオンと陰イオンの半径の合算値 $r_0 = r_+ + r_-$ は実験的に正確に求められるが，どこまでが陽イオンで，どこからが陰イオンであるかがはっきりとしない．このため，様々な半径の振り分け方式が，Pauling, Goldshmidt, Ahrens などによって提案されてきた．現在多くの化学者に受け入れられているイオン半径は Shannon と Prewitt が提案したものである．これを表 2.3 に示す．

この Shannon と Prewitt によるイオン半径はもっとも直接的な実験事実に基づいている．すなわち，結晶による X 線回折実験を非常に注意深く行うことにより，結晶中の電子密度分布が求められる．これは結晶中の電子密度の"地図"に等しい．イオンが"ある"場所では電子密度が高く，"ない"場所では電子密度が低くなる．電子密度のもっとも小さな部分を陽イオンと陰イオンの境界であると考え，イオン半径を振り分けている．

このイオン半径を詳細に見ると，いくつかの重要な傾向がわかる．

（1）周期表の同族にあるイオンの半径は，原子番号 Z が増えるにつれて大きくなる．

表 2.3 イオンの半径

イオン	配位数*	半径/pm	イオン	配位数*	半径/pm	イオン	配位数*	半径/pm	イオン	配位数*	半径/pm
Ac^{3+}	6	126	Bk^{3+}	6	110	Co^{3+}	6 LS	68.5	Eu^{3+}	8	120.6
Ag^{1+}	2	81	Bk^{4+}	6	97		HS	75		9	126
	4	114		8	107	Co^{4+}	4	54	F^{1-}	2	114.5
	4 SQ	116	Br^{1-}	6	182		6 LS	67		3	116
	5	123	Br^{3+}	4 SQ	73	Cr^{2+}	6 LS	87		4	117
	6	129	Br^{5+}	3 PY	45		HS	94		6	119
	7	136	Br^{7+}	4	39	Cr^{3+}	6	75.5	F^{7+}	6	22
	8	142		6	53	Cr^{4+}	4	55	Fe^{2+}	4 HS	77
Ag^{2+}	4 SQ	93	C^{4+}	3	6		6	69		4 SQ HS	78
	6	108		4	29	Cr^{5+}	4	48.5		6 LS	75
Ag^{3+}	4 SQ	81		6	30		6	63		HS	92
	6	89	Ca^{2+}	6	114		8	71		8 HS	106
Al^{3+}	4	53		7	120	Cr^{6+}	4	40	Fe^{3+}	4 HS	63
	5	62		8	126		6	58		5	72
	6	67.5		9	132	Cs^{1+}	6	181		6 LS	69
Am^{2+}	7	135		10	137		8	188		HS	78.5
	8	140		12	148		9	192		8 HS	92
	9	145	Cd^{2+}	4	92		10	195	Fe^{4+}	6	72.5
Am^{3+}	6	111.5		5	101		11	199	Fe^{6+}	4	39
	8	123		6	109		12	202	Fe^{1+}	6	194
Am^{4+}	6	99		7	117	Cs^{1-}	10	348^c	Ga^{3+}	4	61
	8	109		8	124	Cu^{1+}	2	60		5	69
As^{3-}	6	$210^{2)}$		12	145		4	74		6	76
As^{3+}	6	72	Ce^{3+}	6	115		6	91	Gd^{3+}	6	107.8
As^{5+}	4	47.5		7	121	Cu^{2+}	4	71		7	114
	6	60		8	128.3		4 SQ	71		8	119.3
At^{7+}	6	76		9	133.6		5	79		9	124.7
Au^{1+}	6	151		10	139		6	87	Ge^{2+}	6	87
Au^{3+}	4 SQ	82		12	148	Cu^{3+}	6 LS	68	Ge^{4+}	4	53
	6	99	Ce^{4+}	6	101	Dy^{1+}	2	4		6	67
Au^{5+}	6	71		8	111	Dy^{2+}	6	121	H^{1+}	1	−24
B^{3+}	3	15		10	121		7	127		2	−4
	4	25		12	128		8	133	Hf^{4+}	4	72
	6	41	Cf^{3+}	6	109	Dy^{3+}	6	105.2		6	85
Ba^{2+}	6	149	Cf^{4+}	6	96.1		7	111		7	90
	7	152		8	106		8	116.7		8	97
	8	156	Cl^{1-}	6	167		9	122.3	Hg^{1+}	3	111
	9	161	Cl^{5+}	3 PY	26	Er^{3+}	6	103		6	133
	10	166	Cl^{7+}	4	22		7	108.5	Hg^{2+}	2	83
	11	171		6	41		8	114.4		4	110
	12	175	Cm^{3+}	6	111		9	120.2		6	116
Be^{2+}	3	30	Cm^{4+}	6	99	Eu^{2+}	6	131		8	128
	4	41		8	109		7	134	Ho^{3+}	6	104.1
	6	59	Co^{2+}	4 HS	72		8	139		8	115.5
Bi^{3+}	5	110		5	81		9	144		9	121.2
	6	117		6 LS$^{1)}$	79		10	149		10	126
	8	131		HS	88.5	Eu^{3+}	6	108.7	I^{1-}	6	206
Bi^{5+}	6	90		8	104		7	115	I^{5+}	3 PY	58

表 2.3 (つづき)

イオン	配位数*	半径/pm	イオン	配位数*	半径/pm	イオン	配位数*	半径/pm	イオン	配位数*	半径/pm
I^{5+}	6	109	Mo^{3+}	6	83	O^{2-}	2	121	Po^{6+}	6	81
I^{7+}	4	56	Mo^{4+}	6	79		3	122	Pr^{3+}	6	113
	6	67	Mo^{5+}	4	60		4	124		8	126.6
In^{3+}	4	76		6	75		6	126		9	131.9
	6	94	Mo^{6+}	4	55		8	128	Pt^{4+}	6	99
	8	106		5	64	OH^{1-}	2	118		8	110
Ir^{3+}	6	82		6	73		3	120	Pt^{2+}	4 SQ	74
Ir^{4+}	6	76.5		7	87		4	121		6	94
Ir^{5+}	6	71	N^{3-}	4	132		6	123	Pt^{4+}	6	76.5
K^{1-}	—	313[1]	N^{3+}	6	30	Os^{4+}	6	77	Pt^{5+}	6	71
K^{1+}	4	151	N^{5+}	3	4.4	Os^{5+}	6	71.5	Pu^{3+}	6	114
	6	152		6	27	Os^{6+}	5	63	Pu^{4+}	6	100
	7	160	Na^{1-}	—	276[1]		6	68.5		8	110
	8	165	Na^{1+}	4	113	Os^{7+}	6	66.5	Pu^{5+}	6	88
	9	169		5	114	Os^{8+}	4	53	Pu^{6+}	6	85
	10	173		6	116	P^{3-}	6	200[2]	Ra^{2+}	8	162
	12	178		7	126	P^{3+}	6	58		12	184
La^{3+}	6	117.2		8	132	P^{5+}	4	31	Rb^{1-}	—	317[1]
	7	124		9	138		5	43	Rb^{1+}	6	166
	8	130		12	153		6	52		7	170
	9	135.6	Nb^{3+}	6	86	Pa^{3+}	6	118		8	175
	10	141	Nb^{4+}	6	82	Pa^{4+}	6	104		9	177
	12	150		8	93		8	115		10	180
La^{1+}	4	73	Nb^{5+}	4	62	Pa^{5+}	6	92		11	183
	6	90		6	78		8	105		12	186
	8	106		7	83		9	109		14	197
Lu^{3+}	6	100.1		8	88	Pb^{2+}	4 PY	112	Re^{4+}	6	77
	8	111.7	Nd^{2+}	8	143		6	133	Re^{5+}	6	72
	9	117.2		9	149		7	137	Re^{6+}	6	69
Mg^{2+}	4	71	Nd^{3+}	6	112.3		8	143	Re^{7+}	4	52
	5	80		8	124.9		9	149		6	67
	6	86		9	130.3		10	154	Rh^{3+}	6	80.5
	8	103		12	141		11	159	Rh^{4+}	6	74
Mn^{2+}	4 HS	80	Ni^{2+}	4	69		12	163	Rh^{5+}	6	69
	5 HS	89		4 SQ	63	Pb^{4+}	4	79	Ru^{3+}	6	82
	6 HS	81		5	77		5	87	Ru^{4+}	6	76
	HS	97		6	83		6	91.5	Ru^{5+}	6	70.5
	7 HS	104	Ni^{3+}	6 LS	70		8	108	Ru^{7+}	4	52
	8	110		HS	74	Pd^{1+}	2	73	Ru^{8+}	4	50
Mn^{3+}	5	72	Ni^{4+}	6 LS	62	Pd^{2+}	4 SQ	78	S^{2-}	6	170
	6 HS	72	No^{2+}	6	124		6	100	S^{4+}	6	51
	HS	78.5	Np^{2+}	6	124	Pd^{3+}	6	90	S^{6+}	4	26
Mn^{4+}	4	53	Np^{3+}	6	115	Pd^{4+}	6	75.5		6	43
	6	67	Np^{4+}	6	101	Pm^{3+}	6	111	Sb^{3+}	4 PY	90
Mn^{5+}	4	47		8	112		8	123.3		5	94
Mn^{6+}	4	39.5	Np^{5+}	6	89		9	128.4		6	90
Mn^{7+}	4	39	Np^{6+}	6	86	Po^{4+}	6	108	Sb^{5+}	6	74
	6	60	Np^{7+}	6	85		8	122	Sc^{3+}	6	88.5

表 2.3 （つづき）

イオン	配位数*	半径/pm	イオン	配位数*	半径/pm	イオン	配位数*	半径/pm	イオン	配位数*	半径/pm
Sc^{3+}	8	101	Tb^{3+}	6	106.3	Tl^{1+}	12	184	W^{4+}	6	80
Se^{2-}	6	184		7	112	Tl^{3+}	4	89	W^{5+}	6	76
Se^{4+}	6	64	Tb^{3+}	8	118		6	102.5	W^{6+}	4	56
Se^{6+}	4	42		9	123.5		8	112		5	65
	6	56	Tb^{4+}	6	90	Tm^{2+}	6	117		6	74
Si^{4+}	4	40		8	102		7	123	Xe^{8+}	4	54
	6	54	Tc^{4+}	6	78.5	Tm^{2+}	6	102		6	62
Sm^{2+}	7	136	Tc^{5+}	6	74		8	113.4	Y^{3+}	6	104
	8	141	Tc^{7+}	4	51		9	119.2		7	110
	9	146		6	70	U^{3+}	6	116.5		8	115.9
Sm^{3+}	6	109.8	Te^{2-}	6	207	U^{4+}	6	103		9	121.5
	7	116	Te^{4+}	3	66		7	109	Yb^{2+}	6	116
	8	121.9		4	80		8	114		7	122
	9	127.2		6	111		9	119		8	128
	12	138	Te^{6+}	4	57		12	131	Yb^{3+}	6	100.8
Sn^{4+}	4	69		6	70	U^{5+}	6	90		7	106.5
	5	76	Th^{4+}	6	108		7	98		8	112.5
	6	83		8	119	U^{6+}	2	59		9	118.2
	7	89		9	123		4	66	Zn^{2+}	4	74
	8	95		10	127		6	87		5	82
Sr^{2+}	6	132		11	132		7	95		6	88
	7	135		12	135		8	100		8	104
	8	140	Ti^{2+}	6	100	V^{2+}	6	93	Zr^{4+}	4	73
	9	145	Ti^{3+}	6	81	V^{3+}	6	78		5	80
	10	150	Ti^{4+}	4	56	V^{4+}	5	67		6	86
	12	158		5	65		6	72		7	92
Ta^{3+}	6	86		6	74.5		8	86		8	98
Ta^{4+}	6	82		8	88	V^{5+}	4	49.5		9	103
Ta^{5+}	7	83	Tl^{1+}	6	164		5	60			
	8	88		8	173	V^{5+}	6	68			

* SQ：平面4配位，PY：ピラミッド型，HS：高スピン，LS：低スピン
1) R. H. Huang, D. L. Ward, J. L. Dye, *J. Am. Chem. Soc.* **1989**, *111*, 5707-5708.
2) L. Pauling, *Nature of the Chemical Bond*, 3rd ed., Cornell University, 1960.
[R. D. Shannon, *Acta Crystallogr.* **1976**, *A32*, 751-767.]

（2）Na^+，Mg^{2+}，Al^{3+} などの電子数が等しい陽イオンでは，正電荷が増えるに従い，その半径は急激に小さくなる．

（3）電子数の等しい陰イオンを比較すると，電荷の増加に従ってイオン半径も大きくなる．

（4）酸化数が1を超えるもの，たとえば Ti^{2+} や Ti^{3+} では，酸化数の増加に伴い，イオン半径は減少する．

（5）たとえば，遷移金属の最初の列の2価イオン M^{2+} などのように，周期表で電子殻配置の似通ったイオンで，Z が増加すると，イオン半径が減少してゆく．これは周期表の周期に沿って有効核電荷が増

酸化数

酸化数(oxidation number)とは、化学結合におけるイオン性を誇張した考え方から得られるパラメータである。酸化・還元反応において、たんに電子の授受を述べるだけでは不十分であり、何個の電子の授受があったかを記述するために定義された。酸化数は、電気陰性度の大きい方の原子が結合をつくっている電子を全部取ってしまったとしたときに、原子がもつはずの電荷数にあたる。

単原子の場合は、その原子のもつ電荷の数が酸化数となる。たとえば、鉄、鉄(II)イオン、鉄(III)イオンの酸化数は、それぞれ、0、+2、+3である。多原子分子の場合は、形式的な電荷を下記の約束のもとに割り当て、その値から酸化数を定義する。たとえば、化合物中の酸素原子はO^{2-}イオンになると考え、その酸化数を−2とする。同様に、NO_3^-イオンについて、そのイオン性を誇張すれば、N^{5+}となるから、このイオン中の窒素の酸化数は+5となる。

[酸化数の決め方に関する約束]

① 単体(同素体も含む)の酸化数は常に0。
② 酸素の酸化数は−2。ただし過酸化物では−1。
③ 水素の酸化数は+1。ただし金属水素化物では−1。
④ アルカリ金属の酸化数は+1。アルカリ土類金属は+2。ハロゲンは−1(酸化物の場合を除く)。
⑤ 一般に、分子やイオンにおいて、各原子に割り当てた酸化数の和が、その分子やイオンの電荷に等しくなるように定める。

加するためで、d電子の遮蔽定数が1よりも小さいことによる。類似の効果はランタノイドのM^{3+}イオンにも見られ、ランタノイド収縮とよばれる。

(6) 遷移金属においてスピン状態はイオン半径に影響を与える。

(7) イオン半径は配位数の増加とともに増加する。すなわち、配位するイオンが中心イオンを収縮させる効果は、中心イオンのまわりの配位子が少ないほど大きい。

f. 多原子イオンの半径

NH_4^+やSO_4^{2-}のような多原子イオンの大きさは$(NH_4)SO_4$などのイオン性化合物の性質を理解する上でも重要である。しかし、これら多原子イオンの大きさを測定することは、単純なイオンの場合よりもずっと困難である。Yatimirskiiは多原子イオンの半径を推定する巧みな方法を考案した。すなわち、Born-Haberサイクルから格子エネルギーL_cを実験的に求め、これをKapustinskiiの式に代入することで、イオン間距離を求める。このイオン間距離から多原子イオンの半径を求める方法である。このようにして得られるイオン半径は、**熱化**

表 2.4 多原子イオンの熱化学半径

イオン	半径/pm	イオン	半径/pm	イオン	半径/pm
陽イオン		陰イオン		陰イオン	
NH_4^+	151	$GeCl_6^{2-}$	314	$PdCl_6^{2-}$	305
Me_4N^+	215	GeF_6^{2-}	252	$PtBr_6^{2-}$	328
PH_4^+	171	HCl_2^-	187	$PtCl_4^{2-}$	279
陰イオン		HCO_2^-	155	$PtCl_6^{2-}$	299
		HCO_3^-	142	PtF_6^{2-}	282
$AlCl_4^-$	281	HF_2^-	158	PtI_6^{2-}	328
BCl_4^-	296	HS^-	193	$SbCl_6^-$	337
BF_4^-	218	HSe^-	191	SeO_3^{2-}	225
BH_4^-	179	IO_3^-	108	SeO_4^{2-}	235
BrO_3^-	140	$IO_2F_2^-$	163	SiF_6^{2-}	245
CH_3COO^-	148	$IrCl_6^{2-}$	221	$SnBr_6^{2-}$	349
ClO_3^-	157	$MnCl_6^{2-}$	308	$SnCl_6^{2-}$	335
ClO_4^-	226	MnF_6^{2-}	242	SnI_6^{2-}	382
CN^-	177	MnO_4^-	215	SO_4^{2-}	244
CNS^-	199	N_3^-	181	$TiBr_6^{2-}$	338
CO_3^{2-}	164	NCO^-	189	$TiCl_6^{2-}$	317
$CoCl_4^{2-}$	305	$NH_2CH_2CO_2^-$	176	TiF_6^{2-}	275
CoF_6^{2-}	230	NO_2^-	178	VO_3^-	168
CrF_6^{2-}	238	NO_3^-	165	VO_4^{3-}	246
CrO_4^{2-}	242	O_2^-	144	$ZnBr_4^{2-}$	285
$CuCl_4^{2-}$	307	O_2^{2-}	159	$ZnCl_4^{2-}$	272
$FeCl_4^-$	344	OH^-	119	ZnI_4^{2-}	309
$GaCl_4^-$	275	$PbCl_6^{2-}$	334		

[H. D. B. Jenkins, K. P. Thakur, *J. Chem. Educ.* **1979**, *56*, 576-577.]

学半径 (thermochemical radius) とよばれる．代表的な多原子イオンの熱化学半径について表 2.4 に記す．熱化学半径はイオンの形状を球状と仮定しているので，イオンの形が球状から著しく外れているとき，その用途が制限される．

g. 金属結合

金属結晶中での原子間の化学結合は**金属結合**とよばれる．金属結晶中では原子の価電子が，すべての原子によって共有されている．そして，共有される価電子は金属結晶中を自由に動き回ることができ，**自由電子**とよばれる．単位体積あたりの自由電子の数が多いほど金属結合は強くなる．アルカリ金属の場合，自由電子の数が少ないことから，柔らかく，密度が低く，低融点となる．一方，自由電子を多くもつ遷移金属は硬く，大きな密度と，高い融点をもつことになる．このような金属結合は電子が原子間で"共有"されているという意味で，2.2 節で述べた分子軌道法により議論できる．しかし，共有される電子も，共有する側の原子も，その数が Avogadro 数のオーダーの膨大な値になることから，**バンド構造**という概念を新たに付け加えることにより，その意味が正確に理解できる．バンド構造は固体の性質を考える上で非常に重要なものである．ここでは，Na 原子が集まって Na 金属ができる様子を少し詳しく見ることで，金属結合についてのイメージをつかんでほしい．

二つの Na 原子が集まって分子軌道を作る場合，Na 原子の 3s 軌道が相互作用して，結合性軌道と反結合性軌道ができることを先に学んだ．それでは，原子の数が増えて，Avogadro 数個にまで増えた場合はどうなるだろうか．2 個，4 個，6 個と Na 原子の数が増えれば，生成する分子軌道の数も 2 個，4 個，6 個と増えるだろう．そして，N_A 個の原子が集まれば，N_A 個の分子軌道が形成される．この分子軌道のエネルギーレベルについてみてみると，増えた分子軌道のエネルギーレベルは，最初に 2 個の Na 原子が集まってつくった結合性軌道よりも低いエネルギーレベルをつくることはできず，また逆に 2 個の Na 原子のつくる反結合性軌道のエネルギーレベルよりも高いエネルギーレベルをつくることもない．その結果，2 個の Na 原子が集まってつくった結合性軌道と反結合性軌道のエネルギーレベルの間に，Avogadro 数個のエネルギーレベルがひしめき合うことになる．Avogadro 数個の Na 原子が集まった場合，その分子軌道のエネルギーは非常に小さなエネルギー間隔で並ぶことになり，これらの軌道は事実上エネルギー的に連続した帯とみなすことができるようになる．この様子を図 2.26 に示した．このように固体中に形成されるエネ

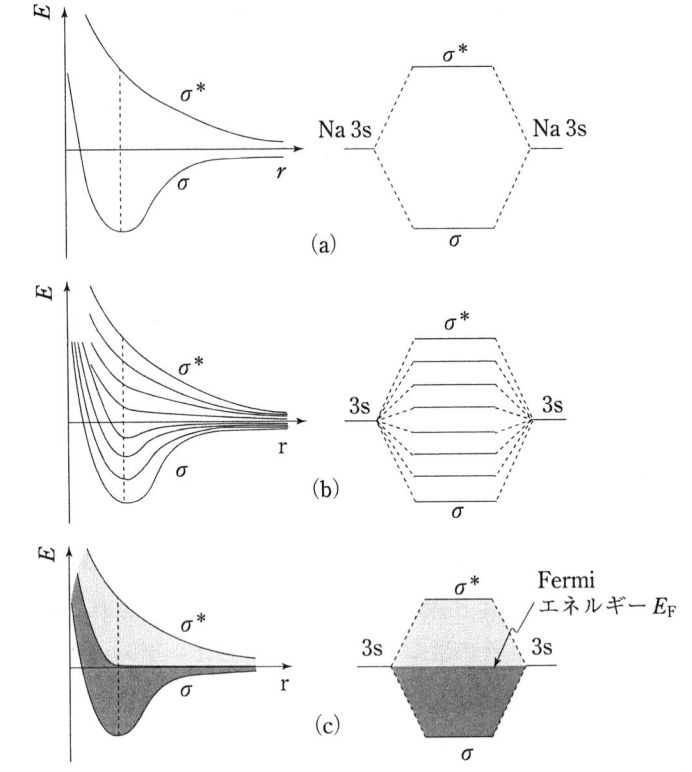

図 2.26　Na が集まったときの分子軌道とエネルギーバンドの形成

Fermi エネルギー
固体のつくるバンド構造において，電子が占有する軌道のうちもっとも高いエネルギーをもつ軌道（最高被占軌道）を Fermi（フェルミ）準位といい，この Fermi 準位のエネルギーを Fermi エネルギー（Fermi energy）という．巻末付録1「自由電子モデル」参照．

ルギー的に連続した分子軌道の帯をエネルギーバンドとよんでいる．

Avogadro 数 N_A 個の Na 原子が集まった場合，バンドを形成する分子軌道の数も N_A 個になる．これは N_A 個の 3s 軌道が相互作用して分子軌道をつくっているからである．一方，軌道を占有する電子の数は N_A 個である．一つの分子軌道には Pauli の排他原理により上向きスピンと下向きスピンをもつ二つの電子までが入ることができるので，N_A 個の電子を収容するためには $N_A/2$ 個の分子軌道で十分である．このため，Na 金属ではバンドの半分までの軌道が電子で占有され，残り半分は空で残ることになる．

エネルギーバンドを形成している分子軌道は，すべての原子の寄与により生成したものであるから，この分子軌道を占有する電子は，すべての原子により共有されているとみなすことができる．Na の場合，$(1s)^2$, $(2s)^2$, $(2p)^6$ の 10 個の電子は依然として原子核の近傍に束縛されており，これらの電子は内殻電子とよばれる．一方，3s 電子はどの原子にも束縛されることなく，金属中を自由に動くことができ，**自由電子**あるいは**伝導電子**とよばれる．金属が電気をよく通すのは，この自由電子のせいである．

以上のような金属結合の状態を模式的に示すと，図 2.27 のように

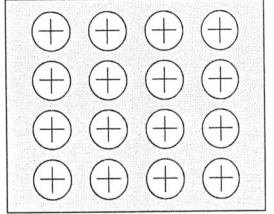

図 2.27　金属結晶の模式図：伝導電子の海にイオンが浮いている状態にたとえることができる．

なる．すなわち，内殻電子によって囲まれた原子核（すなわちイオン）が，結晶格子点に固定され，最外殻電子（すなわち価電子）が固体中を自由に動いている．つまり，自由に動く価電子（この電子を自由電子とよぶ）の海に，規則正しく並んだイオンが浮かんでいるようなイメージである．

　もう少し定量的に，金属結合について考えてみよう．1モルすなわちAvogadro数個のNa原子が集まって巨大なNa分子（Na金属）を形成する場合，Na原子の最外殻軌道である3s軌道が相互に作用し，結合性軌道と反結合性軌道が生成する．もちろん生成する分子軌道は多数（Avogadro数個）になるが，この中でもっともエネルギーが低い結合性軌道を基底状態とし，これを原子間距離の関数として図2.28に示す．また，図には比較のためにNa原子のエネルギーも示している．この基底状態のエネルギーはr_{min}において最小値ε_0をとる．しかし，Avogadro数個のすべての3s電子が最小値ε_0をもつわけにはいかない．これは電子がPauliの排他原理に従うからである．基底状態の軌道に入ることのできる電子は上向きスピンと下向きスピンをもつ二つの電子だけであり，3番目の電子は少し上のエネルギーをもつ別の軌道に入ることになる．

　Pauliの原理により電子のエネルギーが増大する寄与を1電子あたりに平均した値をW_Fとすると，ε_0+W_Fが最小になる位置がNa金属における平衡原子間距離r_0となる．このW_Fとε_0+W_Fを図2.28

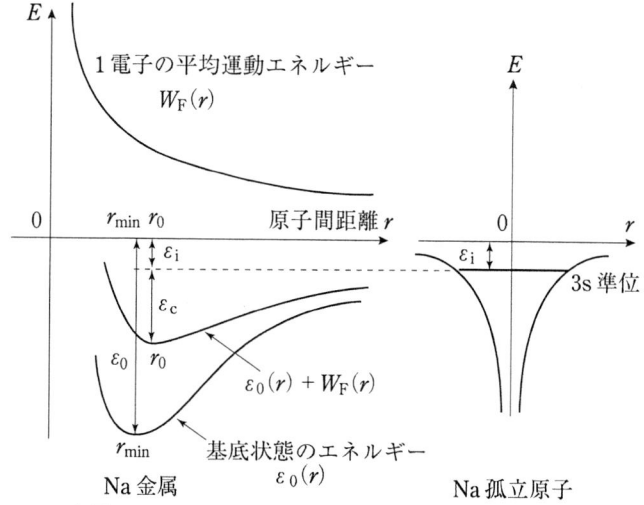

図 2.28 Na金属における結合エネルギーの見積もり：Na孤立原子のイオン化エネルギーをε_iとしている．Na金属の基底状態にある伝導電子のエネルギーは$\varepsilon_0(r)$で，r_{min}のとき最低になる．しかし，Avogadro数の電子が存在するので1電子あたりの平均運動エネルギー$W_F(r)$を加えたものが最小になる位置が平衡原子間距離r_0である．

に示している．室温で Na が金属固体になるのは $\varepsilon_0 + W_F$ が孤立した Na 原子のイオン化エネルギー ε_1 よりも低くなるからである．（W_F の詳細に関しては巻末付録 1 を参照せよ．）

ここで，$\varepsilon_C = |\varepsilon_0 + W_F| - |\varepsilon_1|$ は凝集エネルギーとよばれる．また，原子の位置が少しくらいずれても，凝集エネルギー ε_C が大きく変化しない．このため金属では，結合を弱めずに原子相互の位置をずらすことができ，金属は展性や延性を示す．

h. 金属の構造（最密充塡構造）

金属結合は，共有結合のような方向性をもたないため，結晶中における原子配列は密な充塡構造となりやすい．すなわち，単位体積あたりの原子の数ができるだけ多くなろうとする．それではもっとも密に詰まった構造はどのような構造だろうか．原子をパチンコ球のような剛体球であると仮定して，この剛体球をもっとも密に詰めることを考えよう．

一次元で球を詰めるには，球をお互いに接触させて直線状に並べる構造がもっとも密な構造である（図 2.29 (a)）．この一次元構造を組み合わせて二次元で球を詰めることを考えよう．図 2.29 (b) に示したように，縦方向と横方向に直角になるような四角形に球を配置すると，4 個の球の中心にできる隙間が大きくなってしまう．これに対して，球の位置を少しずらして，3 個の球が正三角形を形づくるように配列すると，より密に球を詰めることができる（図 2.29 (c)）．二次元の場合，この詰め方が唯一の最密充塡方法になる．

この最密充塡面を積み重ねることで，三次元でもっとも密な詰め方の構造が得られる．まず，1 層目の最密充塡面において，剛体球が並んでいる位置を A とする．さらに 2 層目の最密充塡面を第 1 層の最密充塡面の上に重ねることを考える．図 2.30 (a) の最密充塡面をみると ✕ をつけた窪みと ● をつけた窪みが存在することがわかる．この窪みの上に 2 層目の剛体球が乗るような置き方がもっとも密な詰め方であろう．ここで，✕ をつけた窪みの上に 2 層目の剛体球を置いた場

(a) 一次元の最密型配列

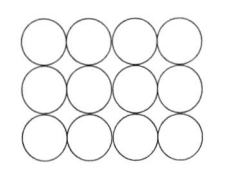

(b) (a)の配列を縦方向にも直角に並べた場合（最密にはならない）

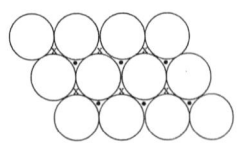

(c) 二次元の最密配列型

図 2.29　最密型配列

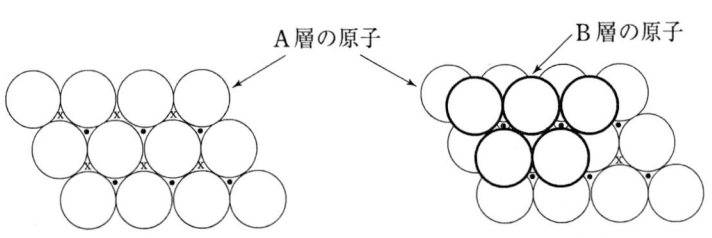

(a) 二次元の最密型配列 — A 層の原子

(b) ✕ の上に次の球を配置した場合 — B 層の原子

（ABAB…の配列を繰り返すと六方最密充塡構造になる）

図 2.30　六方最密充塡構造

合，●をつけた窪みの上には剛体球を置くことはできない．剛体球がある大きさをもっているために，●の上の剛体球とぶつかるからである．×をつけた窪みの上に第2層を置くことにして，この位置ををBとよぶことにする．

さらに第3層を積み重ねよう．第3層を積み重ねる方法には2種類ある．一つ目の方法は第1層の真上の位置（Aの位置）に剛体球を積み重ねる方法である．これで，第1層と同じ配列にもどることになる．この積み重ねを繰り返すと，第4層はB位置に，第5層はA位置に原子が並べられる．このように連続的に層を積み重ねてゆくと，ABABABAB…のように重ねることができる．これは**六方最密充填**（hexagonal close packing：hcp）とよばれる配列である．この配列を図2.30に示す．

第3層を積み重ねる二つ目の方法は，第3層を●のついた位置に置く方法である．●の位置に剛体球を置くのは初めてなので，この位置をCとよぶことにする．次に第4層は第1層と同じA位置に剛体球を置くことにしよう．これでもとにもどる．このような積み重ねを繰り返すと，ABCABC…のように重ねることができる．これは**立方最密充填**（cubic close packing：CCP）とよばれる配列で，この配列も図2.31に示している．この立方最密充填は**面心立方格子**（face centered cubic lattice）ともよばれる．面心立方格子は次頁図2.32(b)で見られるような構造を示す用語だが，これが立方最密充填とまったく同じものであることが理解しにくいかもしれない．面心立方格子の二つの頂点（任意の一つの頂点と，これと対称心を挟んで反対側にある頂点）を結ぶ直線を垂線としてよくみてみると，立方最密充填構造になっていることがわかる．（図2.32(b)を参照）

このような最密充填構造では，空間の何％が剛体球に占められているのだろうか．この剛体球に占められている割合を充填率というが，六方最密充填構造でも立方最密充填構造でも，この充填率は74％である．

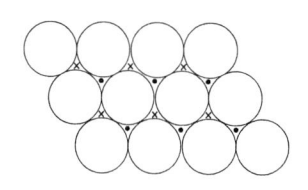

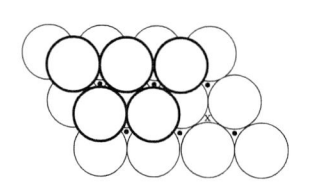

(a) 二次元の最密型配列（A層）　(b) ×の上に次の球を配置した場合（B層）　(c) B層の●の上に3段目の球を配置した場合（C層）

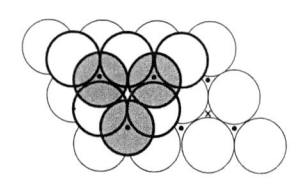

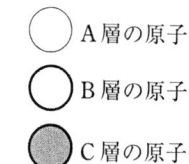

○ A層の原子
○ B層の原子
● C層の原子

（ABCABC…の配列を繰り返すと立方最密充填構造になる）

図2.31　立方最密充填構造

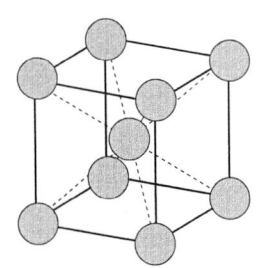

これに対して，もう少し緩く充填された構造もよく知られている．たとえば，図2.32に示した構造は体心立方格子（body centered cubic lattice：bcc）とよばれ，その充填率は68％である．

(a) 体心立方格子

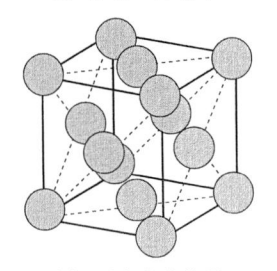

(b) 面心立方格子

図 2.32 体心立方格子と面心立方格子

【例題 2.5】 面心立方格子における充填率を算出せよ．

[解答] 面心立方格子の一辺を a とし，剛体球の半径を r とする．頂点にある剛体球と面心位置にある剛体球は接触しているので $4r = \sqrt{2}\,a$ が成り立つ．

一方，面心立方格子の体積は $V = a^3$ であり，剛体球の体積は $(4/3)\pi r^3$ である．この剛体球は面心立方格子に4個含まれている．そこで，面心立方格子の体積と剛体球の総体積を比較すると

$$\frac{4 \times \left(\frac{4}{3} \times \pi r^3\right)}{V} = \frac{4 \times \left(\frac{4}{3} \times \pi r^3\right)}{a^3} = \frac{4 \times \left[\frac{4}{3} \times \pi \left(\frac{\sqrt{2}\,a}{4}\right)^3\right]}{a^3}$$

$$\frac{16 \times \pi \times 2\sqrt{2}}{3 \times 4^3} = \frac{\pi\sqrt{2}}{6} = 0.740$$

となり，ゆえに，充填率74％．

---

i．分子間力と分子結晶

これまで，化学結合をつくるおもな結合様式，すなわち，共有結合，イオン結合，金属結合について詳細に述べてきたが，これらおもな結合様式の結合エネルギーに比べると小さな寄与ではあるが，重要な副次的結合をつくる分子間力について述べる．分子間力には，**van der Waals**（ファン-デル・ワールス）**力**，水素結合（hydrogen bond），電荷移動力（charge-transfer force）などが知られているが，ここでは，van der Waals力を考えよう．たとえば，おもな化学結合をつくらない希ガス元素は，通常の状態では単原子分子気体として存在する．しかし十分に温度を下げると，液体や固体になる．このときに働く凝集力は何に由来するのであろうか？　このような希ガス元素においても，その原子の中心には正に帯電した原子核が位置し，負の電荷をもつ電子がそのまわりを運動している．この原子について，ある瞬間の時間を止めて見てみると，電子はある位置に止まっており，その位置に電子のもつ負電荷が局在していると考えることができる．ヘリウムについて考えると，一つの原子核のまわりに2個の電子が存在するはずであるが，ある瞬間を考えれば，個々の電子はある場所に止まって存在し，これらの負電荷の重心位置は原子核の位置と一致しない．このため，原子全体としてみると電荷に偏りが生じる．この電荷

の偏りは，隣の原子の電荷分布にも影響を与え，隣の原子に電気双極子を誘起する．この誘起された電気双極子を誘起双極子（induced dipole）とよんでいる．このような誘起双極子を有する原子同士の間には静電気力が作用し，引力を及ぼすことになる．この力のことをvan der Waals力あるいは分散力（dispersion force）とよんでいる．van der Waals力によるポテンシャルエネルギーは，次式で表される．

$$E_{\text{van}} = -\frac{C}{r^6}$$

希ガス元素は，このようなvan der Waals力によって凝集し，液体や結晶になる．また，希ガス以外にも永久双極子をもたない分子，すなわち，H_2やO_2あるいはメタン，エチレン，ベンゼン，ナフタレン，アントラセンなどの有機分子は，van der Waals力によって凝集し，結晶をつくる．これらの結晶のことを，分子結晶（molecular crystal）とよんでいる．

分子結晶では，共有結合は分子内に限られており，分子間にはvan der Waals力が働いている．一方，共有結合が結晶全体にわたって作用している場合がある．たとえば，ダイヤモンドやシリコンでは，一つの原子に4個の原子が共有結合で結合し，この結合が次々に立体的に繰り返してできた構造になっている．このように結晶内の原子がすべて共有結合で結びつけられ，全体が一つの巨大分子になっている結晶を共有結合結晶（covalent crystal）とよんでいる．

2.4 固体化学

a．結晶

固体の特徴を述べるうえで必要不可欠な要素に構造の規則性がある．とくに，固体を構成する原子（またはイオン）は相互の結合によって規則正しい配列が繰り返された構造をもつことが多い．このような物質が長距離秩序性（long range ordering；LRO）をもち，結晶（crystal）とよばれることはすでに前節において述べたとおりである．「一定の配列の規則構造が繰り返されていること」が結晶の特徴であるならば，結晶には非常に多様なものが含まれる．図2.33と図2.34にその一例を示したが，構成成分の種類は，原子（単体・化合物），イオン，高分子，コロイドを問わず，きわめて多くの物質が「結晶」とよばれる．その中で，おもに単体および無機化合物からなる結晶は結晶性無機物質として取り扱われることから本節で取り上げる．これに対して，長距離秩序性をもたない物質は，アモルファスもしくは非晶

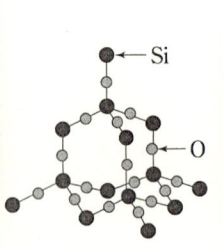

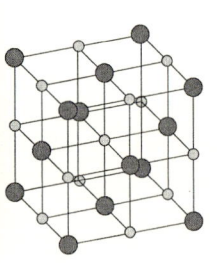

(a) 共有結合性を有する結晶：水晶(石英) SiO_2

(b) イオン結晶：食塩(塩化ナトリウム) $NaCl$

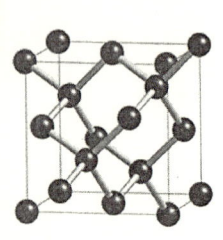

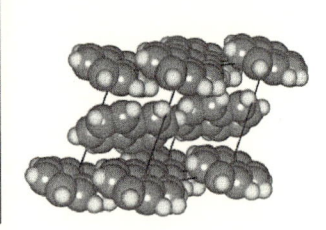

(c) 単体結晶：ダイヤモンド C

(d) 分子結晶：ナフタレン $C_{10}H_8$

(e) 単体の単結晶：シリコン Si

図 2.33 様々な結晶の外観と結合モデル

(a) 単分散ポリスチレン粒子(粒径 200 nm)からなるコロイド結晶．ポリスチレン自体は結晶ではないが，粒子の配列が規則正しい位置関係を有することから，コロイドの結晶とよばれる．

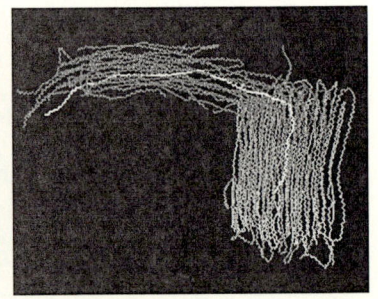

(b) 高分子結晶とその折りたたみ構造モデル

図 2.34 高分子結晶の例

質とよばれ，結晶とは異なる性質や構造をもつ．これらについては，2.5節において結晶と対比しながら述べる．

結晶は長距離秩序性をもつことが特徴であるが，その範囲（大きさ）については様々である．たとえば，電子材料に欠かすことのできないシリコンは，様々な半導体素子として回路が構築されることから，純度，結晶性とも非常に広い範囲で規則正しい原子配列が要求される．このような場合，mm～cm オーダでの LRO が要求される．このように，一つの「かたまり」の中では一定の結晶成長方向を有するものを単結晶とよぶ．図 2.33，図 2.34 にはおもに「単結晶」とよばれる様々な種類の結晶の外観，モデルを示した．それぞれの形状の特徴から，これらの材料がどのような特徴に基づいて結晶とよばれるのかを考えていきたい．

b．空間格子

前節で見たように，原子やイオンが三次元的に規則的に配列した状態を結晶とよんでいる．この結晶の中にある1点（格子点）に着目すると，それと等価な点が周期的に配列して，規則的な格子を形成している．このとき，ある格子点を原点とし，三つの基本ベクトル a, b, c を選べば，これらの基本ベクトル分だけ原点を平行移動させることで，他の等価な格子点を表すことができる．すなわち，**並進ベクトル** r を次のように定義し，

$$r = ua + vb + wc \quad (ただし，u, v, w は整数)$$

この r だけ原点の格子点を移動させれば，等価な格子点に重なる．

この三つのベクトル a, b, c の組のとり方には任意性があるが，一般にはその三つのベクトルがつくる平行六面体の体積が最小になるように選ばれる．これを**基本並進ベクトル**といい，このときできる平行六面体を**単位格子**とよぶ．図 2.35 に示したように，この平行六面体は三つのベクトルの大きさ a, b, c とそれらのなす角 α, β, γ によって決まる．これら $a, b, c, \alpha, \beta, \gamma$ を**格子定数**という．このようにしてできる格子（空間格子）は，ベクトルの大きさ，角度および対称性を考慮して，表2.5に示すような**七つの晶系**に分類される．さらに，こ

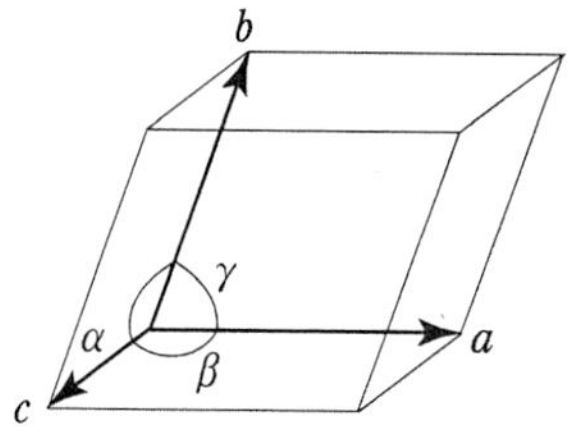

図 2.35 単位格子と格子定数

Bravais（ブラベー）格子
（Bravais lattice）
A. Bravais によって導かれた14の空間格子．7つの晶系（立方晶，正方晶，斜方晶，六方晶，菱面体晶，単斜晶，三斜晶）と4種類の格子（単純格子P，体心格子I，底心格子C，面心格子F）を組み合わせた28種類の空間格子のうち，重複するものを除いて得られる14種類の空間格子を Bravais 格子という．

表 2.5　空間格子

結晶系	記号	単位格子の特徴
立方晶系	P, I, F	$a=b=c, \ \alpha=\beta=\gamma=90°$
正方晶系	P, I	$a=b\neq c, \ \alpha=\beta=\gamma=90°$
斜方晶系	P, C, I, F	$a\neq b\neq c, \ \alpha=\beta=\gamma=90°$
六方晶系	P	$a=b\neq c, \ \alpha=\beta=90°, \ \gamma=120°$
菱面体晶系	P(R)	$a=b=c, \ \alpha=\beta=\gamma\neq 90°$
単斜晶系	P, C	$a\neq b\neq c, \ \alpha=\gamma=90°, \ \beta\neq 90°$
三斜晶系	P	$a\neq b\neq c, \ \alpha\neq\beta\neq\gamma, \ \alpha,\beta,\gamma\neq 90°$

単純　　　　　面心　　　　　体心

立方晶系 $\begin{pmatrix} a=b=c \\ \alpha=\beta=\gamma=90° \end{pmatrix}$

単純　　体心　　　　　菱面体晶系　　　　　六方晶系

正方晶系 $\begin{pmatrix} a=b\neq c \\ \alpha=\beta=\gamma=90° \end{pmatrix}$　　$\begin{pmatrix} a=b=c \\ \alpha=\beta=\gamma\neq 90° \end{pmatrix}$　　$\begin{pmatrix} a=b\neq c \\ \alpha=\beta=90°,\ \gamma=120° \end{pmatrix}$

単純　　　底心　　　　面心　　　　体心

斜方晶系 $\begin{pmatrix} a\neq b\neq c \\ \alpha=\beta=\gamma=90° \end{pmatrix}$

単純　　　底心　　　　　　　　　三斜晶系

単斜晶系 $\begin{pmatrix} a\neq b\neq c \\ \alpha=\gamma=90°,\ \beta\neq 90° \end{pmatrix}$　　$\begin{pmatrix} a\neq b\neq c \\ \alpha\neq\beta\neq\gamma \\ \alpha,\ \beta,\ \gamma\neq 90° \end{pmatrix}$

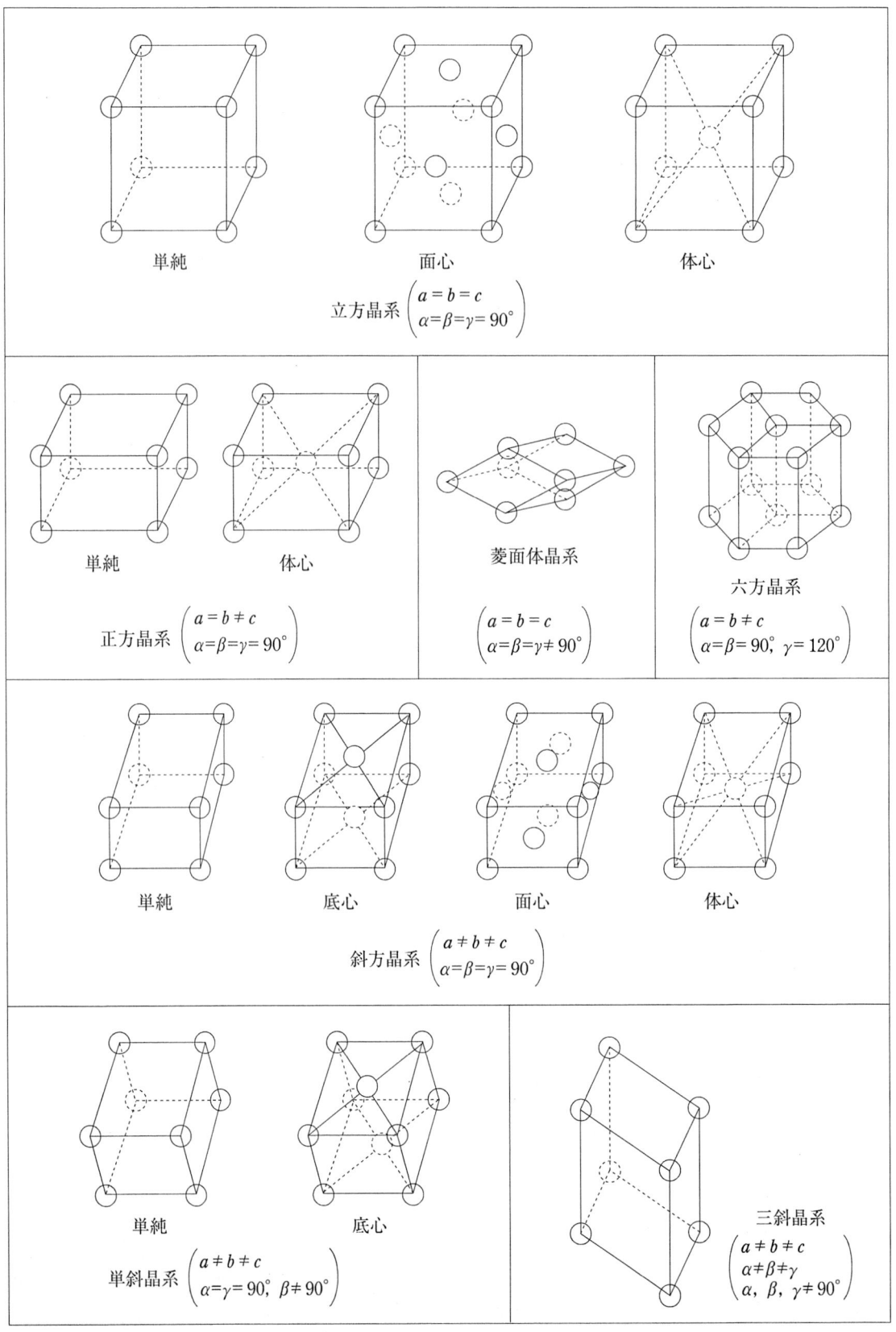

図 2.36　七つの晶系と Bravais 格子

れらの晶系には，単位格子中に一つの格子点だけを含む単純格子と，二つ以上の格子点を含む複合格子があり，それらの組合せにより14個の Bravais（ブラベー）格子に分類される．これを図2.36に示す．

c．Miller（ミラー）指数

空間格子をつくる格子点は，平行で等間隔の一群の平面状に並んでいるとみなすことができる．これらを格子面とよぶ．図2.37は bc 平面内の格子面の様子を描いたものである．実線や破線で示した平面がいくとおりもあることがわかる．三次元空間で，このような格子面を区別するために，**Miller 指数**が用いられる．a, b, c の三つの軸と ma, nb, pc のところで交わる面の Miller 指数は次のように決められる．

(1) 切片の大きさを格子定数を単位として求める．$(m\ n\ p)$
(2) それらの逆数をとる．$(1/m\ 1/n\ 1/p)$
(3) この逆数と同じ比でかつ最小となる整数の組に変える．$(h\ k\ l)$

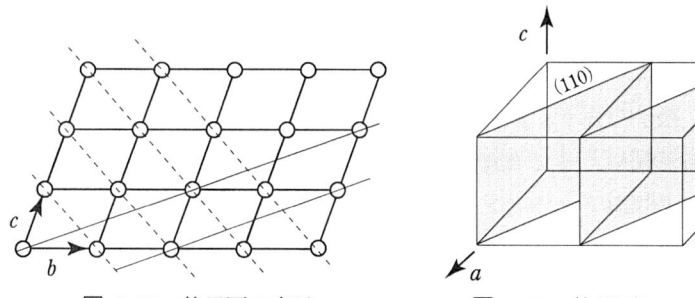

図2.37 格子面の表示　　図2.38 格子面と Miller 指数

図2.38に示した例では，a, b, c の軸と $1, 1, \infty$ のところで交わるので，この面の Miller 指数は $(1\,1\,0)$ である．また，立方晶の場合 $(1\,1\,0)$ と $(1\,0\,1)$ および $(0\,1\,1)$ の各面は等価である．これらをまとめて書くときには $\{1\,1\,0\}$ と表す．

また，結晶中のある方向を示すには，単位格子の原点から目的とする格子点までのベクトルを用いる．すなわち基本ベクトル $\boldsymbol{a}, \boldsymbol{b}, \boldsymbol{c}$ を単位として，同じ比をもつ最小の整数の組を用いて $[h\ k\ l]$ のように表す．

d．点　欠　陥

単位格子を x, y, z 軸方向へ繰り返し重ねてゆけば，無限に大きな結晶をつくり出すことができる．しかし，私たちが現実に目にする結晶は無限の大きさをもつ結晶などではあり得ない．必ずどこかで原子の並びが途切れる．この原子の並びの途切れたところが結晶の表面，結晶粒界，結晶中の原子の抜けた部分などであり，これらすべては**結**

(a) 原子空孔

(b) 格子間原子

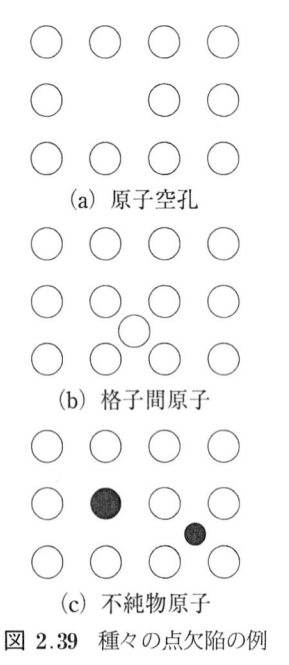

(c) 不純物原子

図 2.39　種々の点欠陥の例

晶の欠陥（defect）と考えられる．このような欠陥は固体の重要な性質を左右する．たとえば，機械的性質，電気的性質，光学的性質，相転移の速度などである．ここでは，欠陥のなかでも最も基本的な役割を果たしている**点欠陥**について述べる．

単一元素からなる結晶の場合，点欠陥には，**原子空孔**，格子間原子，不純物原子がある．これらを図2.39に示す．原子空孔とは，結晶の格子点で本来原子のあるべきところなのに，原子が存在しないところを言い，単に**空孔**とよぶことも多い．空孔には，2個あるいは3個以上隣接して存在する場合があり，これを複空孔とよぶことがある．

格子間原子とは，結晶格子の格子点の中間の位置に入った原子をいう．格子間原子は，本来原子のあるべきでないところに入るため，無理に入り込むことになる．このため，一般に結晶格子間で一番隙間のあるところに入る．たとえば面心立方格子では，その体心位置が最も隙間があるので，この位置に入る．

不純物原子は，その名のとおり異種の元素が格子点の原子に置き換わって入ったり，あるいは結晶の格子間位置に入ったりしたものである．異種の原子の大きさが，母体の結晶の原子と同じ程度の大きさの場合には，格子点原子と置換して入るであろうし，異種原子が小さいときには格子間に入ることになる．

また，格子間原子と空孔とが対を生じることもある．すなわち，結晶中で1個の原子をたたき出して格子間位置に持ってゆくと，格子間原子と空孔の対ができあがる．この一対を強調したいときには，この欠陥の対を特に **Frenkel**（フレンケル）**欠陥**とよんでいる．

e．イオン結晶における点欠陥

さらにイオン結晶における点欠陥を考えてみよう．基本的な点欠陥の種類は同じであるが，イオン結晶の場合，電荷を有するイオンが欠損したり，入り込んだりするため，電荷のバランスを考慮する必要が出てくる．たとえばMXと表記できるイオン結晶の場合を考えよう．

(a) Schottky 欠陥　　(b) Frenkel 欠陥

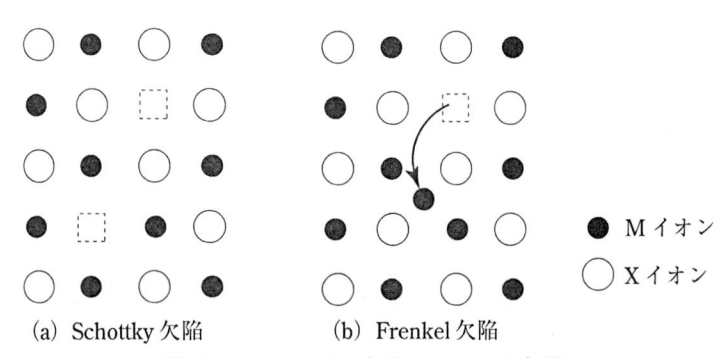

● Mイオン
○ Xイオン

図 2.40　Schottky 欠陥と Frenkel 欠陥

この場合，MとXが同じ数だけの空孔を作っている場合，この空孔の対を **Schottky（ショットキー）欠陥** とよんでいる．これを図 2.40 (a) に示す．

また，MX 結晶中のMイオンが本来ある位置から抜け出し，このMイオンが格子間位置に存在する場合もある．この格子間イオンと空孔の対をフレンケル欠陥という．これを図 2.40 (b) に示す．これは先に述べた単一元素からなる場合と同じであるが，電荷をもっている点が異なる．

さらに，イオン結晶の中で，アニオンまたはカチオンが空孔を形成する場合，電荷を補償するために，電子または正孔がそれぞれの空孔と同じ量だけ生成する場合がある．アニオン空孔に電子が捕獲されたとき，これを **F中心** とよぶ．一方，カチオン空孔に正孔が捕獲された場合を **V中心** とよぶ．この両者は **色中心** とよばれることがある．これらF中心やV中心が生成すると，そのエネルギー位置が伝導帯や価電子帯の近くにあるため，光で励起され，可視光を吸収するので，結晶に色がつく．これが色中心とよばれるゆえんである．

f．点欠陥の表記方法

点欠陥の表記方法は，これまでに種々の方法が提案されているが，ここでは **Kröger-Vink（クレーガー-ビンク）の表記法** について説明する．この表記法は欠陥の位置と電荷が容易に判別できるという特徴をもつ．

点欠陥の位置にある原子をA，その位置をB，点欠陥の有効電荷を n として，「B位置にある有効電荷 n をもつ元素」を次のように点欠陥を表す．

A_B^n：B位置にある有効電荷 n をもつ元素または格子空孔

  A：元素記号，または空孔を表わすときにはV

  B：右下に記し，原子の占有位置を示す．格子間位置の場合は i

  n：右上に記し，有効電荷を示す．・($+1$価を表す)，$'$ (-1価を表す)，× (中性を表す)

ここで有効電荷について注意しておくと，真空中では正または負の電荷をもつイオンが存在する場合は，その電荷がそのまま場の電荷となる．しかし，結晶中の場合には周囲にイオンまたは原子が存在するため，イオンがその周囲に対して有効に働かせることのできる電荷量が異なってくる．このような場を考慮する必要があり，これを有効電荷とよんでいる．

具体例を考えよう．たとえば塩化ナトリウム中の本来ナトリウムイオンが存在するべき位置が空孔になった場合を考えよう．塩化ナトリ

表 2.6 Kröger-Vink 表記による格子欠陥の記述

欠陥の種類	欠陥の表示記号	有効電荷
A 格子空孔	V_A''	-2
B 格子空孔	$V_B^{\cdot\cdot}$	$+2$
A 格子間原子	$A_i^{\cdot\cdot}$	$+2$
B 格子間原子	B_i''	-2
A 位置の X 原子	$X_A^\times$	0
B 位置の Y 原子	$Y_B^\times$	0
非局在電子	e'	-1
非局在正孔	$h^{\cdot}$	$+1$
A 空孔と B 空孔の会合	$(V_A V_B)^\times$	0

ウム結晶中のナトリウムイオンが「本来」存在するべき位置にあるナトリウムイオンのもつ有効電荷はゼロである．ここから，+1の電荷をもつ Na^+ イオンを取り除くことになる．したがって，この空孔は「−1価」の有効電荷をもつことになり，Kröger-Vink 記号では V_{Na}' と表される．代表的な点欠陥についてその種類と Kröger-Vink 表記による記号を表 2.6 にあげておく．

【例題 2.6】塩化ナトリウム中の本来ナトリウムイオンが存在するべき位置に不純物としてマグネシウムイオンが入り込んでいる場合，このマグネシウムイオンを Kröger-Vink 表記で表せ．
［解答］まず，Na^+ イオンの位置が空孔になり，その後に Mg^{2+} イオンがこの空孔に入り込むと考えよう．Na^+ イオン空孔は先に示したように V_{Na}' と表され，有効電荷として「−1」をもつ．ここに Mg^{2+} イオンが入り込むのであるから，この欠陥は「+1」の有効電荷をもつことになる．すなわち，$Mg_{Na}^{\cdot}$ と表される．

g. 固溶体

二つの物質を任意の組成で混ぜ合わせた場合，その平衡状態が単一の相であれば，この二つの物質は互いに完全に溶解できるという．たとえば，液体の水とエチルアルコールは室温で，どんな割合でも溶け合って，均一な単一の液体相となる．これと同じように，銅とニッケルも，融液の状態でも，固体の状態でも任意の割合で可溶である．液体でも固体でも，「溶け合う」という言葉の意味は同じであって，一つの成分の原子や分子がもう一つの成分の構造中に入り込むことである．特に固体の状態で溶け合っているものを**固溶体**とよんでいる．

固溶体には**置換型**と**侵入型**がある．**置換型固溶体**は，溶質の原子が溶媒の原子と置き換わったものであり，ふつう，2種の原子の大きさ

がだいたい等しいときに生成する．一方，侵入型固溶体は，溶媒原子間の隙間に溶質原子が入り込んだものであり，2種の元素の大きさが非常に異なる場合に生成しやすい．

ここで，置換型固溶体だけが両成分の任意の組成に対して形成される．この置換型固溶体ができるための条件として，**Hume-Rothery（ヒューム-ロザリー）の規則**が経験的に知られている．

すなわち，2種の原子について，次の四つの条件を満たすことである．
（1）　大きさの差が15％以下であること．
（2）　同じ結晶構造であること．
（3）　電気陰性度に大きな差がないこと．
（4）　原子価が同じであること．

h．不定比性化合物

アルカリ金属ハロゲン化物などのイオン性の強い化合物では，一般に，成分元素の組成比が一定である．たとえば塩化ナトリウムではナトリウムと塩化物イオンの比は1対1であり，塩化カドミウムの場合は1対2である．このような定比例の法則をみたす化合物に対して，定比組成から大きくずれた化学組成を持つ化合物が存在する．酸化鉄（ウスタイト）はこの代表的な例である．

ウスタイトFeOは，結晶としては塩化ナトリウムと同じ岩塩型構造である．しかし，大気圧下では鉄イオンと酸化物イオンは1対1の組成比では存在しない．（高圧酸素雰囲気中では定比組成のFeOが合成されている）鉄元素には，安定なイオンとしてFe^{2+}イオンとFe^{3+}イオンが存在し，これらのイオンが，結晶中で共存するためである．

もう少し具体的に考えてみよう．定比のFeOが存在するとすれば，これはFe^{2+}イオンとO^{2-}イオンから構成されていると考えられる．これを模式的に図2.41に示す．この場合すべての鉄イオンはFe^{2+}として存在していると仮定している．この結晶が大気中の酸素と反応して酸化される場合を考えよう．このFe^{2+}イオンの一部がFe^{3+}イオン

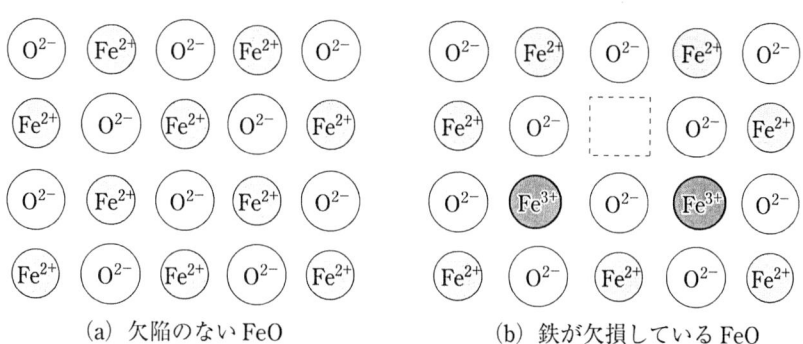

(a) 欠陥のないFeO　　　　　(b) 鉄が欠損しているFeO
図2.41　FeO（ウスタイト）における鉄の格子欠陥

点欠陥と物性

点欠陥は，結晶の電気的，磁気的，光学的，熱的，そして機械的な諸特性に大きな影響を与える．このため，固体化学や材料物性の専門家のみならず，実用材料の技術者からも注目されてきた．歴史的に不定比性化合物が技術者から関心をもたれたのは，原子炉の燃料として広く使用されている二酸化ウラン UO_2 であろう．二酸化ウランは，広い組成範囲にわたって酸素過剰の不定比性化合物 UO_{2+x} を形成する．これにより，電気伝導率，自己拡散係数，磁気的性質などの基礎物性値ばかりでなく，原子炉での使用中に問題となる熱伝導率，クリープ特性なども影響を受ける．したがって UO_2 燃料の製造・使用にあたっては，不定比性の測定と制御が極めて重要な課題となった．高速増殖炉燃料として用いられる混合酸化物 $(U,Pu)O_{2+x}$ でも同様の問題があり，不定比性が多くの問題のキーポイントとなっている．また，化合物半導体として重要な GaAs や GaN などにおいても，その電気的・光学的特性に不定比性が影響を与えるし，近年燃料電池の隔膜として利用される固体電解質のイオン伝導特性にも大きな影響を与えることから，欠陥に関する基礎研究と技術開発が活発に進められている．

に酸化されたとすると，有効電荷は＋1となり，結晶全体がプラスに帯電してしまうことになる．このような帯電は許されず，"電気的中性の原理" が成り立っているので，結晶全体でこの電荷をバランスしようとする．その結果，Fe^{3+} イオンが2個生成し，1個の Fe^{2+} イオンが欠損する．この新しく生まれた点欠陥をクレーガー・ビンク表記で表すと，2個の $Fe_{Fe}^{\cdot}$ と V_{Fe}'' になる．このような欠陥が生まれることで，結晶は電気的中性の原理を満足し，このときの化学組成は $Fe_{1-\delta}O$ と記述される．

【例題 2.7】 理想的な定比性 FeO が存在したとして，これが酸化されて格子欠陥が生成する反応について，クレーガー・ビンク表記法を用いて記せ．

[解答] この反応を素過程に分けて考えてみると，まず，大気中の酸素が結晶表面に吸着し，正孔を放出して，O^{2-} イオンとして結晶格子をつくる．このとき，新しくできた O^{2-} イオンサイトと同数のカチオンサイトもできる．このカチオンサイトは空孔であるが，拡散により，結晶内部に取り込まれる．放出された正孔は結晶中の Fe^{2+} イオンと結合し，Fe^{3+} イオンになる．これをクレーガー・ビンク記号で書き下すと，

$$\frac{1}{2}O_2(gas) \longrightarrow O(ads)$$

$$O(ads) \longrightarrow O_O^{\times} + V_{Fe}'' + 2h^{\cdot}$$

$$2h^{\cdot} + 2Fe_{Fe}^{\times} \longrightarrow 2Fe_{Fe}^{\cdot}$$

全反応式は

$$\frac{1}{2}O_2(gas) + 2Fe_{Fe}^{\times} \longrightarrow O_O^{\times} + 2Fe_{Fe}^{\cdot} + V_{Fe}''$$

となる．

ウスタイトのような化合物では，その不定比性の起源が，本来存在すべき鉄元素と酸素元素に由来している．この意味で，これらの格子欠陥を**内因性格子欠陥**とよんでいる．これに対して，異種元素が添加されることによって格子欠陥が生成し，不定比性を持つ場合がある．これを**外因性格子欠陥**とよんでいる．異種元素により，不定比性が導入される代表的な化合物に，酸化ジルコニウム（ジルコニア）がある．歴史的には，結晶の相転移を抑制する研究と関連している．純粋なジルコニアは高温で蛍石型構造をとるが，温度を下げると正方晶を経て，室温では単斜晶となる．この相転移に伴って結晶の体積が大きく変化するため，ジルコニアのブロックは熱サイクルによって壊れてしま

う．このジルコニアに酸化カルシウムを添加すると結晶相転移が抑制され，室温でも蛍石型構造が安定になる．これを安定化ジルコニアとよんでいる．この酸化カルシウムを添加した安定化ジルコニアでは，価数の異なるカチオンでジルコニウムを置換することになるので $Zr^{x}_{Zr(1-x)} Ca''_{Zr(x)} O^{x}_{O(2-x)} V^{..}_{O(x)}$，または $Zr^{x}_{Zr(1-x)} Ca''_{Zr(x/2)} Ca^{..}_{i(x/2)} O^{x}_{O(2-x)}$ の形で外因性の格子欠陥が生まれる可能性がある．すなわち，酸素位置に空孔が生じるか，あるいは格子間位置に存在するカルシウムイオンが生成するかの2とおりである．この二つの可能性のうち，実際の試料がどうなっているかについては，格子定数や密度測定の結果から，酸素空孔が生じていることが実験的に確かめられた．

このように，分子中の原子比が一定であるという定比例の法則あるいは倍数比例の法則は，初歩的な化学を学ぶ際にはものごとを単純化するのに役立ったが，多くの固体化合物においては適用できなくなる．しかし，このような不定比性は固体化合物の電気的・磁気的性質や，光学的性質，機械的性質に大きな影響を与えるため，固体の材料科学的な側面からは非常に興味深いものである．

i. 刃状転位とらせん転位

点欠陥が"点"として存在するゼロ次元の欠陥であるとすれば，欠陥が「線」として存在する一次元の欠陥もある．このような一次元の欠陥を転位とよんでいる．転位は基本的に二種類に分けることができ，その一つは刃状転位であり，他の一つはらせん転位である．

刃状転位を模式的に図 2.42 に示す．図中，⊥印で示したところに，紙面に垂直な原子平面を一つ余分に挿入したような構造になっている．上下の原子が1対1の対応がつく部分を正しい配列とよぶならば，この刃状転位の部分では上下の原子に1対1の対応がつけにくい．この上下に食い違った範囲を転位の芯という．この芯の大きさは

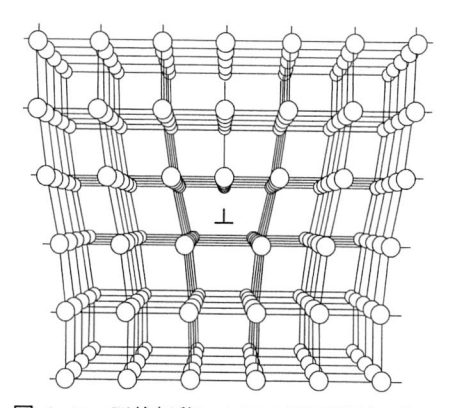

図 2.42 刃状転移における原子配列の乱れ
[W. T. Read, Jr., *Dislocation in Crystals*, Oxford, 1953.]

(a)　　　　　　(b)　　　　　　(c)　　　　　　(d)

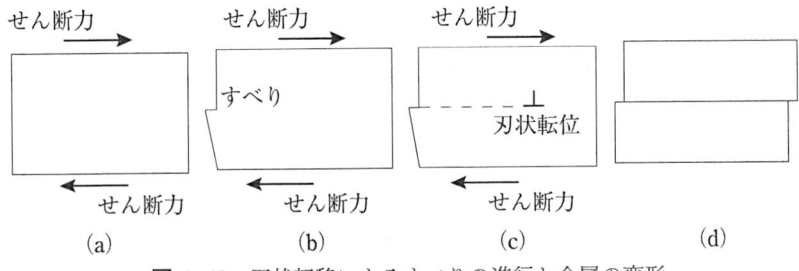

図 2.43　刃状転移によるすべりの進行と金属の変形

物質によって異なり，一般の金属においては，原子間の結合力が強いものほど小さく，結合力が弱いとその範囲が広くなる．このように，刃状転位はある広がりをもつ直線状の格子欠陥である．この刃状転位は結晶の塑性と密接な関係がある．図2.43に示すように，結晶の一端にすべりが起こると，刃状転位が生成し，この転位の移動に伴ってすべりが結晶内部に伝わり，結晶全体を塑性変形させることになる．

すべり変形は図2.44に示すような転位の移動によっても考えることができる．これはBurgersにより提唱されたもので，**らせん転位**とよばれる．らせん転位の中心付近の原子配列は図2.45のようになっており，この転位のまわりを1回まわると，一つ上，または一つ下の原子面にくるような構造になっている．このらせん転位には，ねじのように，右巻きと左巻きとがある．図2.45は右巻きである．

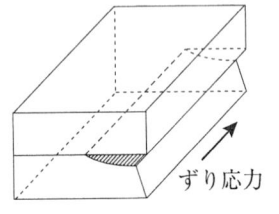

図 2.44　らせん転位によるすべり変形

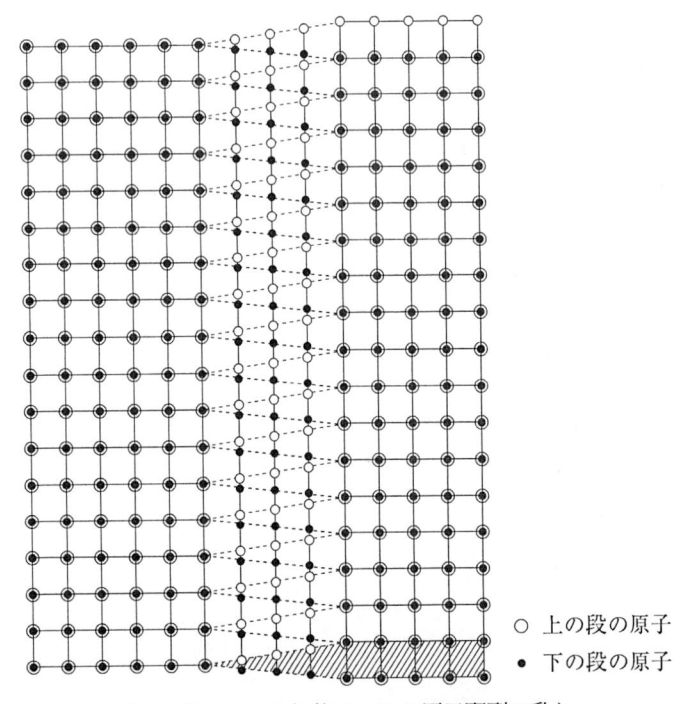

○ 上の段の原子
● 下の段の原子

図 2.45　らせん転位における原子配列の乱れ
[W. T. Read, Jr., *Dislocation in Crystals*, Oxford, 1953.]

実際の金属中に存在する転位は，刃状転位とらせん転位が複合した混合転位となっている．このような混合転位が存在するため，金属結晶の機械的強度は，転位のまったくない理想的な結晶から計算される強度に比べてはるかに小さくなる．

2.5 結晶と非晶質

a．単結晶と多結晶

固体は熱力学的に平衡状態にある**結晶**（crystal）とそうでない**非晶体**（non-crystal）に分類される．前節までで述べた金属結合結晶，イオン結晶，共有結合結晶などの結晶はそれらを構成する原子やイオンが長距離にわたって規則正しく配列しているために，X線回折測定により原子やイオンの配列の仕方を実験的に知ることができた．結晶のうち，結晶全体にわたって原子やイオンが規則正しく配列しているものを**単結晶**（single crystal）といい，多数の単結晶が集まってできている結晶を**多結晶**（polycrystal）とよぶ．

多結晶は結晶粒の集合体なので粒と粒との界面，すなわち**粒界**（grain boundary）が存在するのに対し，単結晶には粒界がない．粒界が存在するために，可視光は散乱され，多結晶は通常不透明であるのに対し，単結晶は粒界がないので通常透明になる．陶磁器が不透明で，宝石としてのダイヤモンドやルビーが透明なのはこの理由による．光学的性質をはじめ，電気的性質，熱的性質，力学的性質などは，同じ組成でも多結晶か単結晶か，すなわち粒界の有無によって異なる．

結晶は，その融液または溶液中から結晶核の生成，成長によって通常得られるが，核生成を極力抑えて成長のみを起こさせると単結晶が得られる．逆に多数の核生成が起こると多結晶となる．多結晶は通常融液や溶液からではなく，原料粉体を加圧成形したものを，融点以下の温度で加熱することにより固相反応を起こさせる，**焼結**（sintering）により得る．

b．ガラスとアモルファス

結晶でない固体は非晶体であり，非晶体は**アモルファス**（amorphous）ともよばれる．非晶体は結晶のように原子やイオンが長距離にわたって規則正しく配列していないランダムな構造をとる．図2.46に，単結晶，多結晶，非晶体の二次元の原子配列を模式的に示す．非晶体の代表とされているのが**ガラス**（glass）である．ガラスは，通常融液を急冷固化して得られるが，結晶核生成，結晶成長が起こるよりも速く冷却されることで，液体のランダム構造が凍結されたものであ

ガラスの透明性
ガラスには粒界がないので，単結晶と同様透明である．光の吸収や散乱を低減させることによってガラスの透明性を極限まで高めた製品が通信用光ファイバであり，10 km 先でも光の強度は半減しない．

自由エネルギー曲線と相変化

結晶と液体の自由エネルギーの温度依存性を模式的に示すと図2.48のようになる．結晶と液体の自由エネルギー曲線は融点 T_m で交差しているので，この温度で相変化を起こす．T_m 以下では結晶，T_m 以上では液体の自由エネルギーが小さいので，それぞれ結晶，液体が熱力学的には安定になる．T_m 以下の温度域でも液体の自由エネルギー曲線が存在し，これが過冷却液体である．過冷却液体がある温度で凍結された非平衡状態がガラスであり，その温度をガラス転移温度 T_g とよぶ．

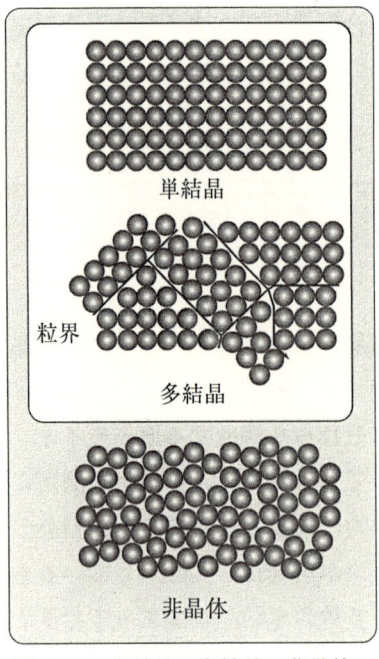

図 2.46 単結晶，多結晶，非晶体の二次元原子配列

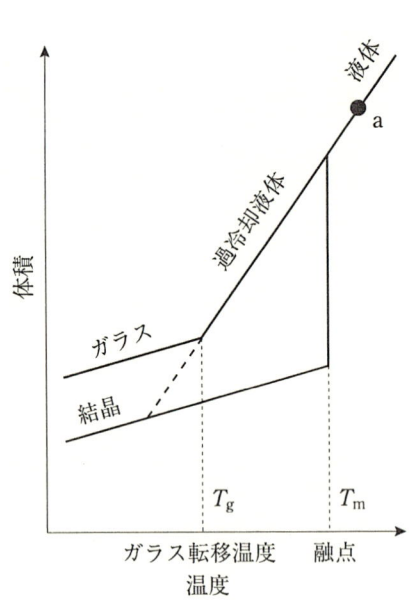

図 2.47 ガラスと結晶の体積の温度依存性

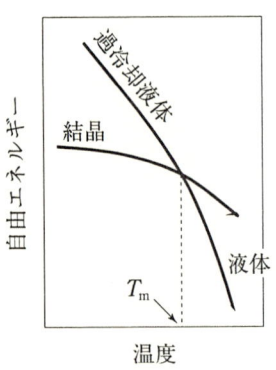

図 2.48

る．図2.47にガラスと結晶について，その体積の温度依存性を示す．図中点 a の液体を冷却すると一定の割合で体積が減少していくが，この物質の融点 T_m に達すると相転移が起こり，この温度ですべての液体が固相における平衡相である結晶に変化することによって大きく体積が減少し，その後結晶は温度低下に伴いわずかに減少していく．しかし実際に液体を冷却する際には，相転移における結晶成長，すなわち原子やイオンの再配列のためにある時間を要するので，相転移が起こらずそのまま液体状態で温度低下とともに体積が減少していく場合がある．この準安定の液体状態を過冷却液体という．この過冷却液体をさらに冷却していくと，原子やイオンの運動は次第に緩慢になり，ついにはある温度における過冷却液体が凍結固化されて，それ以降は結晶とほぼ同じ勾配で体積が減少していく．この過冷却液体の凍結された状態をガラスとよび，この勾配の変化する温度を**ガラス転移温度**（glass transition temperature）T_g とよぶ．

c．ガラスの組成

このように，ガラスはガラス転移現象を示す非晶体とみなすことができるので，必ずしも融液の急冷によって得られるものに限らない．たとえば気相からの蒸着やスパッタによって得られた薄膜や溶液からの沈殿，固体を極度に粉砕した超微粒子などでもガラスになるものが知られている．また，同じ組成をもっていても，条件によって結晶

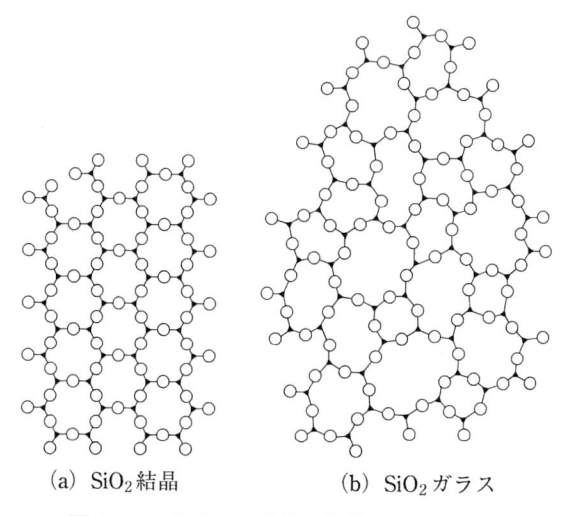

(a) SiO_2 結晶　　(b) SiO_2 ガラス

図 2.49 ガラスと結晶の体積の温度依存性

なったりガラスになったりする．たとえば，同じ SiO_2 組成でも，クリストバライトや石英などの結晶とシリカガラスのどちらもが生成しうる．図 2.49 に，SiO_2 結晶とガラスの構造模式図を示す．二次元表示なので，ケイ素に 3 個の酸素が結合しているように描かれているが，実際の三次元構造では，それぞれのケイ素には 4 番目の酸素が結合しており SiO_4 四面体を形成している．結晶ではこの SiO_4 四面体が規則的につながって，$-Si-O-Si-$ の 6 員環からなる三次元規則網目構造をとるのに対し，ガラスは 5 員環や 7 員環，さらには 4 員環や 8 員環をもつ不規則網目構造をとる．しかしいずれの場合も，SiO_4 四面体を構造単位としているということで短距離構造には大差がなく，ガラスの場合は，$Si-O-Si$ 結合角の分布が大きいために，長距離秩序がなくなる．

　ガラスは，過冷却液体を凍結した固体であるので，融液からの冷却速度が大きいほど生成しやすい．共有結合性の強い酸化物はガラス化しやすく，SiO_2，B_2O_3，P_2O_5，GeO_2 は，単独の酸化物で容易にガラス化するので，ガラス形成酸化物とよばれている．実用ガラスは，通常，これらの酸性酸化物に，Na_2O，K_2O，CaO などの塩基性酸化物を加えた多成分系からなっており，これらの塩基性酸化物はガラスの性質を様々に変化させるので修飾酸化物とよばれている．

　酸化物以外にも，硫化物，セレン化物などはガラス化しやすく，カルコゲナイドガラスとよばれている．Se，As_2S_3，$GeSe_2$ などが代表例で，通常半導体としての性質を示す．また，ZrF_4-BaF_2 系などのハロゲン化物や Zr-Al-Ni 系などの合金系においてもガラスが生成し，ハライドガラス，アモルファス合金として，それぞれ知られている．

酸性酸化物と塩基性酸化物
一般に，水に溶かしたとき酸性を示す酸化物を酸性酸化物，塩基性を示す酸化物を塩基性酸化物とよぶ．周期表の右上に位置する元素の酸化物ほど酸性が強く，左下に位置する元素の酸化物ほど塩基性が強い．中間に位置する元素の酸化物，たとえば Al_2O_3 は両性酸化物である．下式のように，酸性酸化物と塩基性酸化物は直接高温で反応してオキソ酸塩を生成する．
$3Na_2O+P_2O_5 \rightarrow 2Na_3PO_4$

> **【例題 2.8】** ガラスコップ（ガラス）の破片とコーヒー茶碗（陶器）の破片を同じように徐々に加熱した場合，融け方にどのような違いが見られるか．
>
> [解答] ガラスコップ（ガラス）は全体に軟化が始まり，次第に粘性が低くなって流動性の低い粘調な液体から流動性の高い液体へと変化するのに対し，陶器（多結晶）はある温度で急激に融け始め流動性の高い液体となる．結晶は融点をもつのに対し，ガラスは融点をもたない．

演習問題（2章）

2.1 Mayer の反発エネルギー項の式 (2.25) を用いて，格子エネルギーにおける Born-Mayer の式 (2.33) を導け．

2.2 図 2.31 に示した ABCABC の配列が面心立方格子をつくることを，図を描いて確かめよ．

2.3 六方最密充填構造における充填率を算出せよ．

2.4 体心立方格子における充填率を算出せよ．

2.5 CaO が ZrO_2 に固溶するとき，酸化物イオン空孔がジルコニア格子上に生成する．

(a) 1 mol% の CaO をジルコニアに溶解したとき，酸化物イオン空孔の分率を計算せよ．ただし，純粋なジルコニアにおけるイオン空孔は無視せよ．

(b) $1 cm^3$ あたりの空孔の数はいくらか．ジルコニアの密度を $5.5 g\, cm^{-3}$ とする．

2.6 MgO は岩塩型の結晶構造をとる．この MgO の (110) および (111) 面での原子配置を図示せよ．最密充填の方向はどれか．酸素の作る四面体サイトと八面体サイトを示せ．

2.7 ある酸化鉄（ウスタイト）試料の組成は $Fe_{0.93}O$ であり，その格子定数を測定したところ 4.301 Å であった．FeO は岩塩型の結晶構造をもち，完全な（欠陥のない）結晶では，4個の陽イオンと4個の陰イオンから構成されている．

(a) この結晶の不定比性が鉄格子上の空孔によると仮定して，試料の密度（$g\, cm^{-3}$）を計算せよ．

(b) この試料の不定比性が格子間酸素によると仮定して，試料の密度を計算せよ．

2.8 まったく同じ形と大きさの水晶（石英の単結晶）とシリカガラスがある．これを簡単に見分けるにはどうすればよいか．

3 元素と化合物

3.1 非金属元素

周期表において，pブロック元素のホウ素 B（13族）とアスタチン At（17族）を結ぶ線上および右上方に位置する元素は，水素（1族）とともに非金属元素に分類される．非金属元素の単体は一般に融点・沸点が低く，室温では気体と固体が半々で，臭素のみが液体である．非金属元素の酸化物の多くは酸性酸化物である．

a．水 素

（1）水素原子と分子　水素 H はもっとも単純で，太陽系にもっとも多く存在する元素である．その原子は 1s 軌道にただ1個の電子をもっている．したがって電子を失うと陽子（プロトン）のみからな

表 3.1 非金属元素とその電子配置

周 期		元素記号	名称（英語）	電子配置
14族	2	C	炭素（carbon）	$1s^22s^22p^2$
	3	Si	ケイ素（silicon）	$1s^22s^22p^63s^23p^2$
	4	Ge	ゲルマニウム（germanium）	$1s^22s^22p^63s^23p^63d^{10}4s^24p^2$
15族	2	N	窒素（nitrogen）	$1s^22s^22p^3$
	3	P	リン（phosphorus）	$1s^22s^22p^63s^23p^3$
	4	As	ヒ素（arsenic）	$1s^22s^22p^63s^23p^63d^{10}4s^24p^3$
	5	Sb	アンチモン（antimony）	$1s^22s^22p^63s^23p^63d^{10}4s^24p^64d^{10}5s^25p^3$
16族	2	O	酸素（oxygen）	$1s^22s^22p^4$
	3	S	イオウ（sulfur）	$1s^22s^22p^63s^23p^4$
	4	Se	セレン（selenium）	$1s^22s^22p^63s^23p^63d^{10}4s^24p^4$
	5	Te	テルル（tellurium）	$1s^22s^22p^63s^23p^63d^{10}4s^24p^64d^{10}5s^25p^4$
17族	2	F	フッ素（fluorine）	$1s^22s^22p^5$
	3	Cl	塩素（chlorine）	$1s^22s^22p^63s^23p^5$
	4	Br	臭素（bromine）	$1s^22s^22p^63s^23p^63d^{10}4s^24p^5$
	5	I	ヨウ素（iodine）	$1s^22s^22p^63s^23p^63d^{10}4s^24p^64d^{10}5s^25p^5$
18族	1	He	ヘリウム（helium）	$1s^2$
	2	Ne	ネオン（neon）	$1s^22s^22p^6$
	3	Ar	アルゴン（argon）	$1s^22s^22p^63s^23p^6$
	4	Kr	クリプトン（krypton）	$1s^22s^22p^63s^23p^63d^{10}4s^24p^6$
	5	Xe	キセノン（xenon）	$1s^22s^22p^63s^23p^63d^{10}4s^24p^64d^{10}5s^25p^6$
	6	Rn	ラドン（radon）	$1s^22s^22p^63s^23p^63d^{10}4s^24p^64d^{10}4f^{14}5s^25p^65d^{10}6s^26p^6$

周期表における水素の位置
水素原子は，唯一有している1個の軌道電子を失ってH$^+$となる傾向が小さいにもかかわらず，現在の周期表では，アルカリ金属と同じ1族に分類されている．以前の周期表では，水素はどこにも属さないということを強調するために，第1周期だけ族の区切りを設けない書き方や，ハロゲンと同じ族とする書き方のものもあった．

るH$^+$イオンとなるが，ガス状態を除いてH$^+$として単独で存在することはない．水中ではH$_2$O分子と結合してオキソニウムイオンH$_3$O$^+$を形成している．一方，H原子は1個の電子を受け取るとHeと同じ電子配置1s^{2}となるため，17族元素と同じように，1価の陰イオンH$^-$（水素化物イオン）となることができ，また1個の共有結合を形成する．

水素の単体H$_2$は無色，無臭の気体で，水にはほとんど溶けない．工業的には，天然ガスや石油などからの炭化水素C$_n$H$_m$あるいはコークスと水との高温での反応などによって製造される．

$$C_nH_m + nH_2O \xrightarrow{1000°C} nCO + (n+m/2)H_2 \quad (3.1)$$

$$C(コークス) + H_2O \xrightarrow{1000°C} CO + H_2 \quad (3.2)$$

水素は，常温では化学的には必ずしも活性ではない．ただ条件によっては酸素やハロゲンと爆発的に反応する．アンモニアやメタノール，その他の化学工業製品の重要な原料であり，また金属酸化物を金属に還元するのにも用いられる．水素は燃焼しても水しか生じないため，環境汚染の少ない新しいエネルギー源として期待されている．

（2）水素化合物　　水素は，非金属元素および多くの金属との間で水素化合物を形成する．水素の電気陰性度（2.1）は中程度であるため，水素化合物の性質は相手元素の電気陰性度に大きく依存する．

水素より電気陰性度の小さい陽性元素との化合物では，結合はM$^{\delta+}$－H$^{\delta-}$のように分極している．このように水素原子側が負に分極している化合物は**水素化物**（hydride）とよばれる．とくに1族元素，およびBeを除く2族元素との水素化合物はイオン結合性固体で，水素は水素化物イオンH$^-$として存在している．このことは，これらの化合物の溶融塩を電気分解すると陽極でH$_2$が発生することからも示される．

水素より陰性の非金属元素との水素化合物は基本的に共有結合性である．しかし結合はH$^{\delta+}$－X$^{\delta-}$のように分極しており，電気陰性度の

表 3.2 第2周期元素の代表的な水素化合物とその性質

元素	Li	Be	B	C	N	O	F
電気陰性度[*1]	1.0	1.5	2.0	2.5	3.0	3.5	4.0
水素化合物	LiH	BeH$_2$	B$_2$H$_6$	CH$_4$	NH$_3$	H$_2$O	HF
融点/°C	680	220[*2]	－165	－183	－77.7	0	－83.6
沸点/°C			－92.5	－161.4	－33.4	100	19.5
結合性形態	イオン固体	共有高分子	共有分子	共有分子	共有分子	共有分子	共有分子

[*1] Pauling, [*2] 分解

差が大きくなるほどイオン結合性の寄与が大きくなる．非常に陰性の強い酸素や窒素などとの化合物では，正電荷を帯びた水素が第2の陰性元素を引きつけ，水素原子を介した結合，すなわち**水素結合**(hydrogen bond) が生じる．

b．ホ ウ 素

（1）単 体　13族元素のうちでホウ素Bだけが非金属であり，その性質は同族の他の元素よりも周期表で対角の位置にあるケイ素Siに似ている．ホウ素の単体にはいくつかの結晶形が存在するが，いずれも B_{12} 正二十面体からなる．ホウ素は融点が高く，化学的には極めて安定である．しかし高温では金属と直接反応して Fe_2B，TiB_2，LaB_6 など，様々な組成比の金属ホウ化物を形成する．金属ホウ化物の多くは，融点が高く，金属光沢とともに電気伝導性を示す．

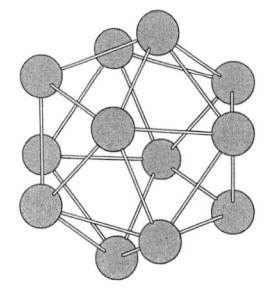

B原子は電子配置 $[He]2s^22p^1$ をもち，酸化数+3をとることができるが，3価の陽イオンを生成するためには非常に大きなイオン化エネルギーが必要なため，むしろ共有結合性の化合物を形成する．一般には，sp^2 混成状態をとって平面三角形の化合物 BX_3 を形成する．これらの BX_3 化合物は，平面に垂直に分布する空のp軌道が電子対を受け入れることができるために **Lewis（ルイス）酸**として働き，電子対供与性の **Lewis塩基** Y と反応して正四面体型の化合物 BX_3Y を生成しやすい．BX_3 から BX_3Y が生成するとき，Bの混成状態は sp^2 から sp^3 に変化する．

図3.1　B_{12} 正二十面体

対角関係
ホウ素とケイ素の場合のような，周期表における対角関係の元素どうしの類似性は，LiとMg，BeとAlの間にも顕著にみられる．電気陰性度や酸・塩基性など，周期表の左下から右上にかけて多くの性質が変化するので，対角関係の元素の性質が似てくると考えることができる．

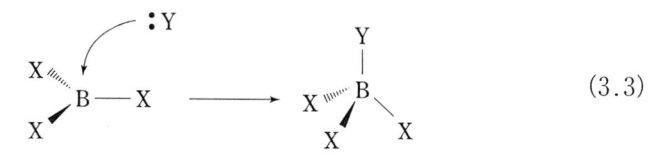

$$X\cdots B - X \xrightarrow{:Y} X\cdots B \begin{array}{c} Y \\ | \\ X \end{array} X \tag{3.3}$$

（2）ホウ素の化合物　典型的な酸化物である三酸化二ホウ素 B_2O_3 は，Bを燃焼させるか，オルトホウ酸 ($B(OH)_3$) を融解することによって生成する．一般に結晶化しにくく，通常はガラス状である．B_2O_3 は溶融状態で金属酸化物をよく溶かすのでフラックスとして利用される．またシリカ SiO_2 と同様にガラスを形成しやすいため，重要なガラス形成酸化物の一つである．一方，水と反応すると $B(OH)_3$ を生じる．

$B(OH)_3$ は無色の固体で水によく溶け，弱い1価の酸として働く．

$$B(OH)_3 + H_2O \longrightarrow B(OH)_4^- + H^+ \tag{3.4}$$

$B(OH)_3$ を加熱すると100°C付近で脱水縮合反応が起こってメタホウ酸 ($[HBO_2]_n$) を生じ，さらに赤熱すると B_2O_3 となる．

ハロゲン化ホウ素 (BX_3) は，上にも述べたように，平面三角形の分

子性化合物で典型的なルイス酸であり，アミン，アルコール，陰イオン，一酸化炭素など，ほとんどのルイス塩基と反応して錯体を形成する．

$$BX_3 + :N(CH_3)_3 \longrightarrow X_3B \leftarrow N(CH_3)_3 \tag{3.5}$$

ホウ素には一般式 B_nH_{n+4} ($n \geq 2$) または B_nH_{n+6} ($n \geq 4$) で表される水素化合物が知られており，これらは**ボラン**(borane)とよばれる．

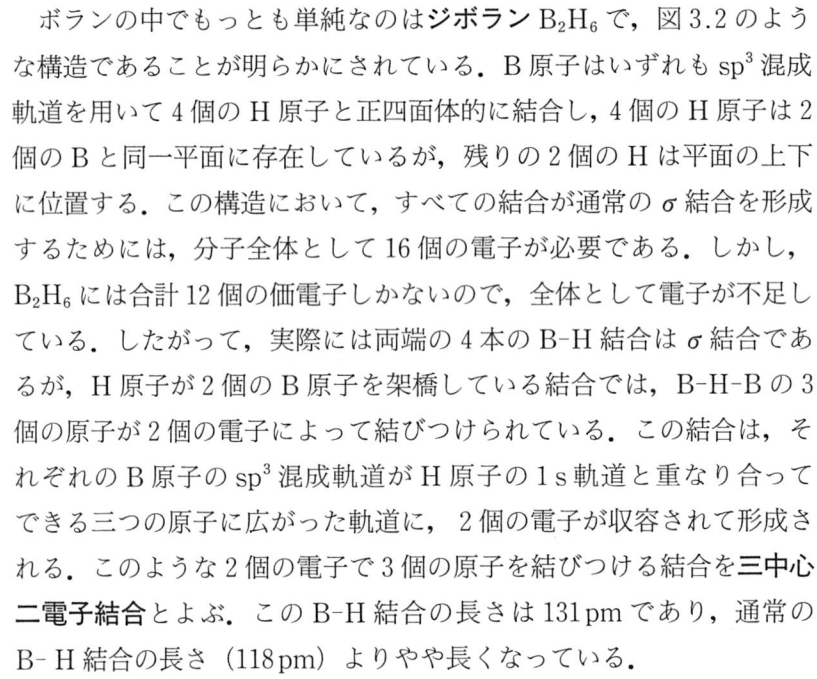

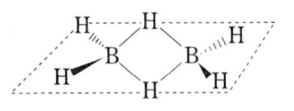

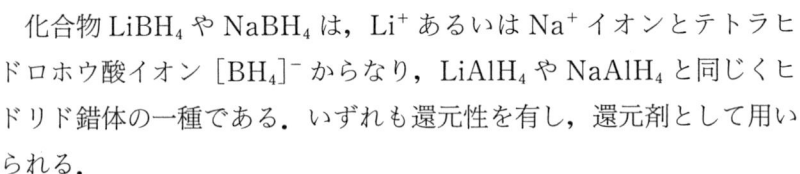

ボランの中でもっとも単純なのは**ジボラン** B_2H_6 で，図3.2のような構造であることが明らかにされている．B原子はいずれも sp^3 混成軌道を用いて4個のH原子と正四面体的に結合し，4個のH原子は2個のBと同一平面に存在しているが，残りの2個のHは平面の上下に位置する．この構造において，すべての結合が通常の σ 結合を形成するためには，分子全体として16個の電子が必要である．しかし，B_2H_6 には合計12個の価電子しかないので，全体として電子が不足している．したがって，実際には両端の4本のB-H結合は σ 結合であるが，H原子が2個のB原子を架橋している結合では，B-H-Bの3個の原子が2個の電子によって結びつけられている．この結合は，それぞれのB原子の sp^3 混成軌道がH原子の1s軌道と重なり合ってできる三つの原子に広がった軌道に，2個の電子が収容されて形成される．このような2個の電子で3個の原子を結びつける結合を**三中心二電子結合**とよぶ．このB-H結合の長さは131 pmであり，通常のB-H結合の長さ（118 pm）よりやや長くなっている．

化合物 $LiBH_4$ や $NaBH_4$ は，Li^+ あるいは Na^+ イオンとテトラヒドロホウ酸イオン $[BH_4]^-$ からなり，$LiAlH_4$ や $NaAlH_4$ と同じくヒドリド錯体の一種である．いずれも還元性を有し，還元剤として用いられる．

図3.2 B_2H_6 の構造

三中心二電子結合の分子軌道

代表的な三中心二電子結合であるB-H-B結合に対する分子軌道は，二つのホウ素からのp軌道と水素のs軌道を用いて，結合軌道，反結合軌道，非結合軌道の三つの軌道からなる．そのエネルギー準位は図3.3のようになっており，2個の電子が寄与して結合性軌道のみを占有するので，化学結合が安定化する．

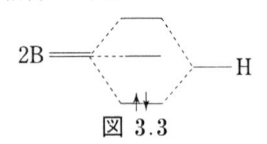

図3.3

c．炭素族元素

14族の非金属元素は炭素Cとケイ素Siであり，いずれも最外殻の電子配置が ns^2np^2 である．これらの元素は，電気陰性度が中程度であるため主として共有結合性の化合物を形成し，酸化数は+4をとる．

(1) 炭素　C原子の電子配置は $[He]2s^22p^2$ であり，多重結合を形成しやすいこともあってさまざまな化合物を形成する．とくに水素との化合物すなわち炭化水素は多種多様である．炭化水素は有機化学の分野で取り扱われるので，ここでは，単体と，炭化水素以外の典型的な無機化合物を対象とする．

(i) 単体

炭素の代表的な同素体としてダイヤモンドとグラファイト（黒鉛）があげられる．前者は無色透明で，物質の中でもっとも硬く，電気絶

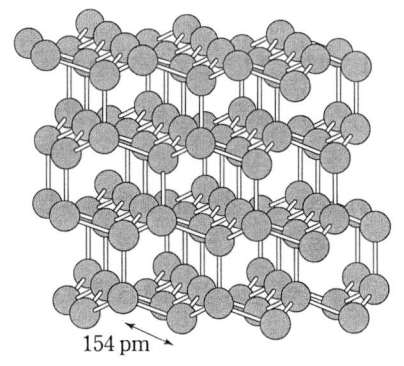

図 3.4 ダイヤモンドの構造   図 3.5 グラファイトの構造

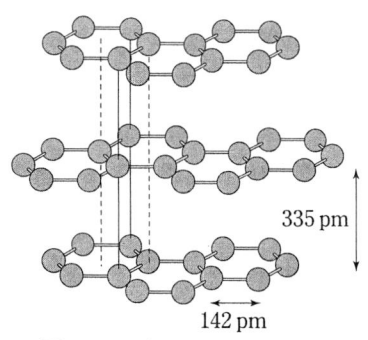

縁体である．また密度は 3.5 g cm^{-3} である．これに対して，後者は黒色で潤滑性があり，電気良導体である．密度は 2.3 g cm^{-3} で，ダイヤモンドの 2/3 程度である．両者のこれらの性質の違いは，C 原子の結合状態の違いにある．

ダイヤモンド中の C 原子は，sp^3 混成軌道を用いて隣接する 4 個の C 原子と正四面体的に結合し，これらの四面体が規則的に配列して三次元網目構造を形成している．この構造のためにダイヤモンドは硬く，また価電子のすべてが σ 結合に使われているために電気的には絶縁体である．化学的には，他の同素体に比べて酸化されにくいが，空

■ フラーレンとカーボンナノチューブ ■

1985 年，グラファイトを電極としてアーク放電したときに生成する煤の中から，サッカーボールに似た分子 C_{60} が発見された．この分子は，炭素の六員環が五員環でつなぎ合わされた構造の二十面体で，その形が，建築家 Buckminster Fuller が設計したドームの形に似ているため，バックミンスターフラーレン (buckminsterfullerene) とよばれた．その後，C_{60} 以外に C_{70}，C_{78}，C_{84} など，類似のカゴ型の炭素分子が次々に見いだされ，これらの分子は"フラーレン (fullerene)"と総称されるようになった．

フラーレンはダイヤモンドやグラファイトと異なり，ベンゼンなどの有機溶媒に溶解する．また C 60 分子は面心立方構造の結晶を形成し，その空間にはアルカリ金属などを取り込むことができる．たとえば，K との間で K_3C_{60} を生成する．この物質は 18 K 以下で超伝導を示す．

カゴ型のフラーレンに続いて 1991 年，内径が数 nm の管状炭素「カーボンナノチューブ」が発見された．カーボンナノチューブは，炭素六員環からなるグラファイト状のシートを 2〜数十層，同心円状に巻いた構造をしており，その両端は閉じている．物性的には，シートの巻き方によって金属伝導または半導電性を示す．また非常に高い引張り強度を示すほか，チューブ内部には水素などのガスを吸蔵することができる．

現在，フラーレン，カーボンナノチューブともに，その特徴を活かした応用研究が進められている．

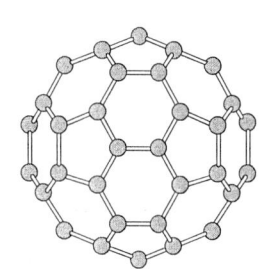

図 3.6 C_{60} の構造

気中では700°C以上で燃焼する．ただ酸素が存在しなければ，1気圧では2000°C付近まで，さらに高圧では3000°C以上まで安定である．

一方，グラファイト中のC原子はsp^2混成軌道を用いて六員環を形成し，これらが平面的につながって層を形成している．これらの層が規則的に積み重なって結晶が構成されている．層の形成に関与しないp軌道の電子は非局在化したπ結合を形成し，このπ電子は層内を自由に動くことができるために高い導電性を示す．層と層は弱いファン・デル・ワールス力で結合しているだけである．したがって力が加わると滑りやすい．また層間には様々な分子やイオンを挿入することができる．このように，層間に分子やイオンが挿入されることによって生成する化合物を**層間化合物**とよぶ．グラファイトは，高融点で化学的にも安定であるため，電気分解の際の陽極や電池の電極として使用されている．

室温，1気圧のもとでは，熱力学的にはグラファイトの方が安定であり，これをダイヤモンドに変えるには極めて高い温度と圧力を必要とする．人工ダイヤモンドは，6～7万気圧，2000°C以上の条件で，FeやCrなどの遷移金属触媒を用いて合成される．

炭素の同素体として，結晶体のほかにカーボンブラック，木炭や煤（すす）など，無定形炭素とよばれるものがある．これらはグラファイト微結晶の集まりと見なせるものからまったく乱雑なものまで，幅広い炭素を含んでいる．比表面積の極めて大きい活性炭は吸着剤として使用されている．

炭素より陽性の金属あるいはその酸化物と炭素を高温で反応させると，炭化物が生成する．炭化ケイ素SiCや炭化タングステンWCは非常に硬く，切削工具や研磨材に用いられる．

(ii) 酸化物

炭素単体や炭化水素が燃焼するとき，酸素が十分であると二酸化炭素（CO_2）が生成するが，酸素が不足すると一酸化炭素（CO）が生成する．

一酸化炭素は，無色，無臭の人体に非常に有害な気体である．血液中のヘモグロビンと強力に結合し，ヘモグロビンの酸素運搬機能を阻害する．CO分子は，その結合の長さから$C\equiv O$三重結合をもっていると考えられる．高温では非常に強力な還元剤で，多くの金属酸化物を金属に還元する．

$$Fe_2O_3 + 3CO \longrightarrow 2Fe + 3CO_2 \qquad (3.6)$$

$$CuO + CO \longrightarrow Cu + CO_2 \qquad (3.7)$$

COはまた，多くの遷移金属にC原子側から配位して，**金属カルボ**

ニルとよばれる錯体を形成する．たとえば，40〜100°C で CO を Ni 粉に作用させるとニッケルカルボニル（$Ni(CO)_4$）を生成する．

二酸化炭素は二重結合からできている直線分子（O=C=O）である．結合は $O^{\delta-}-C^{\delta+}$ のように分極しているが，分子の対称性のために分子全体としては無極性である．二酸化炭素の固体（昇華点 −78.5 °C）はドライアイスとよばれ，冷却剤として使用される．

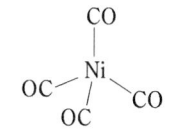

図 3.7 $Ni(CO)_4$ の構造

CO_2 が水に溶けると炭酸 H_2CO_3 が生成するが，その生成量は少なく，大部分の CO_2 は水和した状態で存在する．H_2CO_3 は非常に弱い 2 価の酸として作用する．

$$CO_2 + H_2O \rightleftarrows H_2CO_3 \tag{3.8}$$
$$H_2CO_3 \rightleftarrows HCO_3^- + H^+ \tag{3.9}$$
$$HCO_3^- \rightleftarrows CO_3^{2-} + H^+ \tag{3.10}$$

CO_2 は酸性酸化物であるため，金属酸化物や水酸化物と反応して炭酸塩を生じる．水酸化カルシウム（$Ca(OH)_2$）の水溶液に CO_2 を通じると白色の沈殿 $CaCO_3$ が生じるが，さらに CO_2 を反応させると，可溶性の炭酸水素カルシウム（$Ca(HCO_3)_2$）が生成して沈殿は消失する．

【例題 3.1】(a) CO，(b) CO_2，(c) Na_2CO_3，(d) C_2H_5OH，(e) $Ni(CO)_4$ の五つの化合物には，いずれも C–O 結合が存在する．これらの C–O 結合の結合距離が長いものから短いものへと化合物を並べかえよ．

[解答] C–O 結合のもっとも短いものが (a) の CO で，(a) < (e) < (b) < (c) < (d) の順に長くなる．結合次数は (a) が 3，(b) が 2，(d) が 1 である．(e) では，カルボニルの炭素原子が Ni イオンに配位結合しているが，$p\pi$-$d\pi$ 相互作用もあって C と Ni の結合が強くなった分，C–O 結合の次数は 3 よりも小さくなっている．(c) では，CO_3^{2-} イオンにおける平均結合次数が 1.33 となる．

（2）ケイ素　ケイ素 Si は酸素に次いで 2 番目に多く地殻中に存在する元素である．電子配置は $[Ne]3s^23p^2$ であり，4 個の共有結合をつくりやすい．単体のケイ素はダイヤモンドと同じ結晶構造をとり，非常に重要な半導体材料である．

（i）水素化物

Si は**シラン**とよばれる一連の水素化合物 Si_nH_{2n+2} を形成する．シランは強い還元剤で，空気中で自然発火する．また，炭化水素がまったく加水分解されないのに対して，アルカリ性水溶液中で加水分解さ

れる．これは，C および Si の水素化合物では，電気陰性度の違いから
それぞれ $C^{\delta-}-H^{\delta+}$, $Si^{\delta+}-H^{\delta-}$ のように分極しており，正電荷を帯び
た Si は OH^- の攻撃を受けやすいためである．シランは工業的には，
非晶質（アモルファス）シリコンを製造するための原料として利用さ
れる．

(ii) 酸化物

Si の酸化物である二酸化ケイ素（SiO_2）は**シリカ**とよばれる．同族
の炭素の酸化物 CO_2 が気体であるのに対して，Si が二重結合を形成
できないために，SiO_2 は三次元網目構造をもつ高融点の固体である．
Si-O 結合は基本的には共有結合であるが，イオン結合性もかなり存
在する．結晶性 SiO_2 には，石英，トリジマイト，クリストバライトの
3 種類の結晶形が存在する．いずれの場合も，Si は sp^3 混成軌道を用
いて 4 個の O と正四面体的に結合している．頂点に位置するすべての
O は，隣接する四面体にも共有されて四面体同士を結びつけている．
結晶形の違いは SiO_4 四面体の連なり方が異なることに起因して
おり，トリジマイトとクリストバライトはそれぞれ硫化亜鉛（ZnS）
のウルツ鉱型と閃亜鉛鉱型に対応する．また，石英では四面体が一つ
の軸に沿ってらせん状につながっている．

結晶性シリカを融解して冷却すると，**石英ガラス**が得られる．この
場合も，Si が 4 個の O で四面体的に結合されており，この基本構造は
結晶の場合と変わらないが，SiO_4 四面体の連結の仕方が規則性を
たないために非晶質のガラスとなる．石英ガラスは軟化温度が高く，
高温でも化学的に安定であるため，Si 半導体を融解するためのルツボ
などに，また，高純度の石英ガラスは光をよく透過するために光ファ
イバーとして利用されている．

(iii) ケイ酸イオン

鉱物のなかには，Si のオキソ酸であるケイ酸の塩とみなせるものが
数多く存在する．これらを構成しているケイ酸イオンには，オルトケ
イ酸イオン（SiO_4^{4-}）のように孤立したものから，これらが縮合した形
の鎖状，環状，シート状などさまざまな形態のものが存在する．

SiO_4^{4-} イオンでは，Si に 4 個の O が正四面体的に結合しているが，O は他の四面体とは共有されず，$-O^-$ として存在する．SiO_4^{4-}
四面体が 1 個の O を互いに共有して 2 個つながるとピロケイ酸イオ
ン（$Si_2O_7^{6-}$）となり，さらに 2 個の O が共有されると，鎖状の縮合イ
オン（$(Si_nO_{3n+1})^{(2n+2)-}$）あるいは環状のイオン（$(SiO_3)_n^{2n-}$）となる．
鎖状のケイ酸イオンの鎖長が長くなると組成は $(SiO_3)_n^{2n-}$ に近くな
る．このような鎖状イオンと環状のケイ酸イオンを合わせてメタケイ

(a) 石英

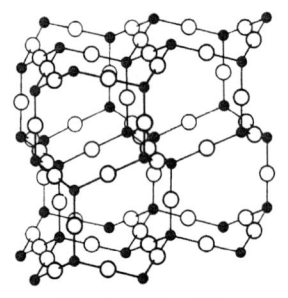

(b) トリジマイト

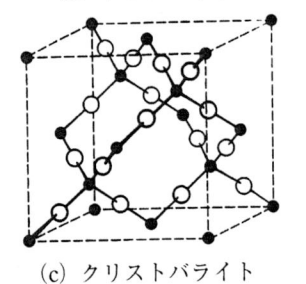

(c) クリストバライト

図 3.8　石英，トリジマイ
ト，クリストバライ
トの構造比較

酸イオンとよばれることがある．SiO_4^{4-} 四面体の3個のOが共有されてつながると，シート状の二次元イオン（$(Si_2O_5)_n^{2n-}$）が生成する．

ナトリウム塩とシリカを高温で融解すると水に可溶なケイ酸ナトリウムが得られ，これを水に溶かすと高粘度の水ガラスが得られる．水ガラスには鎖長の比較的短いケイ酸イオンが存在するが，酸で中和すると縮合反応が起こってゲル化する．このゲルを洗浄し，乾燥すると多孔性の**シリカゲル**が得られる．

(iv) 塩化物

ケイ素を塩素ガスと反応させると四塩化ケイ素 $SiCl_4$ が生成する．$SiCl_4$ は反応性の高い気体で，水によって容易に加水分解される．完全に加水分解されると SiO_2 を生じる．

$$SiCl_4 + 4H_2O \longrightarrow Si(OH)_4 + 4HCl \tag{3.11}$$

$$Si(OH)_4 \longrightarrow SiO_2 + 2H_2O \tag{3.12}$$

アルキル置換クロロシラン R_nSiCl_{4-n} を加水分解すると Si-O-Si 骨格の側鎖に有機官能基 R をもつ高分子が生成する．これらは**シリコーン**（silicone）とよばれ，重合度，R の種類あるいは架橋の程度などによって，液状から，グリース状，ゴム状，樹脂状となる．シリコーンは，耐熱性，はっ水性，耐寒性，耐薬品性，電気絶縁性に優れている．

$$R_2SiCl_2 \xrightarrow{2H_2O} R_2Si(OH)_2 \xrightarrow{-n\,2H_2O} \begin{array}{c} R \\ | \\ -O-Si-O-Si- \\ | \\ R \end{array} \begin{array}{c} R \\ | \\ \\ | \\ R \end{array} \tag{3.13}$$

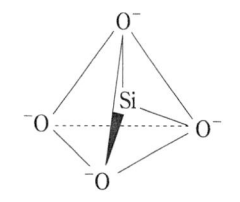

図 3.9 SiO_4^{4-} イオン

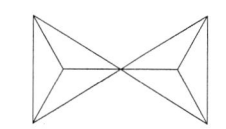

図 3.10 $Si_2O_7^{6-}$ イオン

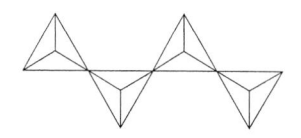

図 3.11 鎖状ケイ酸イオン

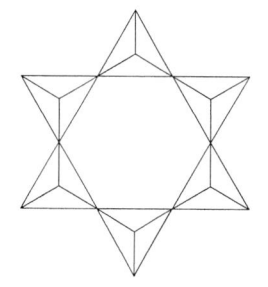

図 3.12 環状ケイ酸イオン

d．窒素族元素

15 族の非金属元素は，窒素 N，リン P，ヒ素 As である．ただし As には多少金属性がみられる．いずれも最外殻の電子配置は ns^2np^3 であり，3個の電子を受け取るか，3個の共有結合を形成すると希ガスと同じ電子配置となる．しかし，3価の陰イオンとなりうるのは N のみで，他の元素は共有結合性の化合物を形成する．

(1) 窒　素

(i) 単　体

窒素の単体 N_2 は三重結合 N≡N からなり，解離エネルギーが大きい（$941.6\,kJ\,mol^{-1}$）ために非常に安定である．室温では，Li とゆっくり反応して Li_3N を生成する以外，まったく不活性である．しかし高温では多くの元素と直接反応して，窒化ケイ素 Si_3N_4 や窒化ホウ素 BN などの窒化物を形成する．

BN は C と等電子的であり，炭素の場合のグラファイトとダイヤモ

ンドに対応して，それぞれ六方晶系および立方晶系のBNが存在する．しかし六方晶BNでは層と層の重なり方がグラファイトの場合と異なって，上層のNの真下に下層のBが位置しており，白色で電気的にも絶縁物である．

（ii）水素化合物

アンモニアNH_3は，N_2とH_2の直接反応によって合成される．

$$N_2 + 3H_2 \rightleftharpoons 2NH_3 \tag{3.14}$$

この化学平衡は，圧力が高いほど，また温度が低いほどNH_3の生成に有利である．工業的なNH_3の製造は，少量のAl_2O_3などを含む鉄を触媒として，数百気圧，400～500°Cの条件で行われる（ハーバー法）．

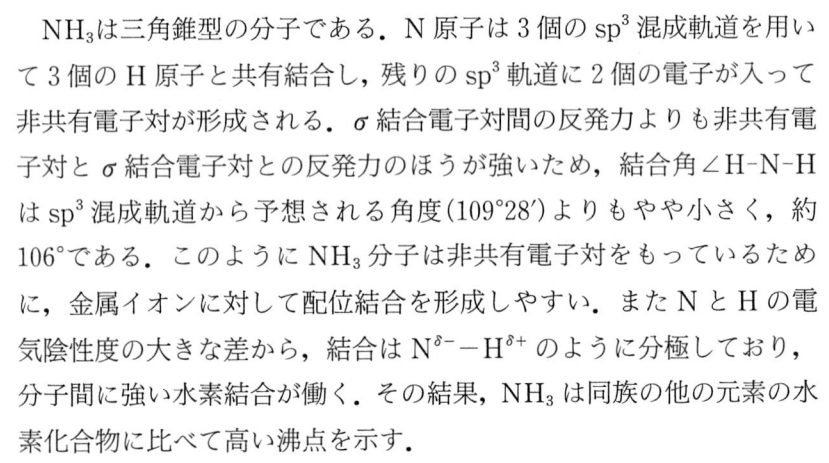

NH_3は三角錐型の分子である．N原子は3個のsp^3混成軌道を用いて3個のH原子と共有結合し，残りのsp^3軌道に2個の電子が入って非共有電子対が形成される．σ結合電子対間の反発力よりも非共有電子対とσ結合電子対との反発力のほうが強いため，結合角∠H-N-Hはsp^3混成軌道から予想される角度（109°28′）よりもやや小さく，約106°である．このようにNH_3分子は非共有電子対をもっているために，金属イオンに対して配位結合を形成しやすい．またNとHの電気陰性度の大きな差から，結合は$N^{\delta-}-H^{\delta+}$のように分極しており，分子間に強い水素結合が働く．その結果，NH_3は同族の他の元素の水素化合物に比べて高い沸点を示す．

NH_3分子は非常によく水に溶け，アンモニウムイオンNH_4^+を生じて弱い塩基性を示す．

$$NH_3 + H_2O \rightleftharpoons NH_4^+ + OH^- \tag{3.15}$$

窒素の水素化合物として，NH_3のほかにヒドラジンN_2H_4が存在する．N_2H_4はN—N結合をもち，室温では液体で，アルカリ溶液中においては非常に強力な還元剤である．また空気中では多量の熱を発生しながら燃焼する．

（iii）酸化物

窒素の酸化物には，酸化数が+1から+5まで非常に多種類のものが存在する．

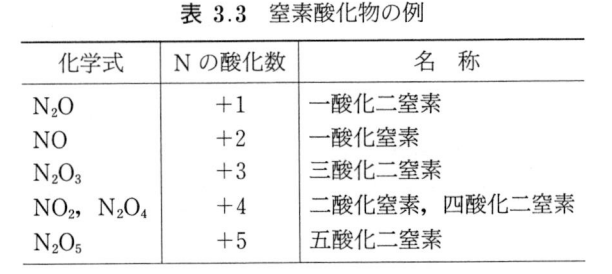

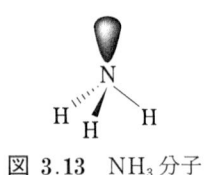

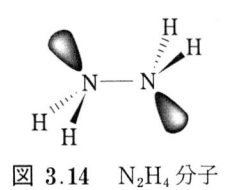

図 3.13 NH_3分子

図 3.14 N_2H_4分子

表 3.3 窒素酸化物の例

化学式	Nの酸化数	名　称
N_2O	+1	一酸化二窒素
NO	+2	一酸化窒素
N_2O_3	+3	三酸化二窒素
NO_2, N_2O_4	+4	二酸化窒素，四酸化二窒素
N_2O_5	+5	五酸化二窒素

N_2O は直線状の分子で，NH_4NO_3 の熱分解によって生成する．麻酔作用があり，笑気ガスともよばれる．

NO は無色の気体で，硝酸（HNO_3）の原料として重要である．工業的には白金触媒などを用いて NH_3 を酸化することにより製造される．

$$4NH_3 + 5O_2 \longrightarrow 4NO + 6H_2O \tag{3.16}$$

NO_2 は褐色をした液体または気体であり（沸点 21.2°C），液相および気相においては N_2O_4 と常に平衡状態にある．低温（-11.2°C 以下）の固相では N_2O_4 のみであるが，逆に 140°C 以上では NO_2 のみとなり，さらに 150°C 以上では NO と O_2 に分解する．

$$2NO_2（褐色） \rightleftharpoons N_2O_4（無色） \tag{3.17}$$

窒素の典型的なオキソ酸である HNO_3 は，NH_3 を酸化して得られた NO を空気中でさらに NO_2 に酸化し，これを水に溶かして製造される．HNO_3 は酸化性を有する強酸である．硝酸イオン NO_3^- は平面構造で，次のような共鳴状態にある．

$$(3.18)$$

図 3.15 窒素酸化物の構造

（2）リンとヒ素

（ⅰ）単 体

単体のリンには，構造の異なる白リン，黒リン，赤リンなどが存在する．白リンは P_4 分子からなり，毒性があり，活性が高く空気中で自然発火する．一方，黒リン，赤リンは比較的安定で，無毒である．黒リンは層状構造をもつ．赤リンは通常，非晶質であり，P_4 分子が一部解離してできるポリマーであると考えられている．単体のヒ素は金属光沢を有する固体であり，白リンと同様に As_4 分子からできている．

リンは，リン酸，医薬・農薬などの重要な原料である．また，ヒ素とともに，半導体への添加物（ドーパント）や化合物半導体の原料として使用される．

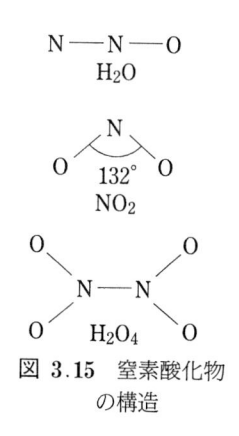

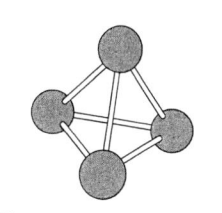

図 3.16 P_4 分子の構造

（ⅱ）水素化合物

リンおよびヒ素はそれぞれ，**ホスフィン**（PH_3），**アルシン**（AsH_3）とよばれる XH_3 型の水素化合物を形成する．NH_3 の結合角 ∠H-N-H が sp^3 混成から予想される値に近いのに対して，これらの分子の結合角 ∠H-X-H はほぼ 90°である．このことより，P-H および As-H 結合では s 軌道の寄与は小さく，ほぼ p 軌道のままで H と結合しているといえる．この結果，非共有電子対は s 軌道に存在するため，これら水素化合物の金属イオンへの配位結合能力は極めて低い．PH_3 も AsH_3 も毒性の高い気体である．

(iii) 酸化物

リンの代表的な酸化物は十酸化四リン（P_4O_{10}）と六酸化四リン（P_4O_6）である．これらはそれぞれ慣用的に五酸化リン（P_2O_5）および三酸化リン（P_2O_3）とよばれる．

五酸化リンは，リンを過剰の酸素中で燃焼させると得られる白色の固体で，360℃で昇華する．気体分子は P_4O_{10} であるが，固体も同様の分子が凝集したものである．P_4O_{10} は，P原子に4個のO原子が結合した四面体が4個結合したカゴ型の分子である．各P原子には，分子の外側に向かって伸びた P=O 結合が存在する．P=O 結合での二重結合は，P原子からO原子に電子対が提供されて σ 結合が形成されると同時に，O原子の満たされたp軌道とP原子の空のd軌道が側面で重なり合って π 結合が形成されることによる．五酸化リンは極めて吸湿性の強い物質で，乾燥剤として使用される．

三酸化リンは，酸素が不十分な条件下でリンが燃焼すると生成する．無色の揮発性物質で，気体は P_4O_6 分子を含む．P_4O_6 分子は基本的には P_4O_{10} と同様なカゴ型であるが，架橋していないO原子をもたない．その代わり，P原子には非共有電子対がそのまま残っている．

ヒ素も酸化物 As_4O_6 を形成する．無色，無臭で水に溶けやすい猛毒の物質で，構造も特性も P_4O_6 に類似している．

(iv) オキソ酸

PCl_3 または P_4O_6 が加水分解されると，ホスホン酸（亜リン酸）（H_2PHO_3）が生成する．H_2PHO_3 は中程度の強さの2価の酸で，P-H 結合を有するために強い還元性を示す．

P_4O_{10} が加水分解されると，オルトリン酸（H_3PO_4）や縮合リン酸が含まれたリン酸が生じる．H_3PO_4 は加水分解の水が十分な場合に得られ，中程度の強さの3価の酸である．

オルトリン酸の間で脱水縮合反応が起こると，二量体のピロリン酸（$H_4P_2O_7$）をはじめ，さまざまな長さの P-O-P 結合を有する鎖状リン酸（$H_{n+2}P_nO_{3n+1}$）あるいは環状のメタリン酸（$(HPO_3)_n$）などが得られる．これらは縮合リン酸とよばれ，これらに対応する多様な縮合リン酸塩が存在する．

e．酸素族元素

16族の酸素族元素のうち，酸素Oを除いた残りの元素は**カルコゲン**とよばれる．酸素と，カルコゲンの硫黄S，セレンSe，テルルTeが非金属元素に分類されるが，SeやTeになると金属性が増す．これらの元素の最外殻電子配置は ns^2np^4 であり，2個の電子を得ると希ガスと同じ電子配置となるため，基本的に2価の陰イオンあるいは2

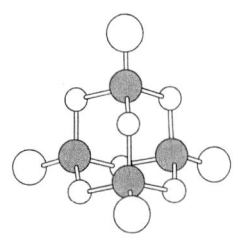

図 3.17　P_4O_{10} 分子

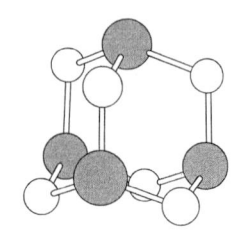

図 3.18　P_4O_6 分子

図 3.19　ホスホン酸

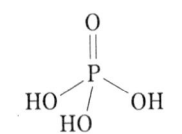

図 3.20　オルトリン酸

図 3.21　ピロリン酸

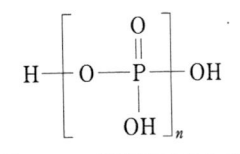

図 3.22　鎖状縮合リン酸

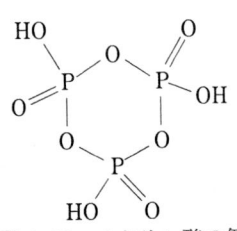

図 3.23　メタリン酸の例

個の共有結合を形成することができる．しかしカルコゲンは，電気陰性度が 2.1〜2.5 であり，O の 3.5 に比べて小さいために陰イオンを形成しにくい．一方で，d 軌道とのエネルギー差が比較的小さいので，これらの d 軌道を使って 4 個または 6 個の共有結合を形成することができる．

(1) 酸 素
(i) 単 体

単体の酸素には，二原子分子の酸素 O_2 と三原子分子の**オゾン** O_3 の二種類の同素体がある．

酸素はほとんどの元素と発熱的に反応して酸化物を形成する．ただし，室温では酸化作用はあまり活発ではない．酸素分子 O_2 の結合は二重結合で，通常 O=O と表現される．この場合，すべての電子が対を形成しておれば分子は反磁性を示すはずであるが，O_2 分子は常磁性である．この理由は分子軌道法により説明できる（2.2 節参照）．O 原子の最外殻電子配置は $2s^2 2p^4$ である．O_2 分子の 8 個の 2p 電子のうち，6 個は 1 個の結合性 σ 軌道と 2 個の結合性 π 軌道に収容される．残り 2 個の電子は Hund の規則によって対をつくらずにそれぞれ別々の反結合性 π^* 軌道を占める．これらの不対電子が常磁性を生じさせる．π^* 軌道に入った 2 個の電子は 6 個の結合電子の効果の一部を

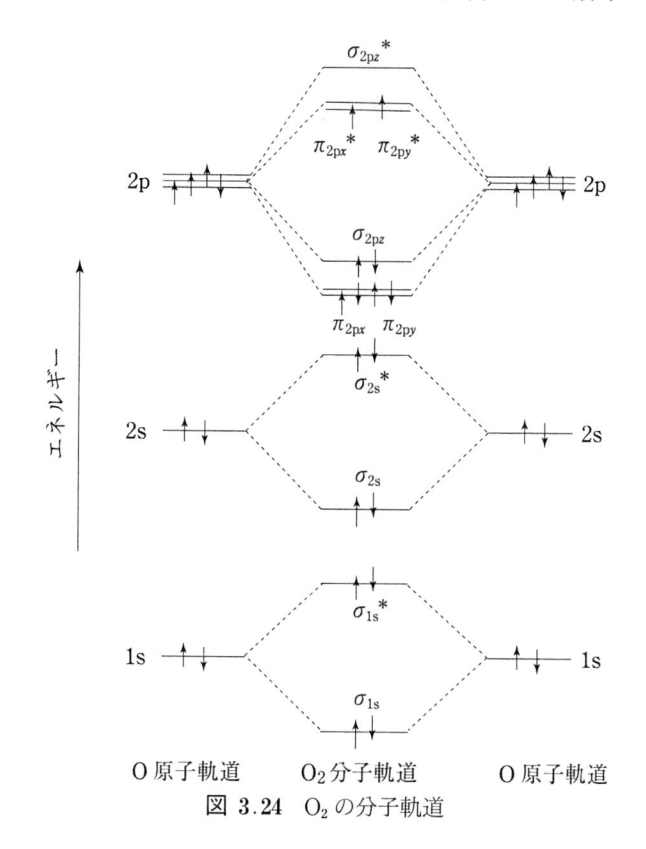

図 3.24 O_2 の分子軌道

うち消すため，O_2 分子の正味の結合は二重結合となる．

オゾンは空気中に微量存在し，酸素中の放電によって形成される．また空気への紫外線照射や X 線照射によっても生成する．

$$3O_2 \longrightarrow 2O_3 \tag{3.19}$$

O_3 分子は折れ曲がった形をしており（$\angle$O-O-O=117°），O-O 結合は単結合よりも短く，二重結合よりやや長くなっている．これは，次のような共鳴状態にあるためである．

$$\ce{^-O-O=O^+} \longleftrightarrow \ce{^+O=O-O^-} \tag{3.20}$$

オゾンは強い酸化剤で，有機合成に利用されるほか，上水道の処理にも利用されている．また O_2 は 200 nm 以下の紫外線を吸収するのに対して，O_3 は 360 nm 以下の紫外線を吸収する．したがって大気の上部で O_2 に紫外線が作用して形成されるオゾン層は，有害な紫外線を吸収して地上の生物を紫外線の害から守っている．近年，フロンガスなどによるこのオゾン層の破壊（オゾンホールの発生）が大きな問題となった．

(ii) 水素化物

H_2O 分子中では，O 原子は 2 個の sp^3 混成軌道を用いて 2 個の H 原子と結合し，残りの 2 個の sp^3 混成軌道のそれぞれに電子が対をつくって入り，2 個の非共有電子対を生じる．したがって H_2O 分子は折れ線型となり，結合角$\angle$H-O-H は非共有電子対間の強い反発効果により 104°程度である．

O-H 結合は大きく分極しているため，H_2O は極性分子であるとともに分子間に強い水素結合が働く．その結果，水は分子量から予想されるよりも高い沸点を示す．一方，水が凍って氷となると，H_2O 分子の O 原子がウルツ鉱型に配列した規則構造となるため，水よりも密度が低下する．水は誘電率が高いために電解質に対してよい溶媒となる．また H_2O 分子は，2 個の非共有電子対を有するために金属イオンに配位しやすく，アクア（aqua）錯体を容易に形成する．

酸素のもう一つの水素化合物である過酸化水素 H_2O_2 は，粘稠な液体で，重金属イオンの痕跡でもあれば爆発的に分解する．

$$2H_2O_2 \longrightarrow 2H_2O + O_2 \tag{3.21}$$

H_2O_2 は強い酸化剤で，3% 程度の水溶液はオキシドールとして消毒殺菌剤として利用されている．さらに，ヒドラジン N_2H_4 類と反応させると，O_2 の場合と同様に強い発熱とともに多量のガスを発生するため，ロケット燃料として利用される．

$$N_2H_4 + 2H_2O_2 \longrightarrow N_2 + 4H_2O \tag{3.22}$$

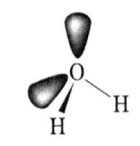

(a) H_2O 分子

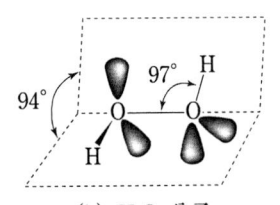

(b) H_2O_2 分子

図 3.25　H_2O 分子(a)と H_2O_2 分子(b)

（2）カルコゲン　カルコゲンは室温では固体であり，多くの陽性元素との間でカルコゲン化物を形成する．また，いずれの元素も，空気中で燃焼すると酸化物を生じる．

（i）単体

イオウには，代表的な結晶形として斜方晶系（α-イオウ）と単斜晶系（β-イオウ）の二種類がある．室温ではα-イオウが安定であり，95.5℃でβ-イオウに変化する．いずれもS_8環状分子の規則的な三次元配列からなり，電気的には絶縁物である．β-イオウは119℃で融解する．温度をさらに上げると，環状分子が開裂して鎖状分子が成長するために融液の粘度は高くなる．しかし，200℃以上では分子鎖が逆に短くなるために粘度は減少する．融解したイオウを氷水中に投入するとゴム状イオウが得られる．

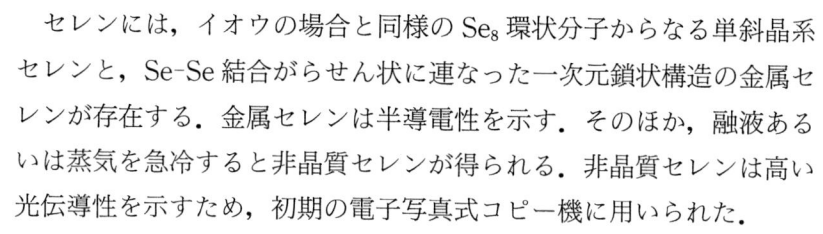

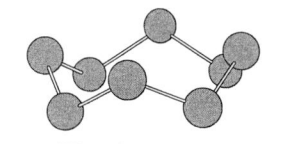

図 3.26　S_8分子

セレンには，イオウの場合と同様のSe_8環状分子からなる単斜晶系セレンと，Se-Se結合がらせん状に連なった一次元鎖状構造の金属セレンが存在する．金属セレンは半導電性を示す．そのほか，融液あるいは蒸気を急冷すると非晶質セレンが得られる．非晶質セレンは高い光伝導性を示すため，初期の電子写真式コピー機に用いられた．

結晶性TeはTe-Te結合からなる一次元鎖構造のみをとる．Teにも非晶質状態のものが存在する．

カルコゲンは，As, Sb, Ge, Siなどの元素と組み合わせると，かなり広い組成範囲でガラスを形成する．これらのカルコゲナイドガラスは，高い赤外線透過率を生かして赤外線透過用窓材料や赤外線ファイバーに，またガラス⇌結晶の相変化を利用した書き換え可能な光記録材料として利用されている．

（ii）水素化物

カルコゲンはいずれもH_2X型の水素化合物を形成する．結合角∠H-X-HはH_2Oの場合と異なって90°に近く，ほとんど純粋なp軌道を用いてH原子と結合している．カルコゲン化水素はいずれも毒性の強い気体であり，2価の酸として働く．酸としての強さは，原子番号が大きくなるほど強くなる．

硫化水素の場合は次のように解離する．第二段階目の解離定数は非常に小さいため，S^{2-}イオンは強いアルカリ性溶液でのみ存在する．

$$H_2S + H_2O \rightleftarrows H_3O^+ + HS^- \tag{3.23}$$

$$HS^- + H_2O \rightleftarrows H_3O^+ + S^{2-} \tag{3.24}$$

（iii）酸化物

カルコゲンを空気中で燃焼させるとXO_2あるいはXO_3などの酸化

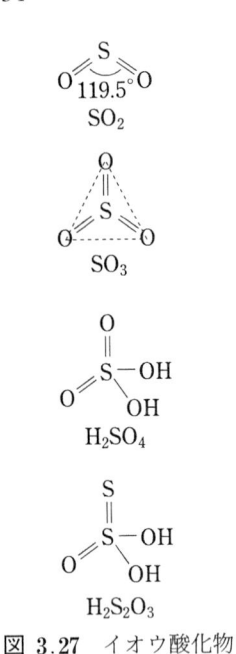

物が生成する．そのうちイオウの酸化物は気体であるが，他の元素の酸化物は固体である．

SO_2 は有毒の気体で，還元性を有する．水に溶けると弱酸である亜硫酸（H_2SO_3）を生じる．ただし H_2SO_3 という分子は存在せず，水和した SO_2 が解離して HSO_3^- および SO_3^{2-} イオンが生成している．

SO_3 は猛毒の気体である．SO_2 の酸化によって生成するが，Pt あるいは V_2O_5 などの触媒が存在しないとその反応速度は非常に遅い．SO_3 が水と反応すると硫酸（H_2SO_4）を生じる．工業的に硫酸を製造する場合は，SO_3 を 98％ の硫酸に吸収させて，発煙硫酸や 100％ 硫酸を製造する．

イオウ酸化物（SO_x）は，金属硫化物，イオウの含まれた石炭や石油などを燃焼させると発生する．空気中に放出されたイオウ酸化物は，窒素酸化物（NO_x）とともに酸性雨の原因物質の一つとなるため，発生させないようにするとともに，回収のための技術が開発されている．

他のカルコゲン酸化物についても，XO_2 と XO_3 のそれぞれに対応したオキソ酸（H_2XO_3 および H_2XO_4）が存在する．

図 3.27 イオウ酸化物の構造

f．ハロゲン

17 族のフッ素（F），塩素（Cl），臭素（Br），ヨウ素（I），およびアスタチン（At）はハロゲンとよばれる．At は放射性で，もっとも長寿命の同位体の半減期は 8.3 時間である．これらの元素の最外殻電子配置は ns^2np^7 であり，1 個の電子を受け取れば隣接する希ガスと同じ電子配置となるため，1 価の陰イオン，あるいは 1 個の共有結合を形成しやすい．さらに，F 以外のハロゲンでは，エネルギー的に近い d 軌道を用いて，最大 7 個までの共有結合を形成することができる．

(i) 単 体

単体はいずれも二原子分子 X_2 を形成する．そのうち，室温で F_2 と Cl_2 は気体であるが，Br_2 は液体，I_2 は固体である．ハロゲンは 1 価の陰イオンとなる傾向が強いため，酸化剤として働く．酸化剤としての強さは，$F_2 > Cl_2 > Br_2 > I_2$ の順となる．

化学的性質は非常に活性で，ほとんどの金属および多くの非金属と

表 3.4 ハロゲンの性質

元 素	電子配置	融点 /°C	沸点 /°C	解離エネルギー /kJ mol^{-1}
F	[He]$2s^22p^5$	-219.6	-188.1	158
Cl	[Ne]$3s^23p^5$	-101.0	-34.1	242
Br	[Ar]$3d^{10}4s^24p^5$	-7.2	58.8	193
I	[Kr]$4d^{10}5s^25p^5$	113.5	184.4	151
At	[Xe]$4f^{14}5d^{10}6s^26p^5$	302	337	

反応する．その反応性は，F_2 がもっとも高く，原子番号の増加とともに低下する．F_2 の反応性の高さは，F-F 結合の解離エネルギーの低さ，高い酸化力や大きい電気陰性度などに起因する．

（ii）水素化合物

ハロゲンは水素と反応して HX 型のハロゲン化水素を形成する．そのうち HF は液体（沸点 19.5°C）で，ほかは気体である．H-X 結合は基本的には共有結合であるが，H-F 結合では 43% 程度のイオン性が存在している．そのために分子間に強い水素結合が働き，ほかのハロゲン化水素に比べて極めて高い沸点を示す．

ハロゲン化水素は水溶液中では解離して酸性を示す．

$$HX + H_2O \longrightarrow H_3O^+ + X^- \tag{3.25}$$

酸としての強さは HI > HBr > HCl ≫ HF の順であり，HI，HBr，HCl は強酸であるのに対して，HF は弱酸である．HF が極めてイオン性の高い化合物にもかかわらず弱酸であるのは，H-F 結合の解離エネルギー（565.9 kJ mol^{-1}）が他の H-X 結合の解離エネルギー（294.7〜427.7 kJ mol^{-1}）よりも大きく，酸解離が起こりにくいためである．一方，HF は石英やケイ酸塩ガラスを浸食する．これは，F$^-$ が Si と反応して可溶性の SiF$_6^{2-}$ 錯イオンを形成するためである．

$$SiO_2 + 6HF \longrightarrow 2H_3O^+ + SiF_6^{2-} \tag{3.26}$$

（iii）酸化物およびオキソ酸

ハロゲンは様々な酸化状態の酸化物を形成する．ただし F の場合は電気陰性度が O のそれよりも大きいために，正確には酸素のフッ化物である．ハロゲンの酸化物には加熱によって分解したり，塩素の酸化物のように衝撃で爆発したりするものがある．

表 3.5 ハロゲンの主な酸化物とオキソ酸

元素	電気陰性度	酸化物（酸化数）	オキソ酸（酸化数）
F	4.0	OF_2 (−1) O_2F_2 (−1)	
Cl	3.0	Cl_2O (+1) ClO_2 (+4) Cl_2O_6 (+6) Cl_2O_7 (+7)	$HClO$ (+1) $HClO_2$ (+3) $HClO_3$ (+5) $HClO_4$ (+7)
Br	2.8	Br_2O (+1) BrO_2 (+4) BrO_3 (+6)	$HBrO$ (+1) $HBrO_3$ (+5) $HBrO_4$ (+7)
I	2.5	I_2O_5 (+5)	HIO (+1) HIO_3 (+5) HIO_4 (+7)

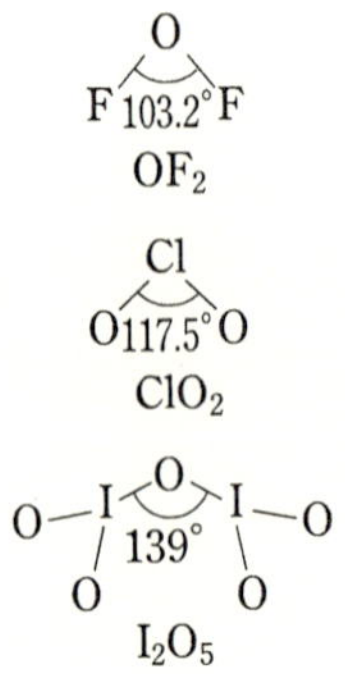

これらの酸化物のうち実用的に重要なのは，OF_2，ClO_2，I_2O_5 である．OF_2 は気体で，水に溶けて中性の水溶液を与え，酸化作用やフッ素化作用を示す．ClO_2 も強力な酸化作用および塩素化作用をもつ気体であり，水やアルカリと反応して亜塩素酸イオン（ClO_2^-）と塩素酸イオン（ClO_3^-）を生成する．

$$ClO_2 + 2NaOH \longrightarrow NaClO_2 + NaClO_3 + H_2O \quad (3.27)$$

I_2O_5 は熱的に比較的安定な固体で，その強力な酸化作用を利用して CO の定量に用いられる．次の反応で生じる I_2 を通常の方法によって分析すれば CO を容易に定量できる．

$$I_2O_5 + 5CO \longrightarrow I_2 + 5CO_2 \quad (3.28)$$

図 3.28 ハロゲン酸化物の構造

フッ素以外のハロゲンには，次亜ハロゲン酸（HXO），亜ハロゲン酸（HXO_2），ハロゲン酸（HXO_3），および過ハロゲン酸（HXO_4）などのオキソ酸がある．ただし，その多くは溶液中あるいは塩としてのみ存在することができる．これらのオキソ酸やその塩も強い酸化作用をもっている．とくに，NaClO，$Ca(ClO)_2$，NaBrO などの次亜ハロゲン酸塩は，強い酸化作用を利用して漂白剤や容量分析の試薬として使用される．$Ca(OH)_2$ 粉末（消石灰）に塩素を吸収させてつくられるさらし粉の主成分は $Ca(ClO)_2$ である．

$$2Ca(OH)_2 + 2Cl_2 \longrightarrow Ca(ClO)_2 + CaCl_2 + 2H_2O \quad (3.29)$$

g. 希ガス

18 族のヘリウム He，ネオン Ne，アルゴン Ar，クリプトン Kr，キセノン Xe，ラドン Rn の元素は，地球上での存在量が極めて少ないので希ガスあるいは貴ガスとよばれる．これらの元素は，最外殻の s 軌道および p 軌道が完全に満たされた閉殻構造をとっている．この電子配置は非常に安定であるため，各希ガスのイオン化エネルギーはそれぞれの周期で最大であり，電子親和力はゼロである．したがって化学的に不活性であり，他の元素と化合物をつくらない．ただし，原子番号の大きい Kr や Xe は，条件によって KrF_4，XeF_2，XeF_4 あるいは XeF_6 などの化合物を形成する．

表 3.6 希ガスの性質

元素	電子配置	沸点 /°C(K)
He	$1s^2$	−268.9　(4.2)
Ne	$[He]2s^22p^6$	−246.0　(27.1)
Ar	$[Ne]3s^23p^6$	−185.9　(87.3)
Kr	$[Ar]3d^{10}4s^24p^6$	−153.4 (119.8)
Xe	$[Kr]4d^{10}5s^25p^6$	−108.1 (165.1)
Rn	$[Xe]4f^{14}5d^{10}6s^26p^6$	−61.8 (211.4)

希ガスは単原子分子として存在し，分子間に働くのは弱いファン・デル・ワールス力のみであるため，融点・沸点が極めて低い．特に，軽い He は物質中でもっとも低い沸点をもつため，極低温を得るための冷却剤として重要である．また，希ガスをガラス管に封入して放電させると，紫色から赤色の範囲でそれぞれ特有の色の光を放射する．希ガスを封入した放電管はディスプレイや高輝度ランプなどに利用されている．

3.2 典型金属元素

a．s ブロックと p ブロックの金属元素

s ブロック元素と p ブロック元素は**典型元素**とよばれる．

周期表を見ていただきたい．s ブロック元素は 1 族元素と 2 族元素からなるが，これらのうち H だけが常温常圧で気体（H_2）であり，他は全て金属固体である．H を除く 1 族元素は**アルカリ金属**，2 族元素は**アルカリ土類金属**とよばれる．

一方，p ブロック元素は 13〜18 族元素からなる．13 族と 14 族の元素は全て常温常圧で固体であり，15 族と 16 族では N と O のみが常温常圧で気体（N_2, O_2）であって，ほかはすべて固体である．17 族では F と Cl が常温常圧で気体（F_2, Cl_2）であり，Br は液体（Br_2），I は固体（I_2），また，18 族元素はすべて常温常圧で気体（He, Ne, Ar,

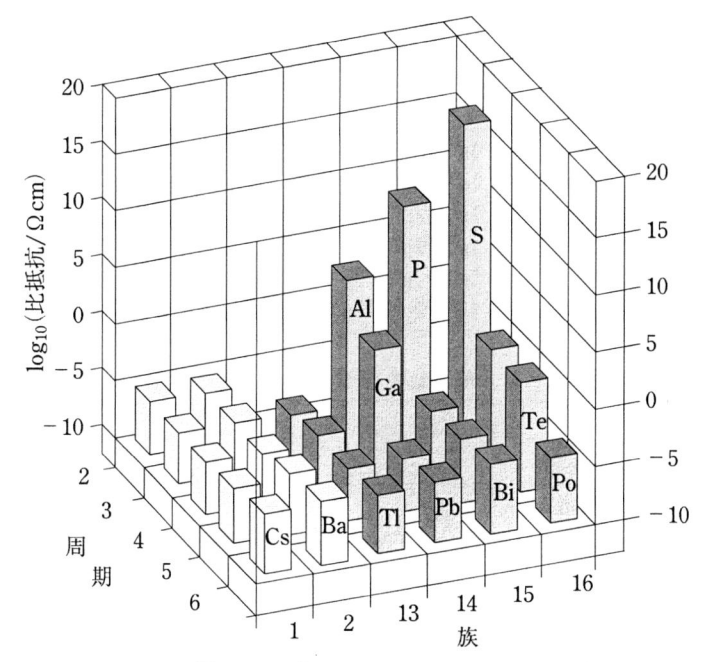

図 3.29 典型元素固体の比抵抗

比抵抗と電気伝導率
長さ L(m)，断面積 S(m²) の丸棒の長さ方向で測定される電気抵抗 R(Ω) は L に比例し，S に反比例する．すなわち，比例係数を ρ とおくと，$R = \rho L/S$ と書ける．この ρ は比抵抗とよばれ，その単位は Ωm であり，その値は物質により定まる．ρ の逆数は電気伝導率とよばれる．

Kr, Xe, Rn) である．これら p-ブロック元素のうち，常温常圧で固体であるものは，周期表を左に行くほど，また下に行くほど金属的な性質を帯びる．"金属的"とはすなわち，電気伝導率と熱伝導率が高く，延性・展性に富むことをさす．13 族では Al, Ga, In, Tl が金属，14 族では Ge がやや金属的であり，Sn と Pb が金属である．15 族では As と Sb がやや金属的であり，Bi は金属，また，16 族では Se と Te がやや金属的であって Po は金属である．図 3.29 に s-ブロック，p-ブロック元素のうち常温常圧で固体であるものについて，それらの比抵抗を示す．

本節では s-ブロック，p-ブロック元素のうち金属であるもの，すなわち典型金属元素について述べる．

b．s ブロックの金属元素

（1）元素記号，名称，電子配置　表 3.7 と表 3.8 に，1 族と 2 族の元素記号，名称，，電子配置を示す．これらのうち，Na と K の名称は，日本語と英語が異なるので注意が必要である．これらの表に見られるように，1 族元素と 2 族元素の孤立原子はそれぞれ 1 個，2 個の価電子をもち，それらは s 電子である．

（2）イオンの電子配置とイオン化エネルギー　1 族元素の孤立原子から 1 個の s 電子を取り去ると，その電子配置は 18 族元素の孤立原子の電子配置と同じものとなる．同様に，2 族元素の孤立原子から 2 個の s 電子を取り去ると，その電子配置は 18 族元素の孤立原子の電

表 3.7　1 族元素の元素記号，名称，電子配置（価電子に二重下線が施してある）

周期	元素記号	名称 日本語	名称 英語	電子配置
2	Li	リチウム	lithium	$1s^2 \underline{2s^1}$
3	Na	ナトリウム	sodium	$1s^2 2s^2 2p^6 \underline{3s^1}$
4	K	カリウム	potassium	$1s^2 2s^2 2p^6 3s^2 3p^6 \underline{4s^1}$
5	Rb	ルビジウム	rubidium	$1s^2 2s^2 2p^6 3s^2 3p^6 4s^2 3d^{10} 4p^6 \underline{5s^1}$
6	Cs	セシウム	caesium	$1s^2 2s^2 2p^6 3s^2 3p^6 4s^2 3d^{10} 4p^6 5s^2 4d^{10} 5p^6 \underline{6s^1}$
7	Fr	フランシウム	francium	$1s^2 2s^2 2p^6 3s^2 3p^6 4s^2 3d^{10} 4p^6 5s^2 4d^{10} 5p^6 6s^2\ 4f^{14} 5d^{10} 6p^6 \underline{7s^1}$

表 3.8　2 族元素の元素記号，名称，電子配置（価電子に二重下線が施してある）

周期	元素記号	名称 日本語	名称 英語	電子配置
2	Be	ベリリウム	beryllium	$1s^2 \underline{2s^2}$
3	Mg	マグネシウム	magnesium	$1s^2 2s^2 2p^6 \underline{3s^2}$
4	Ca	カルシウム	calcium	$1s^2 2s^2 2p^6 3s^2 3p^6 \underline{4s^2}$
5	Sr	ストロンチウム	strontium	$1s^2 2s^2 2p^6 3s^2 3p^6 4s^2 3d^{10} 4p^6 \underline{5s^2}$
6	Ba	バリウム	barium	$1s^2 2s^2 2p^6 3s^2 3p^6 4s^2 3d^{10} 4p^6 5s^2 4d^{10} 5p^6 \underline{6s^2}$
7	Ra	ラジウム	radium	$1s^2 2s^2 2p^6 3s^2 3p^6 4s^2 3d^{10} 4p^6 5s^2 4d^{10} 5p^6 6s^2 4f^{14} 5d^{10} 6p^6 \underline{7s^2}$

子配置と同じものとなる．18族元素の孤立原子の電子配置は**閉殻構造**とよばれ，閉殻構造はエネルギー的に比較的安定であるため，1族の元素は1価の陽イオンになりやすく，2族の元素は2価の陽イオンになりやすい．

【例題3.2】 孤立したK$^+$イオンおよびSr^{2+}イオンの電子配置は，18族のどの元素（原子）の電子配置と同じか．

[解答] K原子の電子配置は $1s^2 2s^2 2p^6 3s^2 3p^6 4s^1$ である．K$^+$イオンの電子配置は，K原子の電子配置から1個の4s電子を取り去ったものと等しく，$1s^2 2s^2 2p^6 3s^2 3p^6$ である．これは，Kよりも原子番号が1だけ小さい元素，すなわちAr原子の電子配置と同じである．

Sr原子の電子配置は $1s^2 2s^2 2p^6 3s^2 3p^6 4s^2 3d^{10} 4p^6 5s^2$ であり，Sr^{2+}イオンの電子配置はこれから2個の5s電子を取り去ったもの，すなわち $1s^2 2s^2 2p^6 3s^2 3p^6 4s^2 3d^{10} 4p^6$ である．これはSrよりも原子番号が2だけ小さい元素，すなわちKr原子の電子配置と同じものである．

1.2節で述べたように，1族と2族の元素がそれぞれ1価，2価の陽イオンになりやすいことは，1族と2族の元素のイオン化エネルギーが他の族の元素と比べて小さいことにも現れている．NaとCaを例にとると，これらの元素の**イオン化エネルギー** IE は以下の式によって定義される．

Naの第1イオン化エネルギー $IE_{0\to 1}$
$$\text{Na(g)} \longrightarrow \text{Na}^+(\text{g}) + \text{e}^-, \quad IE_{0\to 1} \tag{3.30}$$

Caの第1イオン化エネルギー $IE_{0\to 1}$
$$\text{Ca(g)} \longrightarrow \text{Ca}^+(\text{g}) + \text{e}^-, \quad IE_{0\to 1} \tag{3.31}$$

Caの第2イオン化エネルギー $IE_{1\to 2}$
$$\text{Ca}^+(\text{g}) \longrightarrow \text{Ca}^{2+}(\text{g}) + \text{e}^-, \quad IE_{1\to 2} \tag{3.32}$$

式(3.30)に見られるように，1族元素のイオン化エネルギーは，気体原子が1個のs電子を放出して気体陽イオンになるときに吸収する熱である．一方，2族元素については，2価の陽イオンが生成するためには，原子は2個のs電子を放出せねばならないので，この過程で原子が吸収する熱は $IE_{0\to 1}$ と $IE_{1\to 2}$ の和となる．1族元素が1価の陽イオンになりやすいのは第1イオン化エネルギーが小さいため，また，2族元素が2価の陽イオンになりやすいのは第1イオン化エネルギーと第2イオン化エネルギーの和が小さいためと理解することができる．

これらのイオン化エネルギーをグラフ化したものが図 3.30 である．図 3.30 より，1 族元素のイオン化エネルギーも 2 族元素のイオン化エネルギーも，原子番号の増加とともに（周期表を下に向かうとともに）減少することがわかる．同族内で周期が増大すると，価電子である s 電子は原子核から遠く離れることになり，そのため価電子が原子核から受ける引力は小さくなる．また，内核電子による遮蔽の程度も増大する．これら二つの原因によって，周期の増大とともにイオン化エネルギーが減少すると理解される．

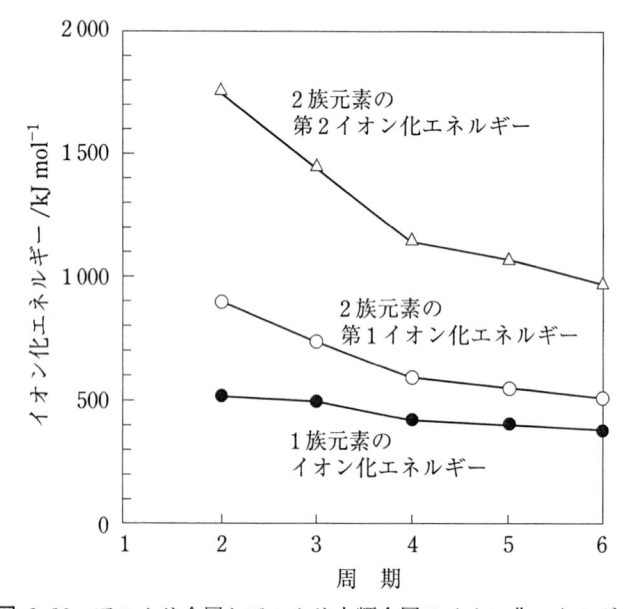

図 3.30 アルカリ金属とアルカリ土類金属のイオン化エネルギー

　また，図 3.30 に見られるように，2 族元素の第 1 イオン化エネルギーは 1 族元素の第 1 イオン化エネルギーよりも大きいが，これは，核の電荷が大きい分だけ有効核電荷が大きいためと説明される．2 族元素の第 2 イオン化エネルギーが第 1 イオン化エネルギーよりも大きいことも，電子を一つ失うことによって有効核電荷が大きくなるためと説明される．

（3）原子半径とイオン半径　　図 3.31 に 1 族および 2 族元素の原子半径とイオン半径を示す．この図からわかるとおり，同族内では周期の増大とともに（周期表を下に向かうとともに）原子半径が大きくなる．これは，主量子数が大きくなるとともに原子軌道の空間的広がりが大きくなることを反映している．一方，同一周期で 1 族と 2 族を比べると，2 族元素の原子の方が小さい．これは，1 族から 2 族に移ると原子核がもつ正電荷が増えて有効核電荷が増し，電子がより強く核に引きつけられるためである．

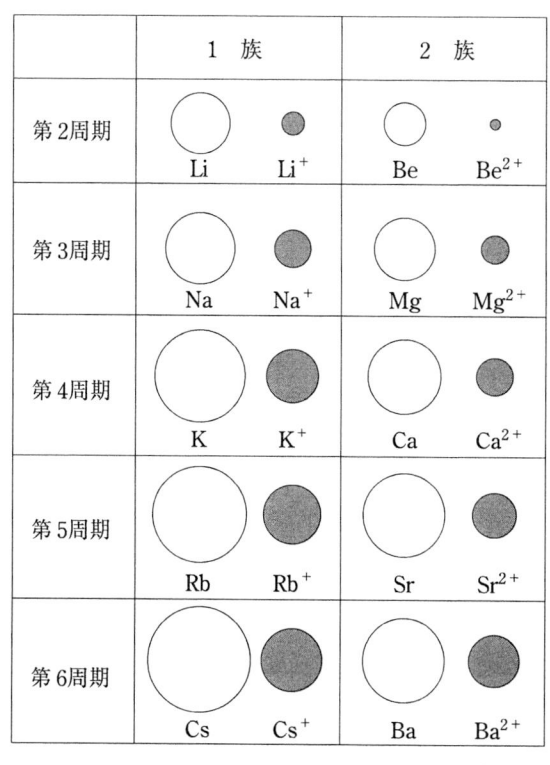

図 3.31 アルカリ金属とアルカリ土類金属の原子半径とイオン半径

また，図 3.31 に見られるように，陽イオンの方が原子よりもはるかに小さい．これは，原子が価電子を失うことによって原子核の正電荷が電子の負電荷の合計よりも大きくなり，その結果，電子がより強く原子核に引き寄せられるためである．

（4）単体の性質と結合力　1族金属結晶は常温常圧で体心立方構造をとる．体心立方構造は最密充填構造ではない．1族元素では化学結合（金属結合）に参加できる価電子が1原子あたり1個しかなく，そのために原子間の結合がやや弱く，そのために最密充填構造をとらないと考えられている．一方，2族金属結晶ではBaだけが体心立方構造をとり，他は最密充填構造をとる．これは，2族元素が2個の価電子をもち，そのために1族元素よりも強い原子間化学結合をもつためと考えられる．

図 3.32 に1族金属結晶および2族金属結晶の密度を示す．1族金属結晶の密度は低く，$2\,\mathrm{g\,cm^{-3}}$ にも満たない．とくに，Li結晶，Na結晶，K結晶の密度は $1\,\mathrm{g\,cm^{-3}}$ にも満たず，これらの金属は水に浮いてしまう．

1族金属結晶はいずれも体心立方構造をとるが，その密度は周期とともに増大する傾向がある．これは，周期が増大すると，原子の体積

密度とその測定法
物質の質量を体積で割ったものが密度である．固体の密度を求める際には，質量とともに体積を精密に測定する必要がある．体積を精密に測定するために **Archimedes**（アルキメデス）の原理が利用される．Archimedesの原理とは，固体を液体中に沈めた場合，「固体が受ける浮力は，その固体と等しい体積の液体に働く重力に等しい」というものである．ここで固体が受ける浮力を F，固体の体積を V，液体の密度を ρ，重力加速度を g とすると，Archimedesの原理は以下の式により表すことができる．
$$F = \rho g V$$
したがって，液体の密度 ρ が既知であれば，浮力（すなわち空気中と液体中の固体の重量差）を測定することによって，固体の体積を精密に求めることができる．

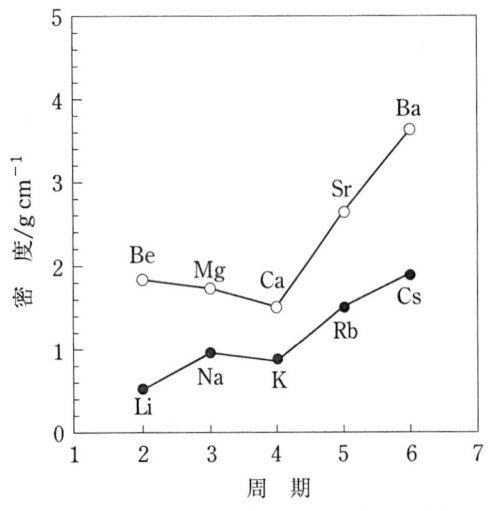

図 3.32 アルカリ金属とアルカリ土類金属の密度

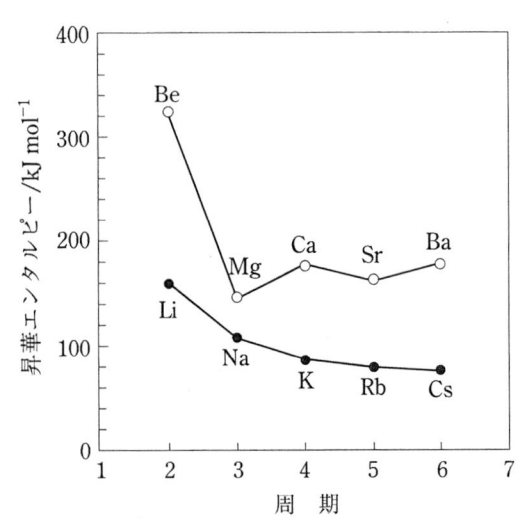

図 3.33 アルカリ金属とアルカリ土類金属の昇華エンタルピー

以上に原子量が増加することの結果である。2族金属結晶が1族金属結晶よりも大きい密度をもつのは、2族元素の方が1族元素よりも大きい原子量をもつことに加え、原子半径が小さく、しかも、最密充塡構造をとる（Baをのぞく）ためである。

1族金属結晶では化学結合に参加できる価電子が1原子あたり1個しかなく、そのために、2族金属結晶と比べて化学結合力が小さいと述べた。このことは、1族金属結晶と2族金属結晶の昇華エンタルピーの差にはっきりと見ることができる。図3.33に1族金属結晶と2族金属結晶の昇華エンタルピーを示す。昇華エンタルピーは、1molの原子からなる結晶が1molの気体原子に変化する際に吸収する熱である。たとえば、

$$Na(s) \longrightarrow Na(g) \tag{3.33}$$

なる変化、すなわちNa金属結晶の昇華が起こるときに吸収される熱である。昇華が起こるときには結晶中のすべての原子間化学結合が切断されるから、昇華エンタルピーが大きいということは、その結晶中での化学結合力が大きいことを意味する。図3.33に見られるように、1族金属結晶の昇華エンタルピーは2族金属結晶のそれよりも小さく、1族金属結晶の方が化学結合が弱いことがわかる。

結晶の融解（固体から液体への変化）もまた化学結合の切断を伴う。実際、図3.34に見られるように、1族金属結晶の方が2族金属結晶よりも低い融点をもち、1族金属結晶は200℃に満たない温度で融解して液体になる。

（5）単体の反応性と還元力 1族と2族の金属結晶は強い還元剤

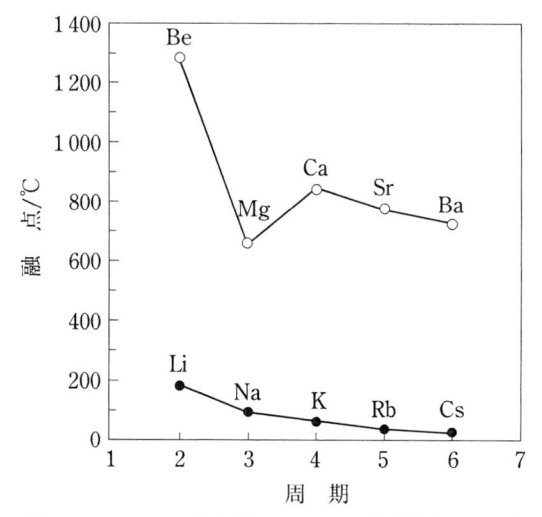

図 3.34 アルカリ金属とアルカリ土類金属の融点

である．すなわち，これらの金属結晶は，他の物質に s 電子を渡し，自らは酸化される．実際，1 族および 2 族の金属結晶は大気中で空気中の酸素と速やかに反応し，その表面が酸化物で覆われ，金属光沢を失って曇りを帯びる．

$$4\,Na(s) + O_2(g) \longrightarrow 2\,Na_2O(s) \tag{3.34}$$

また，これらの金属は水とも反応する．これは，金属結晶が水を酸化する反応（水が金属結晶を還元する反応）である．

$$Na(s) + H_2O(l) \longrightarrow Na^+(aq) + OH^-(aq) + 1/2\,H_2(g) \tag{3.35}$$

$$Ba(s) + 2\,H_2O(l) \longrightarrow Ba^+_2(aq) + 2\,OH^-(aq) + H_2(g) \tag{3.36}$$

Na およびこれより重い同族体では，この反応は水素が発火するほど速く，また発熱的である．

【例題 3.3】 1 族および 2 族の金属は溶融ハロゲン化物の電気分解によって製造される．金属酸化物の還元や金属イオンを含有する水溶液の電気分解によってつくることができない理由を考えよ．

[解答] 1 族および 2 族の金属は強い還元剤であため，金属酸化物の還元によってつくることは困難である．また，金属イオンを含有する水溶液中の電気分解によってこれら金属をつくろうとしても，生成する金属が水と反応してしまい，金属を回収することができない．

（6）ハロゲン化物 17 族元素は**ハロゲン**と総称される．ハロゲンとアルカリ金属元素，あるいはハロゲンとアルカリ土類金属元素が化合してできる化合物は，それぞれの金属のハロゲン化物であり，Na

---

Li, Be の特異性と対角関係
Li は他のアルカリ金属と比べて特異な性質をもっている．たとえば，Li のフッ化物，炭酸塩，リン酸塩は水に不溶であるが，他のアルカリ金属の塩は溶解する．また，Li は N_2 ガスと反応するが，他のアルカリ金属は反応しない．このような性質は，周期表で Li の右下に位置する Mg の性質に類似している．Be も他のアルカリ土類金属と比べて特異な性質をもっており，その性質はむしろ Al の性質に類似している．このように，周期表を左上から右下に結ぶ対角線上の元素の性質が類似していることを**対角関係**とよぶ．

結晶と Cl_2 ガス, Li 結晶と F_2 ガス, Ca 結晶と F_2 ガスの反応によって生成する化合物はそれぞれ塩化ナトリウム（NaCl），フッ化ナトリウム（NaF），フッ化カルシウム（CaF_2）とよばれる．

Na 結晶と Cl_2 ガスの反応による NaCl 結晶の生成は次式で表される．

$$2\,Na(s) + Cl_2(g) \longrightarrow 2\,NaCl(s) \tag{3.37}$$

NaCl 結晶は代表的なイオン結晶である．NaCl 結晶の結晶構造は図 3.35 に示すような岩塩型構造であるが，結晶中で Na と Cl は原子として存在するのではなく，Na^+ イオン，Cl^- イオンとして存在する．Na 元素の電気陰性度が小さく，Cl 元素の電気陰性度が高いため，Na 原子と Cl 原子が化学結合を形成する際に Cl 原子が Na 原子の 3s 電子を奪ってしまうのである．

1.2 節で述べたように，1 族と 2 族の元素の電気陰性度の値は全元素の中で際だって小さく，なかでも 1 族元素の電気陰性度がとくに小さい．一方，Cl 元素に代表される 17 族元素（ハロゲン）の電気陰性度の値は際だって大きい．2 章で述べたように，化学結合のイオン結合性割合は，化学結合を形成する二つの元素の電気陰性度差が大きい場合に大きくなる．1 族元素と 17 族元素からなる化合物（アルカリ金属ハロゲン化物）や，2 族元素と 17 族元素からなる化合物（アルカリ土類金属ハロゲン化物）が代表的なイオン結晶であるといわれるのはこのためである．

図 3.36 に 1 族元素と 2 族元素の電気陰性度を示す．この図からわかるとおり，電気陰性度は 2 族元素よりも 1 族元素の方が小さい．このことは，ハロゲン化アルカリ金属結晶の方がハロゲン化アルカリ土

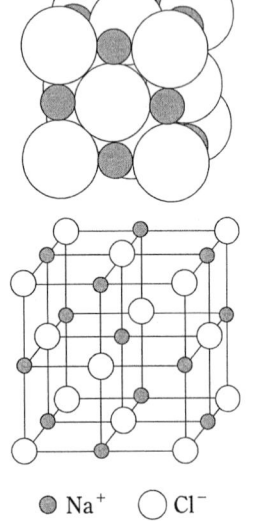

● Na^+　○ Cl^-

図 3.35 塩化ナトリウムの結晶構造

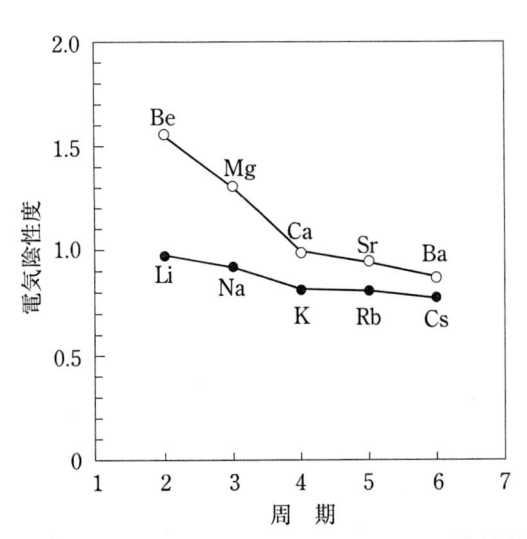

図 3.36 アルカリ金属とアルカリ土類金属の電気陰性度

類金属結晶よりもイオン結合性割合が大きいことを意味する．また，この図からわかるとおり，1族元素と2族元素の電気陰性度は周期の増加にともなって減少する．このことは，原子番号の大きい1族あるいは2族元素の方が，ハロゲン化物結晶におけるイオン結合性の割合が高くなることを意味する．

【例題3.4】アルカリ金属塩化物結晶，アルカリ土類金属塩化物結晶について，化学結合に占めるイオン結合性割合を計算せよ．

[解答] Paulingの半経験式を使うことによって，結晶を構成する電気的陽性元素と電気的陰性元素の電気陰性度の差から**イオン結合性割合**を計算することができる．すなわち，元素A，元素Bの電気陰性度をそれぞれη_A，η_Bとすると，化学結合に占めるイオン結合性割合pは，

$$p = 1 - \exp\left[-\frac{(\eta_A - \eta_B)^2}{4}\right]$$

によって計算することができる．図3.37に示すように，この式を用いて計算されるイオン結合性割合は，アルカリ金属のハロゲン化物の方がアルカリ土類金属のハロゲン化物よりも大きく，また，アルカリ金属あるいはアルカリ土類金属の原子番号が大きくなるほど大きい．

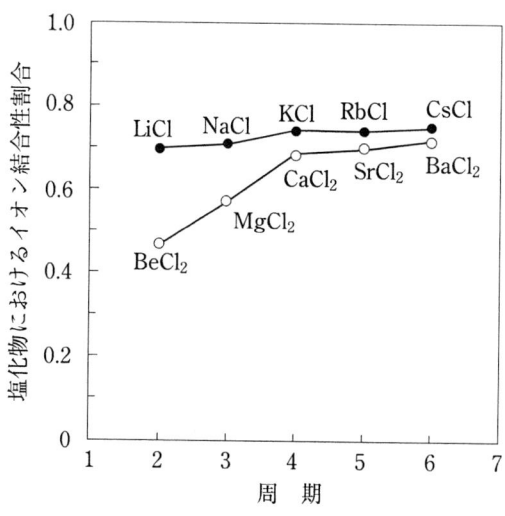

図3.37 アルカリ金属塩化物結晶とアルカリ土類金属塩化物結晶におけるイオン結合性割合

アルカリ金属塩化物はすべて常温常圧で固体であって，CsCl，CsBr，CsIが塩化セシウム型構造である以外はすべて岩塩型構造を

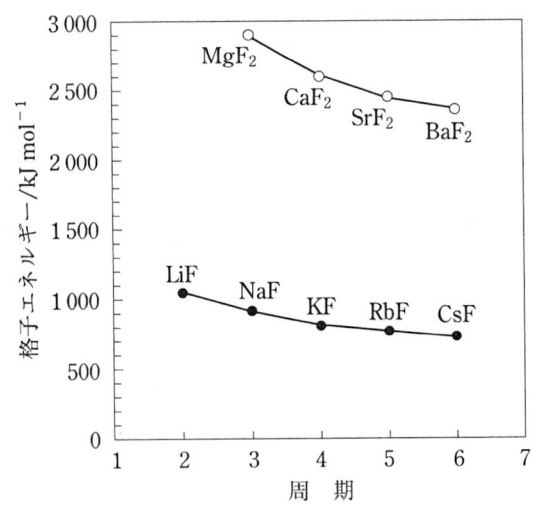

図 3.38 アルカリ金属フッ化物結晶とアルカリ土類金属フッ化物結晶の格子エネルギー

とる。2.3 節で述べたように、イオン結晶の格子エネルギーは Born-Lande の式から予測することができる。Born-Lande の式から予想されるように、イオン間距離が小さいほど、また、イオンの電荷の絶対値が大きいほど、格子エネルギーは大きくなる。図 3.38 にアルカリ金属フッ化物結晶ならびにアルカリ土類金属フッ化物結晶の格子エネルギーを示す。同族内で金属元素の原子番号が大きくなるに従って、格子エネルギーが減少する。これは、原子番号が大きくなると金属陽イオンのイオン半径が大きくなり、その分、陽イオン-陰イオン間距離が増大するためと考えることができる。また、アルカリ土類金属フッ化物結晶がアルカリ金属フッ化物結晶よりも大きい格子エネルギーをもつのは、アルカリ土類陽イオンがアルカリ陽イオンよりも電荷が大きいためと解釈することができる。

1 族および 2 族元素の陽イオンの半径と電荷は、これら陽イオンの**水和エンタルピー**にも影響を及ぼす。Na^+ イオンの水和エンタルピー H_w は、以下の反応の反応熱 ΔH にマイナスをつけたものである。

$$Na^+(g) \longrightarrow Na^+(aq), \quad \Delta H \tag{3.38}$$

水和によって Na^+ イオンはいくつかの水分子に配位される(H_2O 分子の O 原子が Na^+ イオンに配位)ことになるので、水和反応は

$$Na^+(g) + nH_2O \longrightarrow [Na(H_2O)_n]^+, \quad \Delta H \tag{3.39}$$

のように表すこともできる。図 3.39 に示すように、水和エンタルピーもまた陽イオンのイオン半径の増大とともに減少する。また、2 族金属陽イオンの方が 1 族金属陽イオンよりも大きい水和エンタルピーをもつ。

水和エンタルピー

イオンが水に溶解すると、イオンは水分子に取り囲まれる。これを水和という。水和が起こるとき、イオンがもつ電荷と水分子がもつ双極子モーメントの間に静電引力が働き、イオンは安定化される。

水和エンタルピー H_w は、水和が起こる際に放出される熱として定義される。式 (3.38) の ΔH は反応熱であって、反応が進行するときに系に吸収される熱として定義される。ΔH にマイナスをつけたものが H_w であると説明したのは、ΔH が吸収される熱、H_w が放出される熱として定義されているためである。

イオン結晶が水に溶解するためには、水和エネルギーが格子エネルギーよりも大きいことが必要である。水和エネルギーが格子エネルギーよりもはるかに大きいイオン結晶は、水によく溶ける。

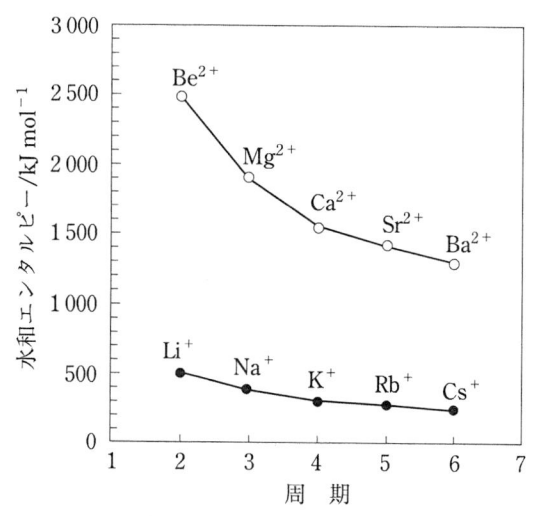

図 3.39 アルカリ金属陽イオンとアルカリ土類金属陽イオンの水和エンタルピー

(7) アルカリ金属酸化物ならびにアルカリ土類金属酸化物の酸・塩基性 二酸化炭素 ($CO_2(g)$) を水に溶かす反応は次式で表される．

$$CO_2(g) + H_2O(l) \longrightarrow H_2CO_3(aq) \qquad (3.40)$$

この水溶液中では以下の平衡反応が成り立ち，水溶液中にはオキソニウムイオン H_3O^+ が生成する．

$$H_2CO_3(aq) + H_2O(l) \rightleftharpoons HCO_3^-(aq) + H_3O^+(aq) \qquad (3.41)$$

$$HCO_3^-(aq) + H_2O(l) \rightleftharpoons CO_3^{2-}(aq) + H_3O^+(aq) \qquad (3.42)$$

このオキソニウムイオンによって溶液は酸性となる．H_2CO_3 と HCO_3^- はプロトンを放出するので，Arrhenius によって定義されるところの酸である（4.1節参照）．

一方，酸化物結晶 $BaO(s)$ を水に溶かす反応は次式で表される．

$$BaO(s) + H_2O(l) \longrightarrow Ba(OH)_2(aq) \qquad (3.43)$$

この水溶液中で $Ba(OH)_2$ はほぼ 100% 解離し，水酸化物イオン OH^- が生成する．

$$Ba(OH)_2(aq) \longrightarrow Ba^{2+}(aq) + 2OH^-(aq) \qquad (3.44)$$

この水酸化物イオンによって溶液はアルカリ性となる．$Ba(OH)_2$ は OH^- を放出するので，Arrhenius によって定義されるところの塩基である（4.1節参照）．

H_2CO_3 水溶液と $Ba(OH)_2$ 水溶液を反応させると，炭酸バリウム結晶が析出する．この反応は，以下のように表現することができる．

$$Ba(OH)_2(aq) + H_2CO_3(aq) \longrightarrow BaCO_3(s) + 2H_2O(l) \qquad (3.45)$$

ところで，$BaCO_3$ は，$BaO(s)$ と $CO_2(g)$ の直接的な反応によっても生成する．

$$BaO(s) + CO_2(g) \longrightarrow BaCO_3(s) \tag{3.46}$$

Luxは，酸・塩基反応の概念を拡張し，BaOが塩基，CO_2が酸であると考え，上式の反応もまた酸・塩基反応の一種であると考えた．Luxは，「酸化物イオン（O^{2-}）を供与する化学種が塩基であり，酸化物イオンを受容する化学種が酸である」と考えたのである．式(3.46)の反応では，BaOがO^{2-}をCO_2に供与し，その結果生じたCO_3^{2-}とBa^{2+}が結合して$BaCO_3$が生成したと考えるのである．

2.5節で示したようにこのような反応は他にもあり，たとえば，Na_2OとSiO_2の反応によってNa_2SiO_3が生成する反応

$$Na_2O(s) + SiO_2(s) \rightarrow Na_2SiO_3(s) \tag{3.47}$$

もまた酸（SiO_2）と塩基（Na_2O）の反応であって，Na_2OがO^{2-}をSiO_2に供与してSiO_3^{2-}が生成し，これと$2Na^+$が結合すると考えるのである．

このようなLuxの考えに従うことによって，酸化物を酸性酸化物と塩基性酸化物に分類することができる．アルカリ金属酸化物ならびにアルカリ土類金属酸化物は塩基性酸化物であって，SiO_2，P_2O_5，B_2O_3などの酸性酸化物と反応する．また，アルカリ金属酸化物とアルカリ土類金属酸化物の多くは水に溶け，アルカリ性を示す．

c．pブロックの金属元素

（1）元素記号，名称，電子配置　表3.9にpブロック金属元素の元素記号，名称，電子配置を示す．13族金属元素の価電子は2個のs電子と1個のp電子，14族金属元素の価電子は2個のs電子と2個のp電子，15族金属元素の価電子は2個のs電子と3個のp電子，16族金属元素の価電子は2個のs電子と4個のp電子である．これらの元素は全て常温で金属固体である．

（2）密　度　pブロック元素からなる金属固体の密度を図3.40に示す．ただしここでは非金属元素からなる固体の密度も示してあ

表 3.9　pブロック元素の元素記号，名称，電子配置（価電子に二重下線を施してある）

族	周期	元素記号	名　称		電子配置
			日本語	英語	
13	3	Al	アルミニウム	aluminum	$1s^22s^22p^6\underline{\underline{3s^23p^1}}$
	4	Ga	ガリウム	gallium	$1s^22s^22p^63s^23p^64s^23d^{10}\underline{\underline{4s^1}}$
	5	In	インジウム	indium	$1s^22s^22p^63s^23p^64s^23d^{10}4p^65s^24d^{10}\underline{\underline{5p^1}}$
	6	Tl	タリウム	thallium	$1s^22s^22p^63s^23p^64s^23d^{10}4p^65s^24d^{10}5p^6\underline{\underline{6s^2}}4f^{14}5d^{10}\underline{\underline{6p^1}}$
14	5	Sn	スズ	tin	$1s^22s^22p^63s^23p^64s^23d^{10}4p^6\underline{\underline{5s^2}}4d^{10}\underline{\underline{5p^2}}$
	6	Pb	鉛	lead	$1s^22s^22p^63s^23p^64s^23d^{10}4p^6\underline{\underline{5s^2}}4d^{10}5p^6\underline{\underline{6s^2}}4f^{14}5d^{10}\underline{\underline{6p^2}}$
15	6	Bi	ビスマス	bismuth	$1s^22s^22p^63s^23p^64s^23d^{10}4p^65s^24d^{10}5p^6\underline{\underline{6s^2}}4f^{14}5d^{10}\underline{\underline{6p^3}}$
16	6	Po	ポロニウム	polonium	$1s^22s^22p^63s^23p^64s^23d^{10}4p^65s^24d^{10}5p^6\underline{\underline{6s^2}}4f^{14}5d^{10}\underline{\underline{6p^4}}$

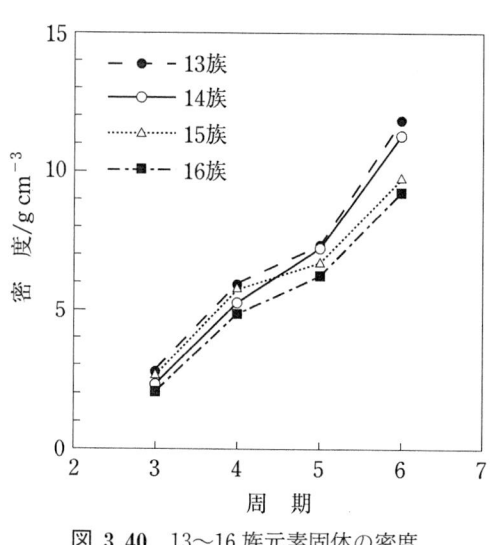

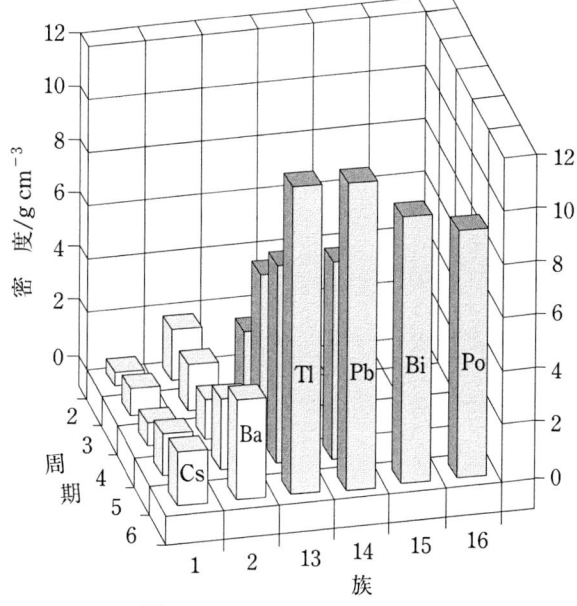

図 3.40 13～16族元素固体の密度

図 3.41 典型金属固体の密度

る．この図からわかるとおり，いずれの族においても周期の増大とともに密度がほぼ単調に増大する．周期の増大に伴って，原子半径の増大に比べて原子量の増大が大きいことがこのような密度の増大に現れている．

図 3.41 に p ブロック元素からなる金属固体の密度を，s ブロック元素からなる金属固体の密度とともに示す．p ブロック元素の金属固体の密度が，s ブロック元素の金属固体の密度と比べて著しく大きいことがわかる．

【例題 3.5】図 3.41 において，同一周期（たとえば第 6 周期）を眺めると，2 族から 13 族に移る際に金属固体の密度が急激に増大している．この原因を考えよ．

[解答] 族が大きくなると原子量が増大する．しかしながら，2 族から 13 族への族の増大による原子量の増加分は 50％ に満たない．したがって，原子量の増加だけではこのように大きい密度の増加は説明できない．図 3.42 に示すように，2 族と 13 族の原子半径を比べると，13 族の原子半径の方が 2 族の原子半径よりも小さいことがわかる．13 族金属固体の密度が 2 族金属固体の密度よりも著しく大きいのは，13 族元素の原子量が大きいことに加えて原子半径が小さいためと説明できる．

図 3.42 典型金属の原子半径

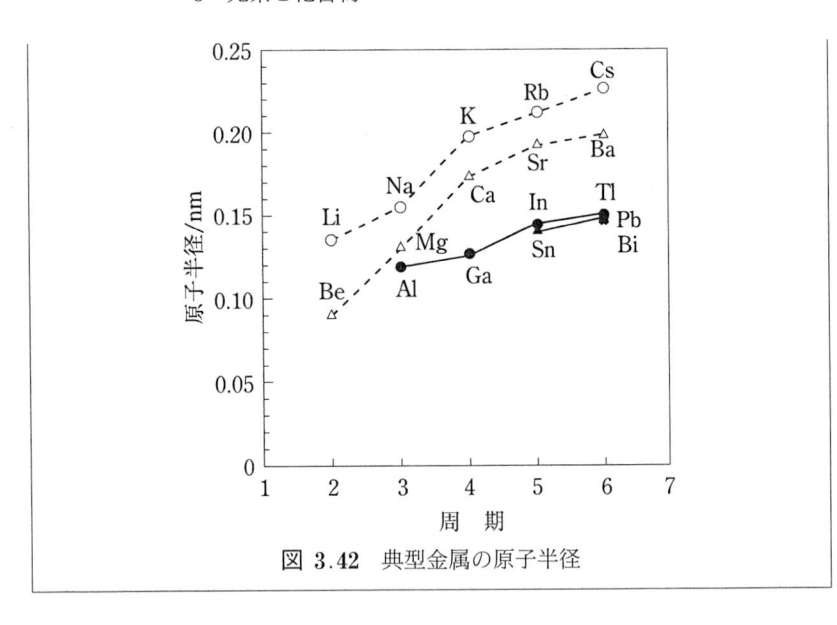

（3）融点と昇華エンタルピー　図 3.43 に p ブロック元素の金属固体の融点を，s ブロック元素の金属固体の融点とともに示す．p ブロック元素の金属固体の融点は低く，Al を除き，400°C に満たない．

図 3.44 に p ブロック金属の昇華エンタルピーを，s ブロック金属の昇華エンタルピーとともに示す．3.2 節 b 項において，1 族元素の金属は 1 原子あたり価電子を 1 個しかもたないため化学結合力が小さく，そのために昇華エンタルピーが 2 族金属と比べて小さいと述べた．p ブロック金属は 1 原子あたり 3〜6 個の価電子をもつため，s ブロック金属よりも大きい昇華エンタルピーをもつと解釈することがで

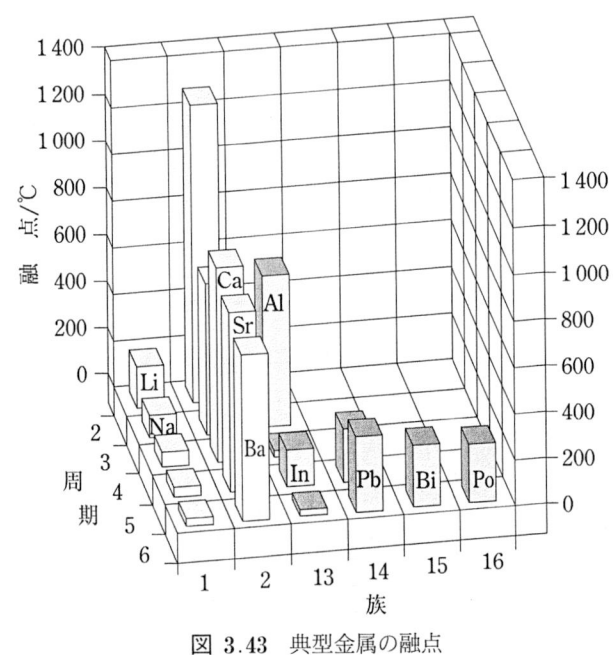

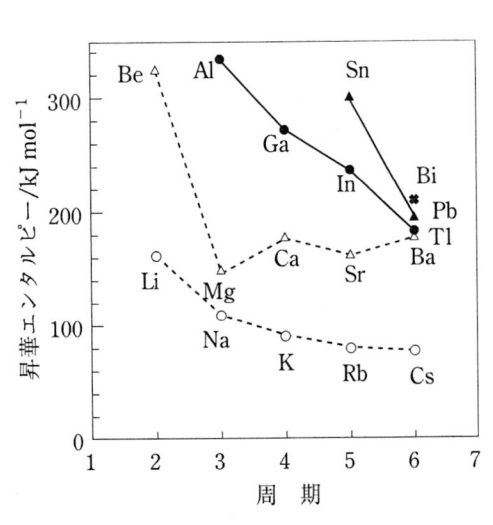

図 3.43　典型金属の融点

図 3.44　典型金属の昇華エンタルピー

きる．ただし，周期の増大とともにpブロック金属の昇華エンタルピーは減少し，第6周期のTl, Pb, Biではsブロック元素であるBaとほぼ等しい昇華エンタルピーをもつ．

（4）酸化数　3.2節b項で述べたように，1族と2族元素は価電子（s電子）をそれぞれ1個，2個失って1価，2価の陽イオンになりやすい．一方，表3.10に示したように，pブロック元素は2個のs電子と1～4個のp電子を価電子としてもつ．したがって，すべての価電子を失って陽イオンになるのであれば，陽イオンは13族では3価，14族では4価，15族では5価となるはずである．しかしながら，表3.9に示すように，実際にはp電子だけを失って陽イオンになる場合と，p電子とs電子の両方を失って陽イオンになる場合がある．たとえば，タリウムでは6p電子1個を失った場合には1価の陽イオンとなり，6p電子1個と6s電子2個を失った場合には3価の陽イオンになる．周期表を下にいくほど低酸化数がより安定になり，たとえば，タリウムの場合には1価の方が3価よりも安定であることが知られている．

表 3.10　pブロック元素の酸化状態と陽イオンの電子配置（太字の酸化状態が安定．電子配置において二重線でうち消された電子が失われて陽イオンとなる）

族	周期	元素記号	酸化数	電子配置
13	3	Al	+3	$1s^22s^22p^63s^23p^1$
	4	Ga	+1	$1s^22s^22p^63s^23p^64s^23d^{10}4p^1$
			+3	$1s^22s^22p^63s^23p^64s^23d^{10}4p^1$
	5	In	+1	$1s^22s^22p^63s^23p^64s^23d^{10}4p^65s^24d^{10}5p^1$
			+3	$1s^22s^22p^63s^23p^64s^23d^{10}4p^65s^24d^{10}5p^1$
	6	Tl	**+1**	$1s^22s^22p^63s^23p^64s^23d^{10}4p^65s^24d^{10}5p^66s^24f^{14}5d^{10}6p^1$
			+3	$1s^22s^22p^63s^23p^64s^23d^{10}4p^65s^24d^{10}5p^66s^24f^{14}5d^{10}6p^1$
14	5	Sn	+2	$1s^22s^22p^63s^23p^64s^23d^{10}4p^65s^24d^{10}5p^2$
			+4	$1s^22s^22p^63s^23p^64s^23d^{10}4p^65s^24d^{10}5p^2$
	6	Pb	**+2**	$1s^22s^22p^63s^23p^64s^23d^{10}4p^65s^24d^{10}5p^66s^24f^{14}5d^{10}6p^2$
			+4	$1s^22s^22p^63s^23p^64s^23d^{10}4p^65s^24d^{10}5p^66s^24f^{14}5d^{10}6p^2$
15	6	Bi	**+3**	$1s^22s^22p^63s^23p^64s^23d^{10}4p^65s^24d^{10}5p^66s^24f^{14}5d^{10}6p^3$
			+5	$1s^22s^22p^63s^23p^64s^23d^{10}4p^65s^24d^{10}5p^66s^24f^{14}5d^{10}6p^3$

（5）電気陰性度と化合物のイオン結合性割合　第1章で述べたように，元素の電気陰性度は，おおむね周期表を右にいくにしたがって増加する．実際，図3.45に見られるように，pブロック元素の電気陰性度はsブロック元素の電気陰性度よりも大きい．このため，pブロック元素のカルコゲン化物やハロゲン化物における化学結合は，sブロック元素のこれら化合物と比べて，イオン結合性割合が低く，共

不活性電子対効果

Tlの電子配置は$[Xe]6s^26p^1$であるが，Tl^+（$[Xe]6s^2$）の方がTl^{3+}（$[Xe]$）よりも安定である．Pbの電子配置は$[Xe]6s^26p^2$であるが，Pb^{2+}（$[Xe]6s^2$）の方がPb^{4+}（$[Xe]$）よりも安定である．同様に，BiにおいてはBi^{3+}（$[Xe]6s^2$）の方がBi^{5+}（$[Xe]$）よりも安定である．これらの元素では2個のs電子がはずれにくい（不活性である）ととらえることができる．これを**不活性電子対効果**という．不活性電子対効果はとくに第6周期の元素において現れやすい．

図 3.45 典型金属の電気陰性度

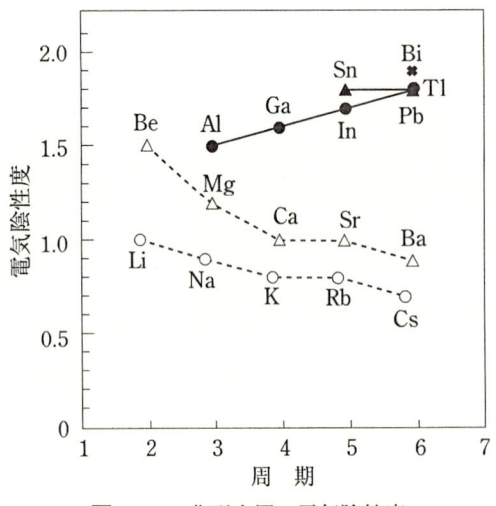

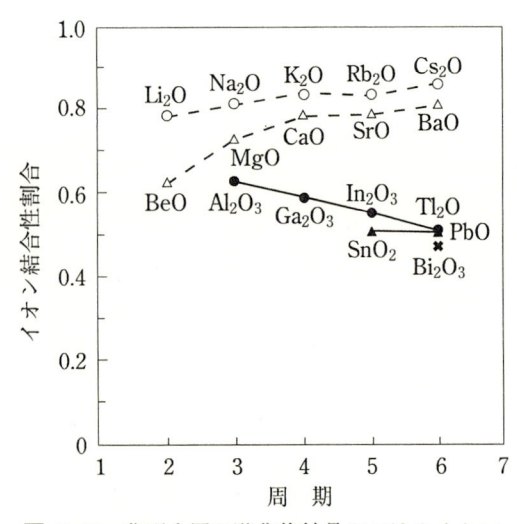

図 3.46 典型金属の酸化物結晶におけるイオン結合性割合

有結合性を帯びる．金属酸化物の化学結合に占めるイオン結合性割合を図 3.46 に示す．これよりわかるとおり，p ブロック金属の酸化物におけるイオン結合性割合は s ブロック金属の酸化物のそれよりも小さく，ほとんどが 50% 以下であって，共有結合性が勝っている．

（6）金属酸化物の格子エネルギー　図 3.47 に，13 族金属と 14 族金属の酸化物結晶の格子エネルギーを示す．参考のために s ブロック金属の酸化物のデータも示してある．これより，13 族金属の酸化物（Al_2O_3, Ga_2O_3, In_2O_3）は s ブロック金属の酸化物と比べて著しく大きい格子エネルギーをもつことがわかる．また，14 族の 2 価金属の酸化物（SnO, PbO）は，2 族金属の酸化物とほぼ等しい格子エネルギーをもつことがわかる．

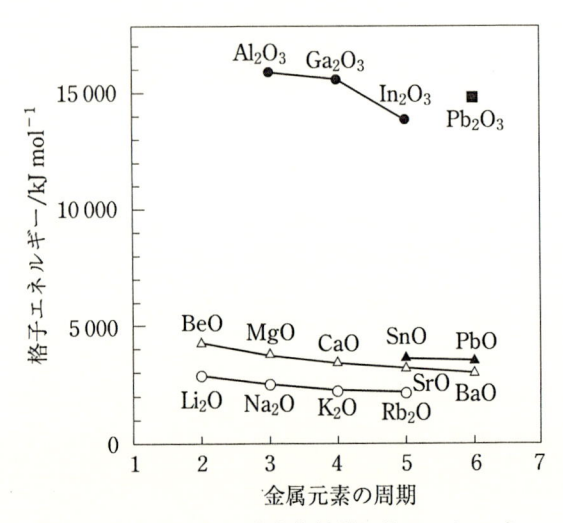

図 3.47 典型金属の酸化物結晶の格子エネルギー

【例題 3.6】 13族金属の酸化物がsブロック金属の酸化物と比べて著しく大きい格子エネルギーをもつという事実は，どのように説明することができるか．

[解答] 2.3節で学んだように，格子エネルギーは，イオンの価数，イオン間距離，Madelung 定数によって決まる．

ここで，図3.46に示された13族金属の酸化物を，3価の陽イオンと2価の酸化物イオンからなるイオン結晶であると考える．13族元素の陽イオンの価数 (3) が，sブロック元素の陽イオンの価数 (1 または 2) よりも大きいことが，大きい格子エネルギーを与える原因の一つとして考えることができる．また，図3.48に示すように，13族金属の3価の陽イオンは，sブロック元素の陽イオンよりも小さいイオン半径をもつ．イオン間距離は陽イオンの中心から陰イオン（ここでは O^{2-} イオン）の中心までの距離であって，陰イオンと陽イオンが互いに接していると仮定すると，これは陽イオン半径と陰イオン半径の和となる．13族金属の3価の陽イオンがsブロック元素の陽イオンよりも小さいイオン半径をもつことは，13族金属の酸化物におけるイオン間距離が，sブロック金属の酸化物におけるそれよりも小さいことを意味する．これもまた大きい格子エネルギーを与える原因となる．

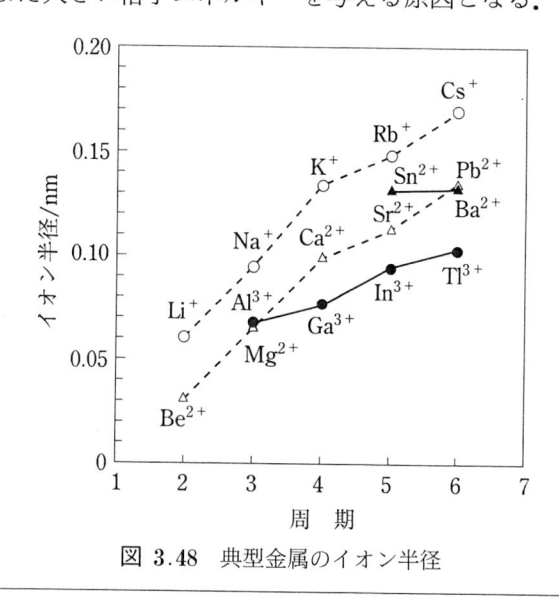

図 3.48 典型金属のイオン半径

（7）pブロック金属の酸化物の酸・塩基性 pブロック金属の酸化物の多くは，酸性水溶液にもアルカリ性水溶液にも溶ける．たとえば，Al_2O_3 は，

$$Al_2O_3(s) + 6\,H_3O^+ + 3\,H_2O(l) \longrightarrow 2\,[Al(H_2O)_6]^{3+}(aq) \quad (3.48)$$

$$\text{Al}_2\text{O}_3(\text{s}) + 2\,\text{OH}^- + 3\,\text{H}_2\text{O}(\text{l}) \longrightarrow 2\,[\text{Al(OH)}_4]^-(\text{aq}) \quad (3.49)$$

なる反応式にしたがって酸性水溶液にもアルカリ性水溶液にも溶ける．このように，酸性水溶液にもアルカリ性水溶液にも溶ける酸化物は，両性酸化物とよばれる．pブロック金属の酸化物の多くは，塩基性酸化物と酸性酸化物の境界線上にある．

（8）pブロック金属の産出と製造 アルミニウムはボーキサイト（$\text{Al}_2\text{O}_3 \cdot \text{xH}_2\text{O}$）の電解還元によって製造される．ガリウムはボーキサイト中に微量成分として存在し，アルミニウムの製造過程で副産物として生産される．

スズはスズ石（SnO_2）を還元することによってつくられる．

$$\text{SnO}_2 + \text{C} \longrightarrow \text{Sn} + \text{CO}_2 \quad (3.50)$$

また，鉛は方鉛鉱（PbS）を酸化したのち還元してつくられる．

$$2\,\text{PbS} + 3\,\text{O}_2 \longrightarrow 2\,\text{PbO} + 2\,\text{SO}_2 \quad (3.51)$$

$$2\,\text{PbO} + \text{C} \longrightarrow 2\,\text{Pb} + \text{CO}_2 \quad (3.52)$$

ビスマスは，銅，亜鉛，鉛の硫化物鉱石に微量含まれ，これらの金属の精錬の際に副産物として回収される．輝蒼鉛鉱（Bi_2S_3）や方蒼鉛鉱（Bi_2O_3）から単離されることもある．

3.3 遷移金属元素

a．dブロック元素

電子がd軌道を満たしていくときにつくられる一連の元素を**dブロック元素**とよぶ．これらの元素は部分的に満たされたd軌道をもつため，そのことに基づく特有の性質を示す．dブロック元素は周期表のsブロック元素とpブロック元素の間に位置し，**遷移金属元素**ともよばれる．dブロック元素は通常3族〜12族の元素を指すが，12族元素だけはd軌道が閉殻のため，遷移金属元素に特徴的な性質を示さず，典型金属元素に分類されることが多い．dブロック元素のうち，第4周期のSc(3族)からCu(11族)までの元素を**第1遷移系列**，第5周期のY(3族)からAg(11族)までの元素を**第2遷移系列**，第6周期のHf(4族)からAu(11族)までの元素を**第3遷移系列**の元素とよぶ．

（1）遷移金属元素の一般的性質 dブロック元素は，周期表においてsブロック元素とpブロック元素の間に位置することから，これらの中間的な性質を示す．すなわち，典型的なイオン化合物をつくるsブロック元素と共有結合が主体となるpブロック元素の中間的なものとなる．

3.3 遷移金属元素

表 3.11 第1遷移系列元素の性質

元素	元素記号	電子配置	第1イオン化エネルギー /kJmol^{-1}	原子半径 /pm	イオン半径 /pm	酸化数
スカンジウム	Sc	[Ar]3d^{1}4s^2	631	163	89(Sc^{3+})	+3
チタン	Ti	[Ar]3d^{2}4s^2	658	145	100(Ti^{2+})	+2, +3, +4
バナジウム	V	[Ar]3d^{3}4s^2	650	131	93(V^{2+})	+2, +3, +4, +5
クロム	Cr	[Ar]3d^{5}4s^1	653	125	94(Cr^{2+})	+2, +3, +6
マンガン	Mn	[Ar]3d^{5}4s^2	717	112	97(Mn^{2+})	+2, +3, +4, +5, +6, +7
鉄	Fe	[Ar]3d^{6}4s^2	759	124	92(Fe^{2+})	+2, +3, +6
コバルト	Co	[Ar]3d^{7}4s^2	760	125	89(Co^{2+})	+2, +3, +4
ニッケル	Ni	[Ar]3d^{8}4s^2	737	125	83(Ni^{2+})	+2
銅	Cu	[Ar]3d^{10}4s^1	745	128	87(Cu^{2+})	+1, +2
亜鉛	Zn	[Ar]3d^{10}4s^2	906	133	88(Zn^{2+})	+2

表 3.11 に，第1遷移系列元素の電子配置，第1イオン化エネルギー，金属結合半径，2価イオンのイオン半径，とりうる代表的な酸化数を示す．基底状態の電子配置は，スカンジウムから亜鉛までで，d軌道の電子が一つずつ増し，d^1 から d^{10} 間で変化する．Cr のところと Cu のところでそれぞれ 3d^{4}4s^2，3d^{9}4s^2 とならずに 3d^{5}4s^1，3d^{10}4s^1 となっているのは，半閉殻や閉殻電子配置の安定化が著しいためである．第1遷移系列元素の原子がイオン化するときには，3d 軌道の電子ではなく，4s 軌道の電子がまず失われる．一例として，鉄の原子，2価イオン，3価イオンの電子配置を示す．

Fe（原子）　　[Ar]3d^{6}4s^2
Fe^{2+}　　　　[Ar]3d^6
Fe^{3+}　　　　[Ar]3d^5

このように，遷移金属イオンの最外殻電子はd電子ということになる．

表 3.11 において，第1イオン化エネルギーは 650〜900 kJ mol^{-1} の値をとり，これはsブロック元素とpブロック元素の間の値である．また，同一周期では原子番号の増加に伴い大きくなる傾向があるものの，典型元素のように変化量は大きくない．電気陰性度もこれと対応した変化の傾向を示し，sブロック元素より大きくpブロック元素よりも小さな値となり，あまり大きくは変化しない．したがって，イオン性の高い化合物も共有結合性の高い化合物もつくるし，酸性，塩基性いずれの化合物もつくることになる．

表 3.11 の原子半径（金属結合半径）は 112〜163 pm 間で変化している．同一周期内で，原子半径は周期表の左から右にいくにつれて小さくなる傾向があるが，遷移金属元素の原子半径はsブロック元素よ

りも小さく，pブロック元素よりも大きい．表3.11のイオン半径は，おもに6配位のM^{2+}イオンについて示したが，周期表の左から右にいくにつれて，つまり核電荷の増加に伴って小さくなる傾向が見られる．原子半径もイオン半径も同様の変化傾向を示すが，変化量が小さいのがdブロック元素の特徴である．イオン半径は2.3節で示したように，イオンの価数（酸化状態）や配位状態の影響を受ける．一例として，多様な酸化状態をとるMnのイオン半径を示す．

Mn^{2+} 80（4配位），89（5配位），97（6配位），104（7配位），110（8配位）
Mn^{3+} 79（6配位），Mn^{4+} 67（6配位），Mn^{5+} 47（4配位），Mn^{6+} 40（4配位），Mn^{7+} 39（4配位）

いずれも数値はpmで示している．このように同じ元素でもイオンの価数が大きいほどイオン半径は小さくなる．また，同じ価数でも配位数が大きくなるとイオン半径は大きくなることがわかる．

遷移金属元素はまた，表3.11に示すように，典型元素と異なり様々な酸化状態をとるのが大きな特徴である．このことによって，第5章で述べる遷移金属錯体，有機金属化合物，生物無機化学の中枢をなす金属タンパク質などを形成する．

遷移金属元素のもっとも外側にあるd電子やs電子のすべてが化学的に利用できるとすると，最大酸化数はその元素の族番号と等しくなる．このときの酸化数を**族酸化数**とよぶが，族酸化数をとることができる遷移金属元素は一般に周期表の左の方にある元素で，右の方にある元素は族酸化数に到達することはない．たとえば，3族のScの酸化数はほとんどの場合+3であり，9族のCo，10族のNi，11族のCuでは，酸化数が族酸化数に到達することはない．6族のCrや7族のMnでは，オキソ酸アニオンであるCrO_4^{2-}やMnO_4^-を形成することによってのみ族酸化数を達成することができる．

【例題3.7】第二遷移系列元素の基底状態における電子配置を書け．

[解答] Y：$[Kr]4d^1 5s^2$, Zr：$[Kr]4d^2 5s^2$, Nb：$[Kr]4d^3 5s^2$, Mo：$[Kr]4d^5 5s^1$, Tc：$[Kr]4d^5 5s^2$, Ru：$[Kr]4d^6 5s^2$, Rh：$[Kr]4d^7 5s^2$, Pd：$[Kr]4d^8 5s^2$, Ag：$[Kr]4d^{10} 5s^1$．電子を詰め込むルールは築き上げの原理に従い，5s軌道が最初に満たされ$4d^n 5s^2$配置をとる．半閉殻（d^5）や閉殻（d^{10}）電子配置となるとき全エネルギーが低くなることに注意する必要がある．

（2）遷移金属単体の密度と融点

金属元素の単体は，その大部分が六方最密充填構造（hcp），立方最密充填構造（ccp），体心立方構造（bcc）という結晶構造をとる．遷移金属の場合も，室温での構造はこの中のいずれかになる．

表 3.12 に，d ブロック元素単体の室温での密度と融点を示す．遷移金属単体は，s ブロック元素の金属単体に比べると非常に密度が大きく，ほとんどが $5\,\mathrm{g\,cm^{-3}}$ 以上であり，周期表の左から右，上から下に行くにつれて大きくなる傾向が見られる．また，典型元素の金属単体と比べて非常に融点が高く，ほとんどが 1000°C を越えている．このように密度や融点が非常に高いということが遷移金属単体の大きな特徴である．表 3.11 と前節のデータを比べると明らかなように，遷移金属元素の原子半径は s ブロック元素のそれに比べてかなり小さい．遷移金属単体においては，金属原子同士がより強い結合力で結びついているために，密度や融点が高くなるものと理解できる．

表 3.12　d ブロック元素単体の密度（上段：$\mathrm{g\,cm^{-3}}$）と融点（下段：°C）

周期＼族	3	4	5	6	7	8	9	10	11	12
4	Sc 3.0 1539	Ti 4.5 1663	V 6.1 1700	Cr 7.2 1875	Mn 7.4 1245	Fe 7.9 1537	Co 8.9 1495	Ni 8.9 1453	Cu 9.0 1083	Zn 7.1 420
5	Y 4.5 1509	Zr 6.5 1852	Nb 8.6 2468	Mo 10.2 2610	Tc 11.5 2130	Ru 12.2 2500	Rh 12.4 1966	Pd 12.0 1552	Ag 10.5 961	Cd 8.7 321
6	La 6.2 920	Hf 13.1 2222	Ta 16.6 3000	W 19.3 3410	Re 21.0 3180	Os 22.6 2700	Ir 22.5 2454	Pt 21.5 1769	Au 19.3 1063	Hg 13.5 −38

【例題 3.8】カリウムと鉄の理論密度を比較せよ．ただし，K と Fe の室温での結晶構造はいずれも bcc であり，それぞれの金属結合半径を 231 pm，124 pm，原子量を 39.1，55.9 とせよ．

[解答] K と Fe の結晶の格子定数をそれぞれ a_K, a_Fe とすると，金属結合半径 r_K, r_Fe との関係はそれぞれ

$$a_\mathrm{K}=4\,r_\mathrm{K}/\sqrt{3},\quad a_\mathrm{Fe}=4\,r_\mathrm{Fe}/\sqrt{3}$$

となる．したがって，それぞれの単位格子の体積は，

$$V_\mathrm{K}=(4\,r_\mathrm{K}/\sqrt{3})^3,\quad V_\mathrm{Fe}=(4\,r_\mathrm{Fe}/\sqrt{3})^3$$

となる．K と Fe の理論密度をそれぞれ d_K, d_Fe とすると，これらは原子量 M_K, M_Fe, Avogadro 数 N を用いて

$$d_\mathrm{K}=2\,M_\mathrm{K}/(4\,r_\mathrm{K}/\sqrt{3})^3 N,\quad d_\mathrm{Fe}=2\,M_\mathrm{Fe}/(4\,r_\mathrm{Fe}/\sqrt{3})^3 N$$

と表すことができる．したがって，FeとKの密度の比 d_{Fe}/d_K は，

$$d_{Fe}/d_K = (M_{Fe}/M_K)(r_K/r_{Fe})^3 = (55.9/39.1)(231/124)^3 = 9.24$$

となる．つまり，Feの理論密度はKの9倍以上大きい．

（3）遷移金属化合物の色と磁性

遷移金属化合物には，独特な色と磁性をもつという大きな特徴がある．たとえば酸化物では，Ti_2O_3 は赤紫色，TiO はブロンズ色，V_2O_5 は黄色，VO_2 は青色，CrO_3 は赤色，Cr_2O_3 は緑色というように，元素によって，また酸化数によって異なる色を有している．これに対して，ほとんどの典型金属元素の酸化物は，白色か黒色である．

化合物に色が付いているというのはどういうことか．それは，その化合物が，可視光のうちある特定の波長の光だけを吸収するということである．可視光は，約400〜700 nm の波長を持つ極めて限られた波長域の電磁波である．その波長に相当するエネルギー $E=hc/\lambda$（h：プランク定数，c：光速，λ：波長）だけ電子励起が起こることが光吸収の要因である．遷移金属化合物においては，遷移金属元素がもつd軌道間の電子遷移が起こり，その軌道間のエネルギー差がちょうど可視光のエネルギーに対応している．そして，遷移金属元素の種類や配位している周囲の元素，配位数などによって，そのエネルギー差が微妙に変化するために，化合物が特有の色をもっているのである．

また，遷移金属化合物の多くは磁石に引きつけられる性質，すなわち磁性をもっている．磁性は物質のもつ電子の軌道運動やスピンに由来するが，凝集系の場合はスピンだけを考えればよい．スピンが対をなしていない場合磁性を示し，スピンが対をなしている場合は磁性がキャンセルされる．したがって，塩化アルミニウムのように不対電子をもたない典型元素の化合物は反磁性を示すのに対し，塩化鉄のようにd軌道に不対電子をもつ遷移金属化合物は常磁性を示す．つまり，ネオンと同じ希ガス電子配置をとる Al^{3+} イオンとは異なり，上に示したように，Fe^{3+} イオンは $[Ar]3d^5$ の電子配置をとるためである．

b．第1遷移系列元素各論

（1）単　体

① スカンジウム（Sc）：スカンジウムは希土類元素としても分類される．性質は第1遷移系列の金属元素あるいはアルミニウムによく似ており，両性である．

② チタン（Ti）：チタンは地殻中に 0.6％と比較的豊富に存在する．主な鉱石はチタン鉄鉱（$FeTiO_3$），ルチル（TiO_2）である．チタン金

色と補色
ある物質が吸収する光の色とその物質の色は補色の関係にある．

吸収波長(nm)と光の色	物質の色
<400 紫外部	無色
400〜420 紫	黄緑
420〜500 藍〜青	黄〜黄赤
500〜530 青緑〜緑	赤〜赤紫
530〜590 黄緑〜黄	紫〜藍
590〜640 黄 赤	青
640〜720 赤	青緑
720〜800 暗赤	緑
>800 赤外部	無色

チタン合金：先端技術を支えるスーパー合金
チタンは地殻中に7番目に多く存在する元素であるが，鉱石から金属を取り出す精錬方法の困難さのため，工業的に使用され始めたのは第二次世界大戦以後の1948年頃以降である．しかしながらその後，チタンおよびチタン合金は，その比強度が鉄やアルミの3倍と大きく，耐熱性，耐食性に優れ，硬度も高いため，じつに幅広い工業分野で応用されるようになり，先端技術には欠くことのできない重要な金属となった．たとえば，白金属元素を少量添加した Ti-0.15 Pd 合金は純チタン以上の耐食性を有し反応容器や熱交換機，α 型の Ti-5 Al-2.5 Sn 合金は耐熱性低温特性に優れるロケット用液体燃料タンク，α-β 型 Ti-6 Al-4 V 合金は高強度，高延性のため航空機部品，ゴルフクラブヘッド，β 型の Ti-15 V-3 Cr-3 Sn-3 Al 合金は冷間加工が可能で，超高強度のためバネ，自転車部品，ゴルフクラブヘッド，釣り具などに使われている．

属は高温において炭素，酸素のみならず窒素とも反応しやすく，単体の金属を得るのは容易ではない．工業的には赤熱炭素還元下で塩素と反応させて $TiCl_4$ とし，分留による精製の後，〜800℃のアルゴン気流中で Mg 金属による還元によりスポンジ状のチタン金属が得られる．これを Kroll 法とよぶ．このスポンジチタンをアルゴンまたはヘリウム雰囲気下でアーク電気炉または高周波誘導炉により溶解し，ち密なチタン金属を得る．チタンは hcp 格子をとり，ほかの遷移金属と同じように硬く，高融点である（表 3.11）．ところが，密度が $4.5 \mathrm{g\ cm^{-3}}$ と鉄などに比べて非常に小さく，また常温では極めて安定で無機酸はもとより熱アルカリ水溶液にも溶解せず，耐食性に優れているため，タービンエンジン，航空機，化学工業，船舶などの特殊装置の部材として，最近では骨修復材として重要な材料となっている．高温ではほとんどの非金属元素（水素，酸素，窒素，炭素，ホウ素，ケイ素，硫黄など）と直接結合する．その生成物のほとんどは侵入型化合物を形成し，極めて耐火性が高く，しかも金属伝導性を示す．

③ バナジウム（V）：バナジウムは硬く，高融点で，耐食性に優れるという点でチタンと非常によく似ている．おもな用途は工具鋼などの特殊合金鋼の添加成分である．鋼の延性，耐衝撃性の向上に効果的な元素であり，主としてフェロバナジウム合金として市販されている．

④ クロム（Cr）：クロムの主要鉱石はスピネル構造のクロム鉄鉱 $FeCr_2O_4$ である．ステンレス鋼の重要添加成分である．金属クロムは白色で光沢のある硬くて，もろい金属である．耐食性，耐摩耗性にも優れているため，電気めっきによる保護膜として利用されている．塩酸，硫酸などの非酸化性の酸には容易に溶けるが，冷王水，硝酸などの酸化性の酸には安定である．高温では，ホウ素，炭素，窒素，酸素，ケイ素，ハロゲン，硫黄などと直接結合する．

⑤ マンガン（Mn）：マンガンは地殻中に比較的豊富（0.085%）に存在し，もっとも重要な鉱石はパイロルース鉱（MnO_2）であり，これを還元焙焼して得られる Mn_3O_4 をアルミニウムで還元して金属とする．マンガンの物理的，化学的性質は鉄のそれによく似ているが，硬くてもろく，融点はかなり低い．マンガンはかなり電気陽性な元素であり，室温で非酸化性の希酸にも溶解する．非金属元素に対して室温ではそれほどではないが，高温では容易に反応する．

⑥ 鉄（Fe）：鉄は地殻中で 4 番目に多い元素であり，金属としてはアルミニウムに次いで 2 番目に多い元素である．主要な鉄鉱石は，赤鉄鉱（Fe_2O_3），磁鉄鉱（Fe_3O_4），褐鉄鉱（$FeO(OH)$），菱鉄鉱（$FeCO_3$）など豊富である．純粋な金属鉄は白色，光沢のある金属で，それほど

マンガン団塊：海底に眠る将来の有望な鉱物資源

直径 1〜10 cm のジャガイモ状の黒い塊として深さ 3000〜6000 m の断層沿いの海底に分布している．この団塊は，海水中に溶けている無機イオンが岩石の欠片，サメの歯などを核としてその表面に析出して成長したもので，その成長速度は 100 万年に 1 cm くらいと非常に遅い．現在，10^{12} t 以上の団塊が海底に眠っており，毎年 10^7 t が新たに析出していると予想されている．この団塊の主成分は，鉄（11.8%），マンガン（17.2%）であるが，その他に銅（0.36%），ニッケル（0.63%），コバルト（0.36%）などの有用金属を含むことから，重要な海底鉱物資源として注目されている（括弧内の数字は太平洋に分布しているマンガン団塊の平均値）．深海からいかに効率よく回収するかが最大の解決課題である．

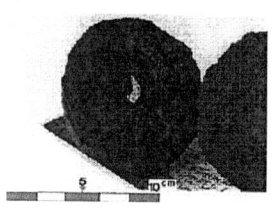

図 3.49 マンガン団塊の断面写真

めっき：新たな機能の付与

めっきは金属の表面処理方法の一つであり，耐食性・耐摩耗性の向上，装飾の付与などを目的として下地金属の表面に他の金属をコーティングする．めっきの方法としては以下のようなものがある．

・電気めっき　電気化学的還元により他の金属の皮膜を形成．
・化学めっき（無電解めっき）　化学的酸化還元反応を利用して他の金属の皮膜を形成．
・蒸着めっき　他の金属を蒸着して皮膜を形成．
・溶融めっき　地金属を溶融金属中に浸して金属の皮膜を形成．
・拡散浸透めっき　地金属に他の金属を浸透させて合金の皮膜を形成．
・金属溶射　地金属に他の溶融金属の粉霧を吹き付けて皮膜を形成．
・陰性スパッタリング　放電によって金属皮膜を形成．

金属の種類としては，装飾用，電気部品用金めっき，耐摩耗性部品用クロムめっき，防錆，防食用ニッケルめっき，鋼板防錆用亜鉛めっきなどがある．

硬くなく，反応性に富む．湿気のある空気中では，かなり速やかに酸化され，水和酸化物を生成するが，これはフレーク状に剝がれるので，保護膜とはならず，腐食は進行する．希無機酸にも容易に溶解する．冷たい非酸化性の酸には Fe^{2+} として溶け，加熱したり空気が存在すると一部 Fe^{3+} となる．酸化性の酸には Fe^{3+} のみが生成する．濃硝酸や $K_2Cr_2O_7$ などのような非常に強い酸化剤に対して鉄は保護被膜を形成して不動態化する．脱気した水および脱気した希水酸化物水溶液は浸食作用を示さないが，熱濃水酸化ナトリウム水溶液はこれを浸食する．906°Cまでは金属鉄はbcc構造であるが，906～1401°Cまではfcc構造をとり，1401°C以上で再びbcc構造となる．768°Cキュリー温度までは強磁性体で，それ以上では常磁性体に変わる．

⑦ コバルト（Co）：コバルトは，天然にはニッケルに伴って存在し，ヒ化物のスマルタイト（$CoAs_2$）および輝コバルト鉱（CoAsS）が主要な鉱石である．コバルトは鉄より硬く，青みを帯びた白色の金属で強磁性であり，キュリー点は1150°Cである．比較的反応性に乏しく，水，水素，窒素とは反応しない．酸素，ハロゲン元素，硫黄，炭素，リンとは温度を上げると反応する．また，高温では空気中の酸素あるいは水蒸気によっても侵され，CoOを生成する．

⑧ ニッケル（Ni）：ニッケルは天然にはヒ素，アンチモン，硫黄などと結合して，針ニッケル鉱（NiS），ヒ化ニッケル鉱（NiAs），などとして存在する．鉱石を Ni_2S_3 に変え，これを空気中で焙焼してNiOとし，ついで炭素還元によりNi金属とする．ニッケルは銀白色で，展性，延性に富み，光沢がある．普通の温度では空気や水には侵されないので，保護被膜として電解めっきに用いられる．強磁性であるが，鉄ほど強くない．かなり電気的陽性で，希無機酸に容易に溶ける．鉄に似て濃硝酸によって不動態化する．ニッケルは耐熱性超合金の重要な成分として用いられており，またラネーニッケルは接触還元に用いられている．

⑨ 銅（Cu）：銅は天然には遊離状態，硫化物，ヒ化物，塩化物，炭酸塩などとして存在し，酸化焙焼，製錬してから，あるいは微生物処理してから浸出処理し，ついで硫酸塩の水溶液から電解採取により金属を得る．銅は軟らかく，延性に富む金属で，銀に次ぐ熱および電気の良導体である．銅は黄銅（真鍮）のような合金として用いられ，金とは全率固溶体を形成する．湿った空気中では極めてゆっくりと表面が酸化され，時には塩基性の炭酸塩や硫酸塩の緑色の被膜（緑青）を生ずる．

⑩ 亜鉛（Zn）：亜鉛は天然には比較的少量しか存在しないが，抽出

が比較的容易なため古くから知られていた．主要な資源は閃亜鉛鉱 $(Zn, Fe)S$ であり，通常方鉛鉱 PbS と共存している．硫化亜鉛は焙焼して酸化物に変え，1200°Cで炭素還元により，亜鉛を蒸留により得る．白色で光沢があるが，曇りやすく，軟らかい金属である．融点と沸点は他の遷移金属と比較して著しく低い．これはd軌道が閉殻となっており，金属結合にd電子が関係していないことによると考えられる．

【例題 3.9】第一遷移系列金属元素単体（Sc〜Zn）に関して (1)〜(9) の各項目に該当する金属元素をすべて選択せよ（重複可）．

(1) 常温での結晶構造：hcp, ccp, bcc, sc
(2) 最も融点の低い金属と高い金属
(3) 最も軽い金属と重い金属
(4) ジュラルミン（アルミニウム合金）の主要な添加成分
(5) ステンレス鋼の主要三成分
(6) 希硫酸又は希塩酸と反応して水素を発生する金属
(7) 濃硫酸，濃硝酸に侵されない金属
(8) 軽くて硬く，耐食性に優れているのに加えて耐熱性があるのでタービンエンジンなどの部品に使用されている金属
(9) 鋼板の防錆用メッキとして使用される金属

[解答]
(1) hcp：Sc, Ti, Co, Zn　ccp：Ni, Cu　bcc：V, Cr, Fe, sc：Mn
(2) Zn(420°C), Cr(1875°C)
(3) Sc(3.0), Cu(9.0)
(4) Cu, Mn
(5) Fe, Cr, Ni
(6) Sc, Ti(熱時), Cr, Mn, Fe, Co, Ni, Zn
(7) Cr, Fe, Ni
(8) Ti
(9) Cr, Ni, Cu(Niメッキの下地用), Zn

（2）酸化物　第1遷移系列元素の中で安定な1価の酸化物を与えるのは Cu_2O のみである．Sc を除いたすべての 3d 元素が 2 価の酸化物 MO を与える．CuO と ZnO を除いて NaCl 型構造をとり，塩基性である．TiO を例外として残りのすべては無機酸に溶けて安定な塩または M^{2+} イオンを含む錯体を与える．Ti および V の MO 酸化物は，

TiO_2 光触媒の応用

TiO_2（アナタース）はバンドギャップ 3.2 eV の半導体である。387 nm よりも短い波長の光（紫外線）を吸収すると価電子帯の電子が励起されてホール（正孔）が生成する。このようにして生成したホールは非常に強い酸化力を有するため、接触している有機物や細菌などの有害物質を分解して無害化することができる。そのため、水質浄化、防汚、抗菌、脱臭、大気浄化（NOx の分解）などに応用されている。ガラス表面に TiO_2 をコーティングすることにより汚れの付かない窓ガラスが実用化されている。

高い反射率や高い電気伝導度を有し擬金属的な挙動を示す。このことは M^{2+} と O^{2-} の関係は多分にイオン的であるが、M^{2+} の 3d 軌道間に重なりがあり、金属-金属結合が生じていることを示している。MnO から ZnO まではイオン性固体もしくは半導体であり、CrO は金属性とイオン性の中間的な性質を有する。

Sc から Fe まで M_2O_3 三二酸化物を形成する。いずれも安定なイオン性の塩基性酸化物であるが、Sc_2O_3 と Mn_2O_3 は酸化スカンジウム構造（C 型）をとり、ほかはコランダム型構造をとる。M^{2+} に比較して M^{3+} では核の正電荷が増すため 3d 軌道が収縮し、3d 軌道間の重なりが少なくなって擬金属的な挙動は示さなくなる。Cr, Mn, Fe では M_2O_3 三二酸化物が空気中で最も安定である。それに対して、Co, Ni ではこの型の酸化物は知られていない。

Mn, Fe, Co では混合原子価状態をとるスピネル構造の酸化物 Mn_3O_4（$M^{II}M_2^{III}O_4$）を形成する。Mn と Co では正スピネル構造をとるのに対して、Fe は逆スピネル構造をとる。

4 価の 3d 元素 Ti, V, Cr, Mn はルチル型もしくは歪んだルチル型の酸化物 MO_2 を形成する。TiO_2 は Ti の最高の酸化状態（族酸化数）である。3d 電子を持たないので白色であり、化学的に安定で毒性もないため、白色無機顔料として広く用いられている。また、TiO_2 は紫外光を吸収して水や有機物を分解する**光触媒**としても利用されている。TiO_2 と VO_2 はどちらも弱塩基性で水や希酸には不溶であるが、アルカリや強い無機酸には溶けてそれぞれチタン（バナジン）酸塩とチタニル（バナジル）化合物となる。Cr^{4+} および Mn^{4+} という酸化状態は水溶液中では安定ではない。CrO_2 は強磁性体である。

最高の酸化状態をとる TiO_2 には酸化-還元的な性質はないが、Ti_2O_3 は非常に強い還元剤である。Ti に続く族酸化数を示す三つの元素の酸化物（V_2O_5, CrO_3, Mn_2O_7）は、この順で酸および酸化剤としての性質が強くなる。V_2O_5 は $3d^0$ 構造なので無色であると予想されるが、酸素欠陥をつくりやすいため茶褐色である。両性であるが、酸性の性質が強い。強アルカリの NaOH 水溶液に溶かすと、四面体型のバナジン酸イオン VO_4^{3-} が得られる。酸を加えて pH を下げると、イオンにプロトンがつけ加わり重合して、溶液中に多数の異なったオキソイオンが生成する。二量体、三量体、五量体が生成し、さらに酸性にすると、水和した V_2O_5 が沈殿する。硫酸製造などの酸化触媒に用いられている。

CrO_3 は明るいオレンジ色の固体である。Cr^{6+} も $3d^0$ 構造なのでこの着色は配位子-金属間の電荷移動（LMCT：ligand-metal charge transfer）によるものと考えられる．この酸化物は，二クロム酸ナトリウム $Na_2Cr_2O_7$ に硫酸を加えて得られる．構造は四面体が頂点を共有して鎖状の構造をとっている．CrO_3 は毒性が強く，水に可溶である．強酸でかつ酸化剤である．これはクロムめっき液として，また爆発の危険性はあるが有機反応の酸化剤として使用されている．

酸化マンガン（VII）Mn_2O_7 は緑色の分子結晶で融点は5℃なので，室温では密度約 $2.4\,g\,cm^{-3}$ の褐色液体である．55℃以上で分解して MnO_2，酸素およびオゾンになる．酸素を共有して四面体が2個連なった構造をとる．吸湿性で爆発性がある．

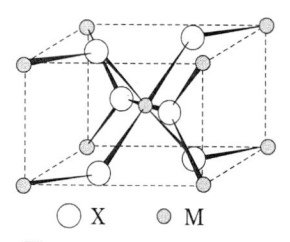

図 3.50 MX_2 ルチル型の構造

（3）ハロゲン化物 表 3.13 に d-ブロック元素の酸化状態を最高にすることのできるもっとも電気陰性度の低いハロゲンとの二元ハロゲン化物を示す．族酸化状態が出現するのは，第1遷移系列では5族まで，第2遷移系列では6族まで，第3遷移系列では7族までである．族の下の方の金属ほど高酸化状態が安定であることが，表中の化学式からも読み取ることができる．

表 3.13　d-ブロック元素を最高酸化状態にすることのできるもっとも電気陰性度の低いハロゲンとの化合物

3	4	5	6	7	8	9	10	11
ScI_3	TiI_4	VF_5	CrF_5	MnF_4	$FeBr_3$	CoF_3	NiF_4	$CuBr_2$
YI_3	ZrI_4	NbI_5	MoF_6	$TcCl_6$	RuF_6	RhF_6	PdF_4	AgF_3
LaI_3	HfI_4	TaI_5	WBr_6	ReF_7	OsF_6	IrF_6	PtF_6	$AuCl_5$

すべての第1遷移系列元素は全てのハロゲンと二ハロゲン化物を形成するが，TiF_2，CuI_2 および銀，金の二ハロゲン化物は例外である．MF_2 は一般に**ルチル型構造**，MCl_2 は **$CdCl_2$ 型構造**，MI_2 は **CdI_2 型構造**をとる．MBr_2 は $CdCl_2$ 型構造か CdI_2 型構造あるいはその両方をとる．二ハロゲン化物はすべてイオン性で，水に溶けてアクア錯体あるいはアクアハロ錯体を形成する．

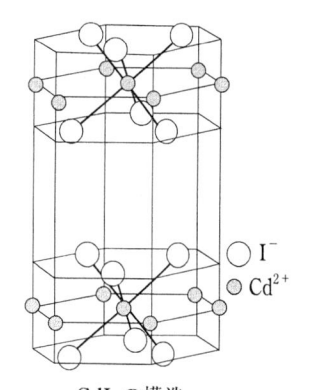

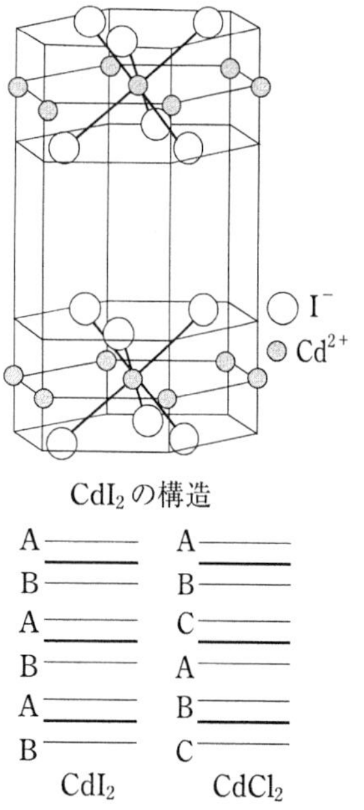

Ti, V, Cr ではすべてのハロゲンと三ハロゲン化物を形成する．TiX_3 および VX_3 は中程度に強い還元剤である．CrX_3 は酸化および還元の両方に対して安定であるが，MnX_3 および CoX_3 は酸化力が強すぎてX=Fしか存在しない．周期表を左から右へいくと，あるいはハロゲンの電気陰性度が小さくなるほど MX_3 の共有結合性は増大する．金属イオンは六配位で正八面体型か歪んだ八面体型構造をとっている．

四ハロゲン化物では，Ti がすべてのハロゲンと安定な化合物を形成する．TiF_4 は結晶固体（融点284℃）であるが，$TiCl_4$（融点 -24.12

CdI_2 の構造

細い線：ハロゲン化物イオンの層
太線：Cd^{2+} イオンの層

図 3.51 CdI_2 構造と $CdCl_2$ 構造におけるハロゲン化物イオンの配列の違い（CdI_2 構造：I 層は hcp 配列，$CdCl_2$ 構造：Cl 層は hcp 配列）

℃), TiBr$_4$ (融点 39℃), TiI$_4$ (融点 150℃) は, 正四面体構造の揮発性の分子性物質である. とくに, TiCl$_4$ は Ti 金属を製造するための前駆体として, また Ziegler-Natta 触媒として極めて重要な物質である.

五ハロゲン化物で唯一安定なのは VF$_5$ (融点 277℃) である. SbF$_5$ と同じく, 強いルイス酸であり, 溶融すると粘度の高い液体となる. 第 2, 3 遷移系列になると酸化物の場合と同じように高酸化状態の化合物が安定になることが, 7 族まで族酸化状態が達成されていることからも見てとれる.

c. 第 2 および第 3 遷移系列元素

(これらの元素の各論についてはやや専門的となるため巻末の付録として記した. p.207 以下を参照されたい.)

3.4　希土類金属元素

希土類金属元素とは, La から Lu までの 15 元素に Sc と Y を加えた 17 元素の総称であり, さらに**ランタノイド** (lanthanoid) または**ランタニド** (lanthanide) ともよばれる. また, 前者は 4f 電子をもつセリウム (Ce) からルテチウム (Lu) までの 14 元素を指し, 後者はこれにランタン (La) を加えた元素群を意味する場合の名称として, とくに区別して使用されることもある.

ここで, 希土類金属元素に関する研究の始まりは, フィンランドの化学者 Johan Gadolin (1760-1852) によるイットリウム (Y) の発見まで遡り, この元素名は発見場所である Ytterby (スウェーデン) に由来している. その後, 19 世紀にはいりほかの希土類金属元素の発見が相次ぎ, これらには研究に長い歴史をもつスカンジナビア半島にちなんだ名前が多数付けられた. とりわけ, Ytterby からは上述の Y に続いて, イッテルビウム (Yb), テルビウム (Tb) およびエルビウム (Er) が発見, 命名されている. また, ユウロピウム (Eu) の命名は文字どおりヨーロッパに由来したものであり, 1947 年に最後の希土類として発見されたプロメチウム (Pm) はギリシア神話の Prometheus にちなんでいる.

一方, 希土類元素は一般に"稀な元素"でその産出量はわずかであると思われがちであるが, 地殻中の各元素の存在量を比較すると Ce は 46 ppm あるのに対し, Pb では 16 ppm, Zn でも高々 40 ppm にすぎない. また, 希土類中もっとも存在量が少ないツリウム (Tm) でも 0.2 ppm あり, その量は Bi と同程度となる. したがって, 希土類元素は一部のものを除き, 資源的には豊富に存在すると考えてよいが, そ

の主な産出地が中国などに偏在していることが，資源や素材としての供給の観点から問題となっている．

表 3.14 は，一連の希土類イオンの電子配置と磁気モーメントをまとめたもので，希土類金属は $(n-1)\mathrm{d}^1 n\mathrm{s}^2$ あるいは $4\mathrm{f}^n 6\mathrm{s}^2$（原子）の最外殻電子配置により特徴づけられる．すなわち，これらは s 電子 2 個と d あるいは f 電子 1 個を非局在化しやすく，これにより 3 個の伝導電子をもつことになる．また，イオンはその伝導電子を失うことで生じるので，一般に $n\mathrm{s}^2 n\mathrm{p}^6$（Sc, Y の場合）または $4\mathrm{f}^n 5\mathrm{s}^2 5\mathrm{p}^6$ の外殻電子配置の 3 価になりやすい．ただし，Ce，プラセオジム (Pr) および Tb は 4 価を，さらにサマリウム (Sm)，Eu および Yb は逆に 2 価を生じやすい．これは，4f 電子配置の特異性，すなわち Ce^{4+} ($4\mathrm{f}^0$)，Eu^{2+} ($4\mathrm{f}^7$)，Tb^{4+} ($4\mathrm{f}^7$) および Yb^{2+} ($4\mathrm{f}^{14}$) と密接に関連している．

表 3.14 希土類イオンの電子配置と磁気モーメント

イオン	電子配置	S	L	J	磁気モーメント 理論値 $g^{*1}\sqrt{J(J+1)}$	実測値 P_c
La^{3+}	$4\mathrm{f}^0 5\mathrm{s}^2 5\mathrm{p}^6$	0	0	0	0.00	(反磁性)
$\mathrm{Ce}^{3+}(\mathrm{Pr}^{4+})$	$4\mathrm{f}^1 5\mathrm{s}^2 5\mathrm{p}^6$	1/2	3	5/2	2.54	2.4
Pr^{3+}	$4\mathrm{f}^2 5\mathrm{s}^2 5\mathrm{p}^6$	1	5	4	3.58	3.6
Nd^{3+}	$4\mathrm{f}^3 5\mathrm{s}^2 5\mathrm{p}^6$	3/2	6	9/2	3.62	3.8
Sm^{3+}	$4\mathrm{f}^5 5\mathrm{s}^2 5\mathrm{p}^6$	5/2	5	5/2	0.84	1.5*2
$\mathrm{Eu}^{3+}(\mathrm{Sm}^{2+})$	$4\mathrm{f}^6 5\mathrm{s}^2 5\mathrm{p}^6$	3	3	0	0.00	3.6*2
$\mathrm{Gd}^{3+}(\mathrm{Eu}^{2+})$	$4\mathrm{f}^7 5\mathrm{s}^2 5\mathrm{p}^6$	7/2	0	7/2	7.94	7.9
Tb^{3+}	$4\mathrm{f}^8 5\mathrm{s}^2 5\mathrm{p}^6$	3	3	6	9.72	9.6
Dy^{3+}	$4\mathrm{f}^9 5\mathrm{s}^2 5\mathrm{p}^6$	5/2	5	15/2	10.63	10.6
Ho^{3+}	$4\mathrm{f}^{10} 5\mathrm{s}^2 5\mathrm{p}^6$	2	6	8	10.60	10.4
Er^{3+}	$4\mathrm{f}^{11} 5\mathrm{s}^2 5\mathrm{p}^6$	3/2	6	15/2	9.59	9.4
Tm^{3+}	$4\mathrm{f}^{12} 5\mathrm{s}^2 5\mathrm{p}^6$	1	5	6	7.57	7.3
Yb^{3+}	$4\mathrm{f}^{13} 5\mathrm{s}^2 5\mathrm{p}^6$	1/2	3	7/2	4.54	4.5
$\mathrm{Lu}^{3+}(\mathrm{Yb}^{2+})$	$4\mathrm{f}^{14} 5\mathrm{s}^2 5\mathrm{p}^6$	0	0	0	0.00	(反磁性)

*1 g：ランデの因子．*2 実測値と理論値にずれがあり補正が必要．S は合成スピン角運動量，L は合成軌道角運動量，J は合成全角運動量となる．

ここで，3 価希土類イオンは共通した外殻電子配置 $n\mathrm{s}^2 n\mathrm{p}^6$ をもつため，これらの化学的性質は相互に類似したものとなる．これは，原鉱石からの希土類金属元素を相互に分離することを困難にし，他の元素群と比べ希土類の研究が大幅に立ち遅れた最大の要因である．しかしながら，溶媒抽出法やイオン交換法などの分離技術の急激な進歩により，最近では容易に高純度希土類を比較的安価に入手できるようになった．

図 3.52 および図 3.53 は，4f 軌道の空間的広がりを 5s, 5p, 5d およ

び 6s 軌道のそれらとともに示したものである．ここで，4f 電子は特異な形状のオービタル内に収容されるため，結晶方位による磁性の違い（磁気異方性）が顕著となり，大きな保磁力を与える．そのため，希土類は強力な永久磁石として利用される．他方，4f 電子をもつ Ce から Lu までのランタニドイオン（3価）の外殻電子配置は $4f^n 5s^2 5p^6$ となり，4f 軌道は依然として遮蔽されていることがわかる．そのため，4f 軌道はこのイオンのまわりに形成される配位子場の影響をほとんど受けず，これにより希土類イオンはその存在環境によらず特有な色を呈することになる．また，励起状態でも 4f 電子は外部の影響を受けずに安定に保持されるため，これらは強い蛍光やレーザー発振のための活性イオンとして優れた能力を発揮する．たとえば，Eu および Tb は蛍光体として，また Nd は高出力固体レーザー，Er は光ファイ

配位子場
遷移金属の d 軌道などが周囲の配位子（原子，イオン，分子）の軌道と相互作用し，エネルギーの異なる軌道に分裂することに関する理論．

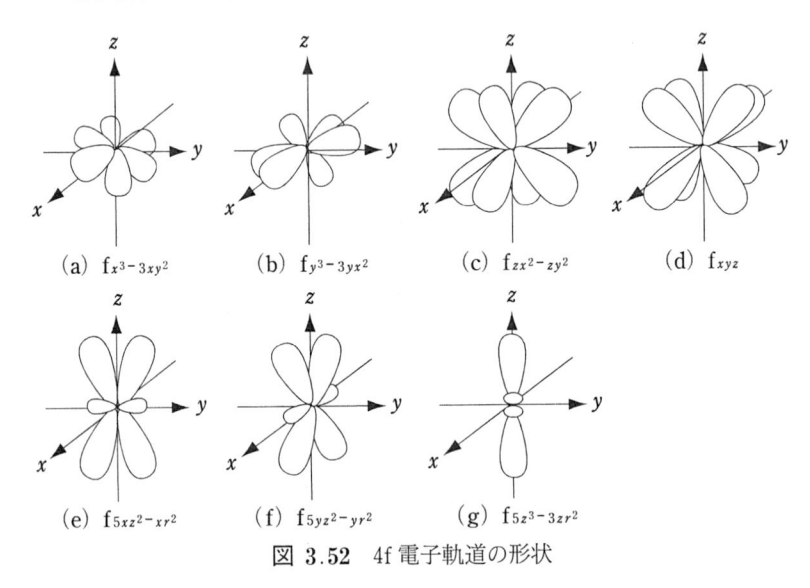

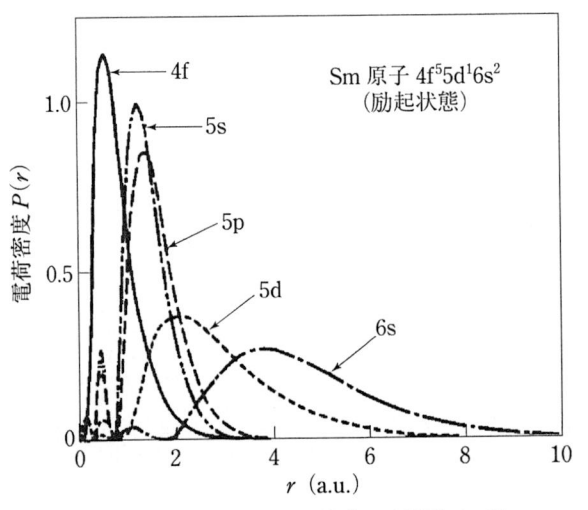

(a) $f_{x^3-3xy^2}$　(b) $f_{y^3-3yx^2}$　(c) $f_{zx^2-zy^2}$　(d) f_{xyz}

(e) $f_{5xz^2-xr^2}$　(f) $f_{5yz^2-yr^2}$　(g) $f_{5z^3-3zr^2}$

図 3.52　4f 電子軌道の形状

図 3.53　Sm 原子の電子軌道の空間的広がり

バ通信用増幅器として利用されている．

　希土類金属は，六方最密充填（hcp）構造（Sc, Y, Gd, Tb, Dy, Ho, Er, Tm, Lu），面心立方（fcc）構造（Ce, Yb），体心立方（bcc）構造（Eu），複六方最密充填構造（La, Pr, Nd, Pm）およびSm型菱面体構造（Sm）をそれぞれとる（図3.54参照）．すなわち，Sc, YおよびGdからLuまでの原子番号の大きい重希土類金属ではYbを除いてhcp構造となり，LaからEuまでの原子番号の小さい軽希土類金属ではCe, SmおよびEuを除いて複六方最密充填構造を形成する．

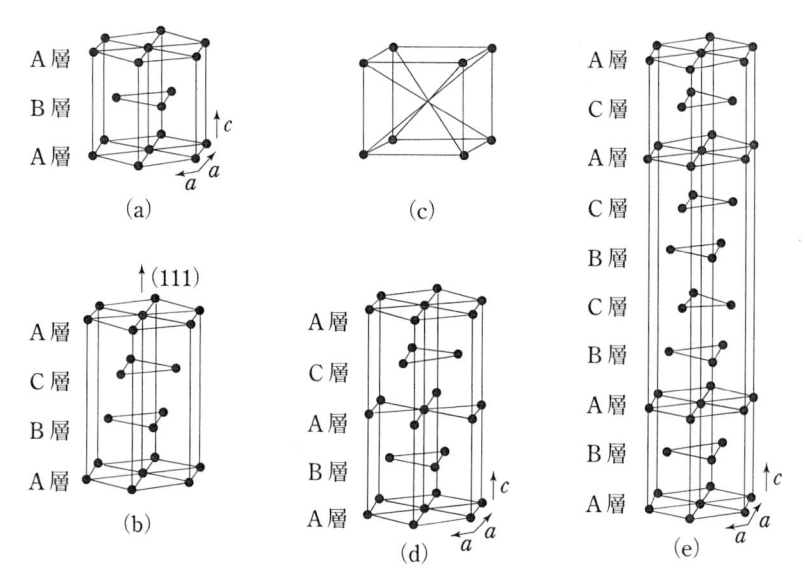

図 3.54　希土類金属の主な結晶構造

　ここで，希土類金属は活性な金属であり，水との反応性はLaからGdまでの軽希土類金属とTbからLuまでの重希土類金属とでは大きく異なる．すなわち，前者は室温の湿潤大気中でも容易に酸化され，とくにこの傾向はLa, CeおよびEuで顕著である．また，Sc, Y, La, Ce, PrおよびNdでは，冷水中でも溶解性が認められるが，SmからLuまでの希土類は水には不溶である．さらに，酸素との反応性も重希土類金属に比べ軽希土類金属の方が高い．他方，希土類金属はフッ酸を除く鉱酸に溶解するとともに，アルカリあるいはハロゲンと反応し，それぞれ3価の化合物を形成する．さらに，高温では水素，ホウ素，炭素，窒素，硫黄などと反応し，非金属化合物を与える．このように希土類金属は高い化学的反応性を示し，真空室内を清浄にするゲッター材や金属精錬の脱酸素剤として使用される．しかしながら，このように活性な希土類金属も，清浄雰囲気中のグローブボックスや超高真空排気装置内で取り扱うことで，炭素や酸素を含まない清浄な試料とすることも最近では可能である．

上述のとおり，希土類金属元素のイオンは一般に3価が最も安定であり，生成する酸化物は通常 R_2O_3（R＝希土類金属元素）組成をもつ三二酸化物となる．しかし，異なる酸素分圧あるいは温度下では希土類イオンと酸化物イオンとの割合が2：3からずれる場合がある．たとえば，高酸素分圧下では Ce は4価となり，ホタル石型構造の CeO_2 を生成する．R_2O_3 酸化物では，A 型，B 型および C 型の三つの構造が存在し，おもに軽希土では A 型および B 型が，逆に重希土では B 型と C 型が生成することになる．また，C 型は R_2O_3 酸化物の低温相として希土類金属元素全般に見られる構造でもある．

ここで，Ce から Lu までのランタニドイオンでは，4f 軌道の遮蔽効果が 5s や 5p 軌道と比べ小さいために，原子番号，すなわち核電荷の増加とともに外殻電子が核へ引き寄せられイオン半径が連続的に減少する．これを，**ランタニド収縮**（lanthanide contraction）とよぶ．図3.55 は3価希土類イオンの6配位のイオン半径と原子番号との関係を示したものである．図より，希土類金属イオンの半径はおよそ Mg^{2+} と Ca^{2+} イオンのそれとの間の値をとることがわかる．

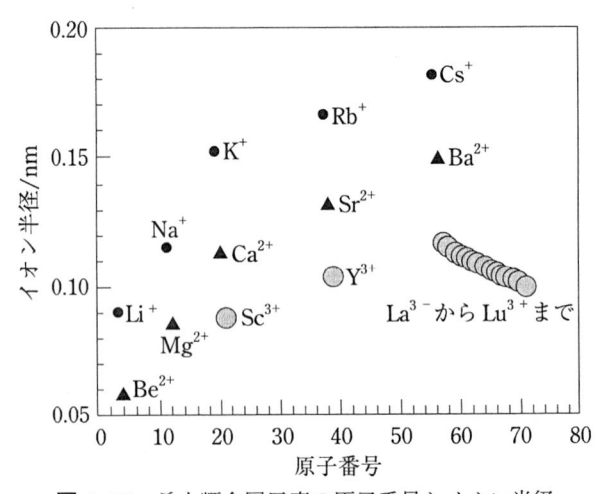

図 3.55 希土類金属元素の原子番号とイオン半径

これに対し，4価のイオンになり易い Ce，Pr および Tb は蛍石型構造をとることになり，とくに CeO_2 は還元雰囲気下では不定比化合物 $CeO_{2-\delta}$ 相へと移行する．そのため，周囲の酸化性および還元性の状況により活性な格子状酸素を吸収/放出する媒体としての性質を利用して，CeO_2 は自動車排ガス浄化用触媒へ添加する助触媒として利用されている．さらに，CeO_2 単独では高温で表面積が低下するという欠点を補うために，ZrO_2 と固溶させた $Ce_{1-x}Zr_xO_{2-\delta}$ が最近では助触媒として使用されている．

演習問題（3章）

3.1 ジボランとアンモニアの付加物である $B_2H_6 \cdot 2NH_3$ を200℃付近で熱分解させるとベンゼン C_6H_6 に似た化合物，ボラジン $B_3N_3H_6$ が得られる．この化合物における結合について述べよ．

3.2 リン酸二水素ナトリウム NaH_2PO_4 とリン酸水素二ナトリウム Na_2HPO_4 を適当な割合で混合し，赤熱した後に冷却するとガラス状の固体が得られる．このときの反応について述べよ．

3.3 分子 CH_4, NH_3, H_2O の結合角 ∠H-X-H がこの順に小さくなることを，電子対間の反発を考慮して説明せよ．

3.4 正方錐型の分子 IF_5 における I の結合状態を議論せよ．

3.5 周期表上での周期が同じであるアルカリ金属とアルカリ土類金属を比較した場合，それらの陽イオンの半径はどちらの方が大きいか．また，そのようなイオン半径の差が生じるのはなぜか．

3.6 周期表上での周期が同じであるアルカリ金属とアルカリ土類金属を比較した場合，それらの結晶の密度はどちらの方が大きいか．また，密度にそのような差が生じるのはなぜか．

3.7 アルカリ金属結晶とアルカリ土類金属結晶とでは，アルカリ金属結晶の方が化学結合が弱いといわれる．このことは，どのようなデータから判断されることであるか．

3.8 アルカリ金属結晶やアルカリ土類金属結晶を水に入れるとどのような反応がおこるか．

3.9 ハロゲン化アルカリ結晶とハロゲン化アルカリ土類結晶を比べた場合，化学結合に占めるイオン結合性割合はどちらの方が大きいか．また，そのような差はなぜ生じるのか．

3.10 スズは2価の陽イオンになる場合と4価の陽イオンになる場合があるといわれる．それぞれの陽イオンの電子配置を記せ．

3.11 3d 金属元素と 4d, 5d 金属元素の一般的相違点をいくつかあげよ．

3.12 遷移金属イオンは1価としては存在しにくい．その理由を簡潔に述べよ．

3.13 Ti, Cr, Co, Ni でよくみられる酸化状態は何価か．またそのときの d 電子数は何個か．

3.14 マンガンは第1遷移系列元素の中でも特に多様な酸化状態をとる．この理由を簡単に説明せよ．

3.15 主量子数 $n=4$ のとき 4f 軌道が形成される．軌道に電子が14個入ることを，他の量子数との組合せで答えよ．

参考文献

1) 木田茂夫，無機化学，裳華房，1993．
2) 合原 眞，井出 悌，栗原寛人，現代の無機化学，三共出版，1991．
3) C. F. ベル，K. A. K. ロット著，奥野久輝ほか訳，無機化学，東京化学同人，1976．
4) F. A. コットン，G. ウィルキンソン，P. L. ガウス著，中原勝儼 訳，基礎無機化学，培風館，1998．
5) I. S. バトラー，J. F. ハロッド著，荻野 博 監訳，無機化学（上）（下），丸善，1992．
6) J. E. ヒューイ著，小玉剛二，中沢 浩 訳，無機化学（上）（下），東京化学同人，1985．
7) P. W. アトキンス，T. L. オーバートンほか著，田中勝久，平尾一之，北川 進 訳，シュライバー・アトキンス無機化学，東京化学同人，2008．
8) 足立吟也 編著，希土類の科学，化学同人，1999．

4 無機反応

4.1 酸と塩基

　無機化学で取り扱う反応においてイオンが関与することが極めて多いことは前章までの記述で理解できると思う．イオンから構成されている結晶は無機化学においては非常に多く，そのイオンが溶解や溶融によってお互いの静電的な束縛（結合）から自由に動くことが可能となることを**電離**（解離）とよぶ．その際，電離して生成したイオンは互いに反対の荷電状態にあり，不均化反応の一種といえる．

a．Arrhenius（アーレニウス）の定義

　古典的には経験的に分類されていた**酸**（acid）と**アルカリ**（alkali）を最初に電離とイオンの概念と組み合わせて説明したのは，**Arrhenius**である．Arrhenius は，1887 年に

$$HX \longrightarrow H^+ + X^-$$
$$BOH \longrightarrow B^+ + OH^- \tag{4.1}$$

と表される反応に従って，酸（HX）から水素イオン（H^+）が電離すること，またアルカリ（BOH）から水酸化物イオン（OH^-）が電離して生成することを示し，酸・塩基が H^+（H_3O^+）があるいは OH^- イオンを有する化学種であることを示した．この酸とアルカリと混合すると，お互いの性質を打ち消しあい，**塩**（salt）を生じる中和反応を起こす．このことから，アルカリは酸の性質を打ち消し中和して塩を生成する物質群として**塩基**（base）とよばれるようになった．当時理解されていた近代化学の範疇においては，これで十分意味を成しており，酸・塩基が対称的な関係にあること，酸と塩基との混合によって中和反応により塩が生じること，さらにこれらがイオンの電価に基づき量論的に反応することなど，様々な酸・塩基の概念が構築されていった．

　その後，化学工業の発展により取り扱う物質が飛躍的に増加するにつれて，非水溶媒系反応や有機反応にも酸・塩基の概念を適応するとうまく説明できる反応が次々と見いだされ，新しい酸・塩基の概念が形作られるようになった．20 世紀に入り，酸と塩基は電離において不

酸と塩基
われわれが"酸"と"塩基"とよんでいる一連の化合物の分類は味覚（すっぱいもの）と触覚（ぬるぬるするもの）による認識の定義付けの経緯の結果である．塩基となるアルカリの語源はアラビア語の"海草の灰"である．

均化する物質や生成した物質を"相対的に"分類することによって定義付けされるものとなり，次第に酸・塩基反応における平衡論によって酸や塩基の強度が決定されることとなった．

b．Brønsted-Lowry（ブレンステッド-ローリー）の定義

1923 年，**Brønsted** と **Lowry** は，Arrhenius の定義を元に，**水素イオンの供与・受容**という視点で酸・塩基の定義づけを行った．すなわち，"酸・塩基反応をある物質から別の物質への水素イオン（プロトン）の移動"ととらえたのである．この定義においては，プロトンの移動がいかなる環境で生じるかにはかかわるものではなく，水溶液中，有機溶媒中あるいは気相中など，様々な系に適用される．たとえば，$HCl(g)$ は Brønsted 酸の一つであり，水に溶解することによって，

$$HCl(g) + H_2O(l) \longrightarrow H_3O^+(aq) + Cl^-(aq) \quad (4.2)$$

（H^+を受容……塩基／H^+を放出……酸）

となるため，$HCl(g)$ と反応する H_2O はここでは塩基として働くことになる．また HCl は NH_3 とも反応し，塩化アンモニウムを生じる．

$$HCl(aq) + NH_3(aq) \longrightarrow NH_4^+(aq) + Cl^-(aq) \quad (4.3)$$

で示されるように，HCl は H^+ を放出し，NH_3 は H^+ を受容するため，NH_3 は塩基となる．

一方，NH_3 の水への溶解は，

$$H_2O(l) + NH_3(aq) \longrightarrow NH_4^+(aq) + OH^-(aq) \quad (4.4)$$

として反応するため，H_2O は酸として働く．すなわち，水分子は酸としても塩基としても働く両性物質である．このように，酸・塩基の関係は特定の物質に対して決まるものではなく，不均化反応における相対的な関係にあることになる．つまり，"どちらの物質が H^+ を放出しやすいか，または受容しやすいか"によって，酸と塩基の関係やそれぞれの強さが決まることになる．酸・塩基反応は一般的に平衡反応であるため，逆反応を同時に考慮する必要がある場合が多い．

式 (4.4) の逆反応

$$HCl(g) + H_2O(l) \longrightarrow H_3O^+(aq) + Cl^-(aq) \quad (4.5)$$

（H^+を供与……酸／H を受容……塩基）

においては，プロトンを受け取った H_3O^+ はプロトン供与体となるため酸となり，Cl^- は塩基である．このような関係にあるものを**共役酸**（conjugated acid），**共役塩基**（conjugated base）とよぶ．すなわち，

酸である HCl にとって，プロトンを供与したあとの Cl^- は共役塩基であり，塩基である H_2O に対してプロトンを受容したあとの H_3O^+ は共役酸である．したがって，酸塩基反応の一般式においては，式 (4.6) の関係が示される．

$$HX + B^- \rightleftharpoons HB + X^- \qquad (4.6)$$
酸　　塩基　　　　共役酸　共役塩基

Brønsted-Lowry による酸・塩基の定義は水溶液のみならず，液体アンモニア，無水硫酸など，同様にプロトンを有する溶媒系においても有効である．

【例題 4.1】液体アンモニア，無水硫酸の酸塩基平衡式を記述し，それぞれの役割について説明せよ．

[解答] 液体アンモニアの場合，水の場合と同様，アンモニア分子は酸・塩基両方の役割を有し，

$$2NH_3 = NH_3 + NH_3 \rightleftharpoons NH_4^+ + NH_2^-$$
　　　　　酸　　　塩基　　　　共役酸　　共役塩基

のような形で平衡が成立する．無水硫酸（三酸化硫黄）の場合にも同様に

$$2SO_3 = SO_3 + SO_3 \rightleftharpoons SO_2^{2+} + SO_4^{2-}$$
　　　　　酸　　　塩基　　　　共役酸　　共役塩基

となる．

---

c．Lewis（ルイス）の定義

一方，Lewis は Brønsted-Lowry の定義が提唱されたのと同年 (1923 年) に"電子対を受容する物質"を酸，"電子対を供与する物質"を塩基とした．電子対を有し，反応において電子対を供与する物質を :B とすると，酸 A に対して，

$$A + :B \longrightarrow A\text{-}B \qquad (4.7)$$

の反応によって B から A への電子の供与が生じる．ルイスの定義は錯体形成反応において欠かすことのできない定義である．反応にプロトンが関与しないが，酸や塩基の特徴を示すような反応が発見されるにつれ，1930 年代頃から Lewis の定義が用いられるようになった．すなわち，金属イオンは塩基である配位子が供与する電子対と結合して，錯体を形成する．コバルト(II)イオンの水和は，

> **A-B**
> ここでは，A-B 間で電子が供与されていることを示すために"-"で繋いでいるが，化学式における意味はない．同様に電子対が供与されることを示すために A←B と表されることもあるが，一般化している訳ではない．

$$Co^{2+} + 6H_2O \longrightarrow [Co(H_2O)_6]^{2+} \tag{4.8}$$

となる反応で示されるが，イオンの構造を考慮すると，図4.1として示されることから，Co(II)イオンが電子受容体であり，水分子の酸素原子が電子を供与するため，水が電子供与体であることがわかる．したがって，金属錯体の中心金属イオンと配位子はそれぞれLewis酸，Lewis塩基であることになる．中心金属イオンの酸強度が強い場合，**プロトリシス**による遊離酸が生じることもある．

Brønsted酸
Brønsted酸 HX はルイス酸 H^+ と Lewis塩基 X^- からなる化合物といえる．したがって，"Brønsted酸は Lewis酸の一種である"という表現は正しくない．

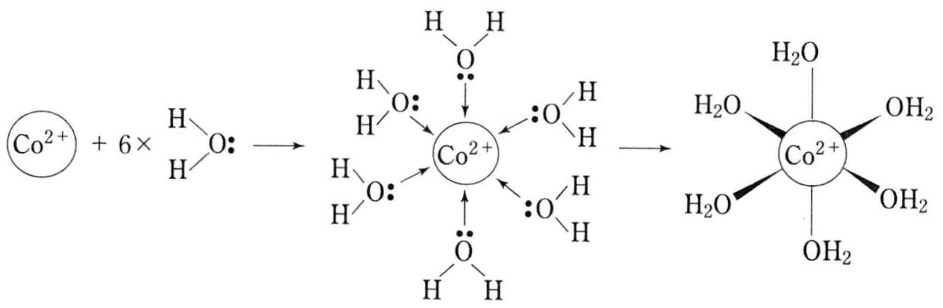

図 4.1

$$M^{m+} + nH_2O \longrightarrow [M(H_2O)_n]^{m+}$$
$$\longrightarrow [M(H_2O)_{n-1}(OH)]^{(m-1)+} + H_3O^+ \tag{4.9}$$

この反応はカチオンの重合反応を生じさせる．たとえばAl(III)イオンは酸性溶液中では，

$$Al^{3+} + 6H_2O \longrightarrow [Al(H_2O)_6]^{3+} \tag{4.10}$$

を生ずるが，pH>4 以上の溶液においては，

$$[Al(H_2O)_6]^{3+}(aq) + nH_2O$$
$$\longrightarrow Al(OH)_3 \cdot n(H_2O)(s) + 3H_3O^+(aq) \tag{4.11}$$

により，多核錯体 $Al(OH)_3 \cdot n(H_2O)$ が生じ，ゼラチン状の沈殿が生成する．

このように電子対の授受を伴う反応の多くは Lewis の定義により酸塩基反応となり，このほかにも次式 (4.12) のような多くの例が示される．

Lewis酸	Lewis塩基		
BF_3	$+$ R_3N	$\longrightarrow$ $R_3N\text{-}BF_3$	
R'^+Br^-	$+$ R_3N	$\longrightarrow$ $R_3R'N^+ Br^-$	(4.12)
CO_2	$+$ OH^-	$\longrightarrow$ HCO_3^-	
SiF_4	$+$ $2F^-$	$\longrightarrow$ SiF_6^{2-}	

したがって，Lewis の定義は，水素イオン (プロトン)，水酸化物イオンのみならず，溶媒和，配位化合物のような付加反応をも酸塩基反応に包含する定義である．そのため，多様な不対電子の反応を取り扱う有機化学においても頻繁に用いられる．

> **【例題 4.2】** 次の Lewis 酸・塩基反応における役割について説明せよ.
>
> (1) $LiH + H_2O \longrightarrow LiOH + H_2$
>
> (2) $I^- + I_2 \longrightarrow I_3^-$
>
> (3) $SnCl_2 + N\underset{\text{ピリジン}}{\bigcirc} \longrightarrow Cl_2Sn \leftarrow N\bigcirc$
>
> ［解答］
> (1) LiH などの水素化物は塩基として H^- を供与し，水から酸 H^+ を取り除くことによって，H_2 ガスを発生させる．この反応における LiOH は弱い酸である Li^+ が塩基 OH^- と結合している状態にある．
> (2) I^- は孤立電子対を有しており，これが I_2 分子の空軌道に供与することによって塩基として作用する．
> (3) 錯体形成反応においては電子を供与するピリジンが塩基である．

d. 酸・塩基の強さと酸塩基平衡

水分子が酸にも塩基にもなることを示したように，酸・塩基の関係は相対的なものであると述べた．それでは酸，塩基の強弱，すなわち 2 種の物質間で酸塩基反応が生じる場合，酸と塩基に関する強さはどのように示されるだろうか．またその指標にはどのようなものがあるだろうか．もっともなじみのあると思われる酸強度である pH の概念は水溶液内におけるプロトンの**活量** a_H の対数を用いた酸の濃度の指標として定義づけられている．溶媒である水に酸を加えた場合，その水中における水の解離は平衡反応であり，純水中の酸塩基平衡は水の不均化反応の平衡定数によって定量化される．ここで水に Brønsted 酸 HA を加える場合を考えよう．溶媒である水はプロトンを受け取る塩基として働く．その平衡は次の式 (4.13) で表される．

$$HA(aq) + H_2O(l) = H_3O^+(aq) + A^-(aq) \tag{4.13}$$

この式の平衡定数 K_a は各化学種の活量 a，酸の物質量濃度の標準値 $c^\ominus (=1 \text{mol dm}^{-1})$ を用いると，HA の酸性度定数（酸解離定数）K_a は次式 (4.14) のように定義される．

$$K_a = \frac{a(H_3O^+)a(A^-)}{a(HA)a(H_2O)} = \frac{[H_3O^+][A^-]}{[HA]c^\ominus} \tag{4.14}$$

ここで $a(H_2O)=1$ とする．この定義に従うと通常 K_a の取り得る範囲

は物質によって大きくことなり，対数によって示すことが適している
ため，通常，

$$pK_a = -\log_{10} K_a \tag{4.15}$$

として示されている．したがって，解離して $[H_3O^+]$ を生じやすい強
い酸であるほど，pK_a は小さくなる．一方，水はわずかに解離し，自
分自身で不均化する．この現象を自己プロトリシス（autoprotolysis）
といい，

$$\underset{}{2\,H_2O\,(aq)} \rightleftarrows \underset{\text{オキソニウムイオン}}{\overset{\text{酸}}{H_3O^+\,(aq)}} + \underset{\text{水酸化物イオン}}{\overset{\text{塩基}}{OH^-\,(aq)}} \tag{4.16}$$

で示される．自己プロトリシス定数 K_w は

$$K_w = [H_3O^+][OH^-]/c^{\ominus 2} \tag{4.17}$$

で示され，常圧，25℃において $K_w = 10^{-14}$ 程度である．したがって，
溶媒の pK_a の値は自己プロトリシスの平衡定数を示すイオン積とほ
ぼ一致し，酸と塩基とが同数となる値は中和点として示される．平衡
式に示されるように，$[H_3O^+]$ 濃度が大きくなるほど HA の酸強度が
強いということになり，プロトン濃度を用いれば，Brønsted 酸・
塩基の強度を捉えやすい．水溶液の場合 $K_w = 10^{-14}$ であるから，
$[H_3O^+] = [OH^-] = 10^{-7}\,\mathrm{mol\,dm^{-1}}$ すなわち，$[H^+] = 10^{-7}\,\mathrm{mol\,dm^{-1}}$ と
なった水溶液は中性となる．このことを利用し，便宜的にプロトン濃
度 $pH = -\log_{10}[H_3O^+]$ を用いて酸性度を決定することが多い．

水溶液中の酸性度定数は表 4.1 のように示される．

表 4.1 Brønsted の定義に基づく酸の共役塩基とその酸性度定数

酸 (HA)	共役塩基 (A⁻)	pK_a	酸 (HA)	共役塩基 (A⁻)	pK_a
H_3O^+	H_2O	0.0*	H_2CO_3	HCO_3^-	6.37
HF	F⁻	3.45	HCO_3^-	CO_3^{2-}	10.32
HCl	Cl⁻	−7	NH_4^+	NH_3	9.25
HBr	Br⁻	−9	H_3PO_4	$H_2PO_4^-$	2.16
HI	I⁻	−11	$H_2PO_4^-$	HPO_4^{2-}	7.2
H_2SO_4	HSO_4^-	−2	HPO_4^{2-}	PO_4^{3-}	12.4
HSO_4^-	SO_4^{2-}	1.92			

* $H_3O^+ + H_2O = H_3O^+ + H_2O$ の反応において水中の水は約 55 mol dm⁻¹ であ
ることから，$pK_a = -1.57$ と計算されるが，実際には H_2O は常に活量を 1 と
すべきであり，また，プロトン移動が生じても H_3O^+ の濃度は不変である
（本反応における酸と共役酸とは区別できない）ため，$pK_a = 0$ となる．

たとえば，HF を除くハロゲン化水素については，水中において平
衡は一方的に解離する方向に進み，すべてのプロトンが H_2O にプロ
トンを供与する．すなわち，

オキソニウムイオン
通常，オキソニウムイオンは水素イオンとして示されることから，$pH = -\log[H^+]$ と示されることが普通であるが，自己プロトリシスの定義を元にすると，本文のように示す方が妥当である．

$$\text{HCl} + \text{H}_2\text{O} \longrightarrow \text{H}_3\text{O}^+ + \text{Cl}^-$$
$$\text{HBr} + \text{H}_2\text{O} \longrightarrow \text{H}_3\text{O}^+ + \text{Br}^-$$
(4.18)

を比較しても酸は H_3O^+ に置き換えられ，HCl と HBr との強度を水溶液中にて比較することは不可能である．言い換えれば，H_3O^+ より強い酸の酸性度は水溶液中では H_3O^+ の酸性度まで下がってしまうことになるのである．この現象を水の**水平化効果**という．HF については，$pK_a = 3.45$ であり，

$$\text{HF} + \text{H}_2\text{O} = \text{H}_3\text{O}^+ + \text{F}^-$$
(4.19)

においては水中では HF は完全に解離しない．同様に，H_2CO_3 についてもすべての分子がプロトリシスによりイオン化するわけではないことがわかる．

一方，表中のリン酸 H_3PO_4 は段階的に解離し，それぞれ pK_a が示されている．このような場合，pH すなわち系内のプロトン濃度によって，次の平衡式および平衡定数に従い，取り得るイオンの形状が異なることになる．

$$\text{H}_3\text{PO}_4 + \text{H}_2\text{O} \longrightarrow \text{H}_3\text{O}^+ + \text{H}_2\text{PO}_4^-$$
$$K_1 = [\text{H}_3\text{O}^+][\text{H}_2\text{PO}_4^-]/[\text{H}_3\text{PO}_4]c^\ominus = 10^{-2.16}$$
$$\text{H}_2\text{PO}_4^- + \text{H}_2\text{O} \longrightarrow \text{H}_3\text{O}^+ + \text{HPO}_4^{2-}$$
$$K_2 = [\text{H}_3\text{O}^+][\text{HPO}_4^{2-}]/[\text{H}_2\text{PO}_4^-]c^\ominus = 10^{-7.2}$$
$$\text{HPO}_4^{2-} + \text{H}_2\text{O} \longrightarrow \text{H}_3\text{O}^+ + \text{PO}_4^{3-}$$
$$K_3 = [\text{H}_3\text{O}^+][\text{PO}_4^{3-}]/[\text{HPO}_4^{2-}]c^\ominus = 10^{-12.6}$$
(4.20)

そこで，それぞれの溶存種の任意の pH $(= \log[\text{H}_3\text{O}^+])$ における存在比率 α を算出する．

$$\alpha = \frac{[\text{任意の溶存種の濃度}]}{[\text{H}_3\text{PO}_4] + [\text{H}_2\text{PO}_4^-] + [\text{HPO}_4^{2-}] + [\text{PO}_4^{3-}]}$$
(4.21)

それぞれの溶存種の存在比率は，$[\text{H}_3\text{O}^+]$ の関数として示されるため，pH を横軸とする**分配図**を作製することができる．すなわち，溶媒の酸性度によって，Brønsted 酸の酸解離平衡が決定されることになる．

一方，強い塩基を用いた場合も同様に水平化が生じる場合がある．水より塩基性の強い溶質を溶解させた場合，塩基はすべてのプロトンを受容し，同濃度の OH^- が生じる．したがって，同様に水平化が起こる．たとえば，エタノールの共役塩基であるエトキシドイオン $\text{CH}_3\text{CH}_2\text{O}^-$ は $pK_a = 16$ 程度であり，水中において加水分解反応を生じさせエタノールとなることから同様に水平化が生じる．この効果は溶質が完全解離することが前提であるため，希薄水溶液の場合に適用される．濃厚水溶液の場合には，溶質の解離度減少と水の活量減少の

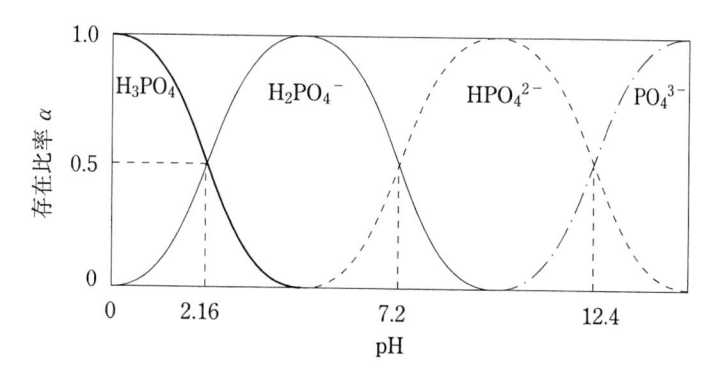

図 4.2 リン酸の解離に対する pH 依存性

ため，水平化効果は成立しないことも多い．

自己プロトリシスが生じにくい溶媒を用いるとすべての酸・塩基が溶媒のプロトリシスを生じさせることを抑制するため，広い pK_a 領域で酸塩基平衡を検討することが可能である．たとえば，エトキシドイオンについては，液体アンモニア中においては

$$CH_3CH_2O^- + NH_3 = NH_2^- + CH_3CH_2OH \quad (4.22)$$

という平衡が成立し，すべてのアンモニア分子がプロトリシスを起こすことにはならない．同様に強酸の酸性度についても酢酸やギ酸などの酸性度の高い溶媒を用い，水平化を抑制しなければ，酸性度定数を定めることはできない．

e．Lewis 酸・塩基の強度とドナー数・アクセプター数

次に酸・塩基の強さをルイス酸について考えてみよう．Brønsted 酸・塩基の場合は，電子受容体がプロトンに限られているが，ルイスの定義では，極めて多くの電子受容体が酸として作用するため，共通の要因を見いだした上で塩基に対する親和性を指標とする必要がある．Lewis 酸と塩基との間では電子の供与と受容により平衡が論じられることから，錯体形成に関わる反応を用いて，酸・塩基の特徴を見いだすことが一般的である．

Lewis 酸・塩基を論じる上で，重要なことは**"硬い酸・塩基"**と**"軟らかい酸・塩基"**とに経験的に分類されていることである．硬いと軟らかいの区別は，ハロゲン化イオンである F^-，Cl^-，Br^-，および I^- について，硬い酸は $F^- > Cl^- > Br^- > I^-$ の順に錯体を形成しやすく，軟らかい酸は $I^- > Br^- > Cl^- > F^-$ の順に錯体を形成しやすいことから分類された．塩基についても同様に分類可能である．すなわち，硬い酸と結合，あるいは錯体形成しやすい塩基を硬い塩基とし，軟らかい塩基と結合しやすい塩基を軟らかい塩基とした．それらの代表的な例を表 4.2 に示した．

表 4.2 硬い酸・塩基と軟らかい酸・塩基

	酸	塩基
硬い ↓ 軟らかい	H^+, Li^+, Na^+, K^+ Be^{2+}, Mg^{2+}, Ca^{2+}, Cr^{2+} Cr^{3+}, Sc^{3+}, Al^{3+}, BF_3	H_2O, NH_3, R_3N F^-, Cl^-, OH^-, ClO_4^-, NO_3^- CO_3^{2-}, SO_4^{2-}
	Fe^{2+}, Co^{2+}, Ni^{2+} SO_2, BBr_3, $C_6H_5^+$	N_2, C_6H_5N Br^-, NO_2^-, N_3^- SO_3^{2-}
	Cu^+, Ag^+, Au^+, Tl^+, Hg^+ Pd^{2+}, Pt^{2+}, Hg^{2+}, Pt^{4+} BH_3, 金属原子	R_3P, R_2S, CO R^-, CN^-, I^-, SCN^-

いずれも経験的な定義であるが，半定量的な分類方法については溶存種間のイオン性相互作用または双極子相互作用と密接な関係がある．軟らかい酸・塩基は硬いものよりも分極性を有し，共有結合性が大きい．

酸・塩基の硬さ・軟らかさ
酸・塩基の硬さ・軟らかさを説明する方法として，フロンティア電子軌道論によるHOMO, LUMOの軌道間隔や結合エネルギーから熱力学的な傾向を用いるものなどがある．

Lewis酸や塩基は不対電子の受容・供与に寄与することから，溶媒和の解釈に対しても有効である．すなわち，溶媒の酸性度の概念をもたらす．溶媒の酸性度はBrønsted塩基としての水やアンモニアに留まらず，ジメチルスルホキシド（$(CH_3)_2SO$, DMSO），ジメチルホルムアミド（$(CH_3)_2NCHO$, DMF），アセトニトリル（CH_3CN, AN）などの電子供与性を有する溶媒は非水溶媒として広く用いられる．一方，SO_2はベンゼンのような環状π電子から電子が供与され，酸として働く．

電子供与と受容という観点から定量性を有する酸・塩基の強さを示した指数として**ドナー数**（donor number）と**アクセプター数**（accepter number）が提案されている．ドナー数は電子受容体として非常に強いLewis酸である五塩化アンチモン$SbCl_5$を用い，Lewis塩基：Bが有する電子供与性を熱力学的に指数化したものである．すなわち

$$SbCl_5 + :B \longrightarrow Cl_5Sb \leftarrow B \tag{4.23}$$

なる反応において発生する熱量$\Delta H/\mathrm{kcal\,mol^{-1}}$（単位に注意）をドナー数とする．ドナー数が大きい程，電子供与によりエネルギー的に安定と言えることから，電子供与性が強い塩基となる．

一方，アクセプター数は溶媒の酸性度を示す数である．基準の塩基としてトリエチルホスフィンオキシド$(C_2H_5)_3PO:$を用い，溶媒に溶かす．溶媒中においては，

$$A + (C_2H_5)PO: \longrightarrow (C_2H_5)PO \to A \tag{4.24}$$

という配位が生じるため，A の電子受容性すなわち酸の強さによって ^{31}P-NMR 化学シフトが変化することを利用したものである．ほとんど相互作用を示さない弱い酸であるヘキサンに溶解したときの化学シフトを 0，ドナー数の基準酸である $SbCl_3$ を用いた場合の化学シフトを 100 として各溶媒で指数化したものである．すなわち，アクセプター数が大きいほど強い酸である．

表 4.3 にあるように水はドナー数，アクセプター数とも相対的に値は大きく，酸としても塩基としても良溶媒であることが示唆される．

表 4.3 ドナー数とアクセプター数

溶媒	ドナー数	アクセプター数
H_2O	18	54.8
$(CH_3)_2CO$（アセトン）	17	12.5
C_6H_5N	33.1	14.2
C_6H_6	0.1	8.2

これらの指標を使っても Lewis 酸・塩基の強度を化学種の構造や組成と関連づけることは極めて難しい．pK_a を用いても全てが解離しない弱酸・弱塩基を定性的かつ相対的に比較できるだけである．影響を及ぼす因子として，化学種の大きさや形状などの立体効果や溶媒和の効果が上げられるが限定的である．

【例題 4.3】一般に OH^- と S^{2-} を含む不溶性の塩は異なるため，陽イオンの分析に有用である．このことを酸・塩基の硬さ，柔らかさの概念を使って説明せよ．
［解答］OH^- は硬い塩基であり，S^{2-} は柔らかい塩基である．硬い塩基に対して硬い酸に分類される 3 価遷移金属イオン（Fe^{3+} など）は，水酸化物として沈殿を生成し，柔らかい塩基に対して柔らかい酸である 2 価の遷移金属イオン（Fe^{2+} など）は，硫化物として沈殿を生成する．このことが定性分析において有用な役割を果たす．

f. 固 体 酸

固体表面に関する酸性度の概念は様々な触媒担体の表面物性として用いられる．ゼオライトやグラファイトなど，多孔性で比表面積の非常に大きな固体上に H^+ が吸着できるように合成もしくは表面処理すると，その固体は塩基と接触することにより表面プロトリシスを生じることがある．シリカは表面官能基として $-OH$ を有するため，

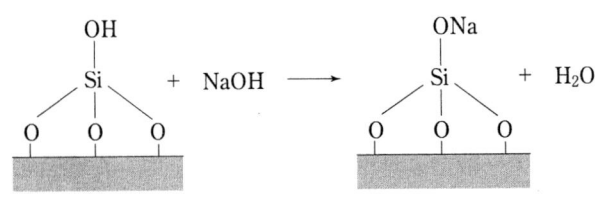

図 4.3 酸としてのシリカ表面官能基の反応

Brønsted酸性が主体となる（図 4.3）.

　シリカ自身は弱い酸である．これに対しシリカアルミナからなるゼオライトはシリカの四面体構造を基本骨格としており，四面体中心にSiが存在していることで電気的中性を保っている．この四面体中心をAlで置換すると，電荷が相殺されず−1の電荷をもつこととなり，カチオン交換能が付与されるカチオンとしてプロトンの吸脱着が可能であるため，強いBrønsted酸性を示す．ここでは酸塩基平衡が生じるため，H^+，OH^-が表面電荷決定イオンとして働く．

　一方，高温加熱脱水を施した金属酸化物においては，表面末端基が脱離するため，金属原子が固体Lewis酸として挙動する．Lewis塩基としてプロトン性塩基が吸着すると，Brønsted酸となる（図 4.4）.

　固体表面の酸性度をBrønsted酸とLewis酸とを区別するには，ピリジン吸着による赤外分光法によって知ることができる（図 4.5）.

　この場合ルイス酸点においては1450 cm^{-1}付近に配位による共有結合性を有する配位結合であり，Brønsted酸点においては，1460〜1480 cm^{-1}付近にピリジニウムイオンによるイオン結合または水素結

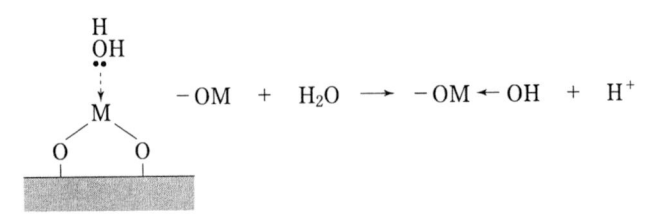

図 4.4 Lewis酸の水和によるBrønsted酸点の生成

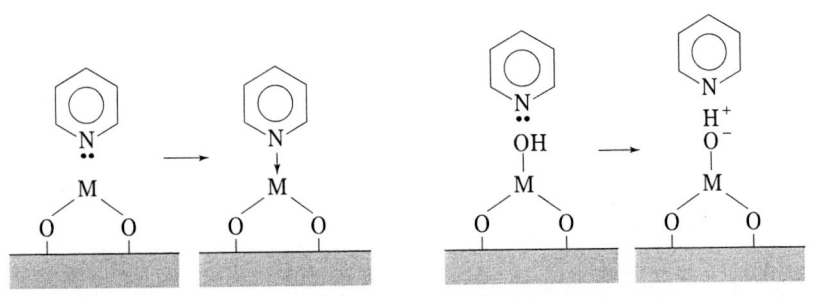

(a) Lewis酸点におけるピリジン吸着　　(b) Brønsted酸点におけるピリジン吸着

図 4.5 Lewis酸およびBrønsted酸点へのピリジン吸着

g．酸濃度とpH測定

　酸塩基平衡において重要な指標となるプロトン濃度の定量はpH測定として日常的に行われている．現在最も一般的なpH測定法は1909年にS. Sorensen（セレンセン）により提唱されたpH電極を用いる起電力法である．定義上pHは任意の値を取り得るが，分析手法としてのpH測定は主に水溶液の溶媒における弱酸・弱塩基の酸性・塩基性度，強酸・強塩基の希薄水溶液のプロトン濃度に限られ，水の活量に匹敵する酸・塩基濃度の範囲であるpH＝0〜14に限定される．それ以外の領域においては強酸・強塩基がもたらす完全解離条件下の測定となり，溶媒（水）の水平化効果によって添加した酸・塩基強度の測定は不可能なためである．また，取り扱うプロトン量は溶存プロトン濃度ではなく，系内のプロトン活量 $a_{H_3O^+}$ である．プロトンの活量の絶対値は測定することが不可能であるため，既知のプロトン濃度を示す標準液とのプロトン濃度差によって発生する電位差を測定することによってpHを決定する．一方，酸・塩基の濃度は希釈により中性付近まで移動させ，中和滴定により濃度決定することが必要である．電位差計によるpH測定のみでは活量係数の影響を免れないことに注意しなければならない．

4.2 酸化と還元

　無機化学における主要な反応のうち，形式上，ある物質が電子を放出したり，受け取ったりすることによって物質の電価が変化した場合，酸化と還元に関する検討が必要となる．電子を放出することを**酸化**（oxidation），電子を受け取ることを**還元**（reduction）といい，これらの反応が同時に起こる，すなわち"ある物質が電子を放出し，同時に，ある物質が電子を受け取る"反応を**酸化還元反応**（redox reaction）とよぶ．"酸化する（oxidize）"という言葉は，物質が酸素と結びつくことに由来するものであり，酸化反応の逆反応として元に戻ることが"還元する（reduce）"反応とよばれるようになった．これらの反応は自然界で生じる燃焼や呼吸による生体内の反応のみならず，工業的にも金属精錬やめっき，電気分解など，様々なところで利用されてきた．実験室における酸化還元反応は，化合物の数だけ存在するといって過言ではない．もっとも単純な酸化反応の一つは炭素の燃焼反応であろう．われわれは一酸化炭素を生じる酸化反応を不完全燃焼，二酸化炭素を生じる場合を完全燃焼とよぶが，いずれも炭素原子が酸

電子の移動
"ある物質が放出した電子，ある物質が受け取る"という表現は化学式ではあり得るが，現実には普遍的な定義とはいえない．離れた場所にある物質間で同様なことがあった場合，電子がその物質間を移動したわけではないことが多いからである．

素原子と結合することによって電子を放出，酸素原子に供与し，酸化数と増加させるのである．しかし，酸化還元反応はあらゆる化学反応の中でも最も工業プロセスとして工夫されてきたものであり，その事例から学ぶことも多いため，いくつかの例をあげておく．

a．金属酸化物の酸化還元反応

酸化還元反応を考察する上で考えやすい対象は様々な酸化条件を有する金属酸化物の還元反応であり，乾式冶金法（pyrometallurgy）とよばれる．天然では多くの金属が酸化物や硫化物として存在する．そのため，金属を得るために還元剤により金属精錬が行われる．たとえば，鉄は鉄鉱石中に含まれる酸化鉄（Fe_2O_3）が石炭（C）などと反応することによって，

$$\underset{+3}{Fe_2O_3} + 3/2\underset{0}{C} \xrightarrow[\text{還元}]{\text{酸化}} 2\underset{0}{Fe} + 3/2\underset{+4}{CO_2} \quad (4.25)$$

となる反応を高炉中において段階的に進行させている．一方，C は CO_2 に酸化している．このように酸化と還元とは対をなしており，価数の変化を追従することによって反応の量論的解釈は可能となる．そのため，無機化学の中でもとりわけ熱力学との関連が深く，特に対象となる反応が進行するかどうかについては，**標準反応自由エネルギー**（standard Gibb's free energy）$\Delta G^\ominus$ を用いて議論されることが多い．酸化還元反応の標準自由エネルギーの $\Delta G^\ominus$ は

$$x M + 1/2 O_2 \longrightarrow M_xO \quad \Delta G^\ominus_M = -RT \ln K \quad (4.26)$$

として表される．各種の標準反応自由エネルギーは温度に依存し，広く検討された．それらの酸化還元反応における熱力学的検討は Ellingham により **Ellingham**（エリンガム）図としてまとめられている．標準反応自由エネルギー $\Delta G^\ominus$ は

$$\Delta G^\ominus = \Delta H^\ominus - T\Delta S^\ominus \quad (4.27)$$

として示される．一般に金属酸化は酸素が結合することによって気体が減少するため，標準反応エントロピー $\Delta S^\ominus$ は負の値を取る．Ellingham 図は横軸に温度，縦軸に標準反応自由エネルギー $\Delta G^\ominus$ を取るが，反応のエンタルピーは反応のエントロピーと比較してあまり温度に依存しないため，式（4.27）は正の傾きをとる．加えて酸化反応は普通発熱反応であるため，標準反応エンタルピー $\Delta H^\ominus$ は負であるが，その度合いは金属の酸化のされやすさ，すなわちイオン化ポテンシャルの序列と類似した関係にあり，酸化されやすい金属種ほど負になる．

一方，炭素の還元反応に対して，還元剤として C を想定すれば，

$$C + O_2 \longrightarrow CO_2 \quad 2\Delta G^{\ominus}_{c,0-2}$$
$$C + 1/2 O_2 \longrightarrow CO \quad \Delta G^{\ominus}_{c,0-1} \quad (4.28)$$
$$CO + 1/2 O_2 \longrightarrow CO_2 \quad \Delta G^{\ominus}_{c,1-2}$$

からなる酸化反応が金属の還元の対称となる反応として寄与する．金属の酸化と共に標準反応自由エネルギーを考えると，表 4.4 のようになる．

表 4.4 標準反応自由エネルギー

反　応	気体量	$\Delta S^{\ominus}$	$\Delta G^{\ominus}$
$xM + 1/2 O_2 \to M_xO$	減少	負	温度に対して増加
$C + O_2 \to CO_2$	不変	ほとんど 0	温度に対してほとんど変化なし
$C + 1/2 O_2 \to CO$	増加	正	温度に対して減少
$CO + 1/2 O_2 \to CO_2$	減少	負	温度に対して増加

上述の鉄の例について図 4.6 を用いて説明する．高炉内部では高炉の下部から導入される空気（酸素）と反応した石炭から CO が大量に発生する．この CO に対して，上部からコークスとともに投入された鉄鉱石の主成分である Fe_2O_3 が反応する．その反応は式（c）と式（f）との関係にあり，いかなる温度においても標準反応自由エネルギー $\Delta G^{\ominus}$ は CO の酸化の方が低く，自発的に Fe_2O_3 から Fe_3O_4 への還元反応が進むことがわかる．700°C 付近においてそれまで $\Delta G^{\ominus}$ の

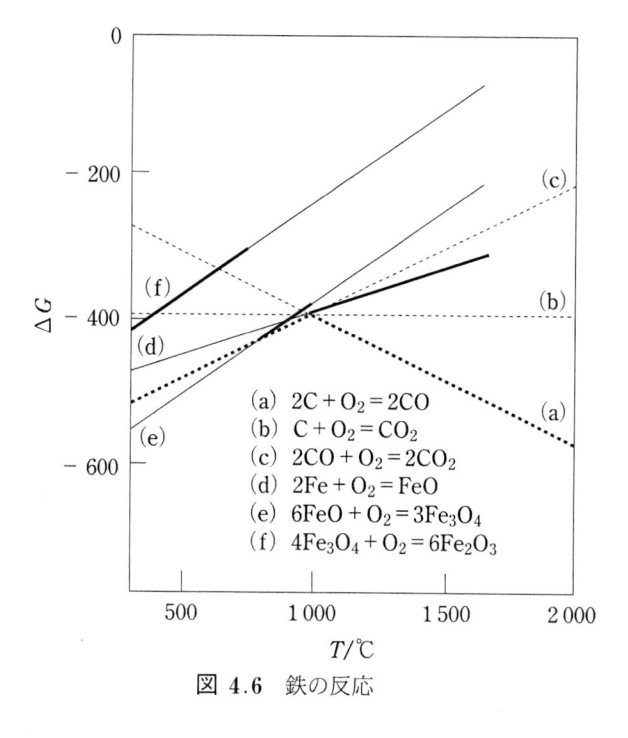

(a) $2C + O_2 = 2CO$
(b) $C + O_2 = CO_2$
(c) $2CO + O_2 = 2CO_2$
(d) $2Fe + O_2 = FeO$
(e) $6FeO + O_2 = 3Fe_3O_4$
(f) $4Fe_3O_4 + O_2 = 6Fe_2O_3$

図 4.6　鉄の反応

低かった式 (e) の反応，すなわち FeO への還元は C や CO の酸化反応よりも $\Delta G^\ominus$ は大きくなり逆転する．金属鉄 Fe が生成する反応 (d) は 1000℃ 付近で CO 生成反応と逆転するため，Fe の生成は 1000℃ 以上の領域で平衡論的に可能となる．

このように金属の還元は，高温で進行することから速度論的にはあまり問題にはならず，平衡論的な熱力学に基づき，反応経路をたどって進行することがわかる．

金属は貴なほど，精製は容易である．天然における形態も金，白金などの貴金属は単体のまま存在することもあるが，化合物となっていても比較的単体の抽出は容易である．銅 (Cu) は鉄の製錬技術が成立する前の古代から用いられていたが，これは銅の天然鉱物である硫化銅 (CuS) を

$$CuS + O_2 \longrightarrow Cu_2O + SO_2 \tag{4.29}$$

といった反応によって Cu_2O を得た後，加熱処理により還元して金属銅が得られる．これに対して，卑金属は標準反応自由エネルギーが低く，炭素の酸化反応とともに還元するためにはより高温での反応を要するため，鉄のほか，コバルト (Co)，ニッケル (Ni)，亜鉛 (Zn) などの金属精錬が行われている．アルミニウム (Al) を得るために酸化アルミニウム (Al_2O_3) を C の酸化により還元するには，2000℃ を超える高温が必要であり，Al_2O_3 の高い蒸気圧によって精製ができない．そのため，Al は Al_2O_3 の高温電解により精製される．チタンは高温で炭化物や窒化物をつくりやすいので，複雑なプロセスを経て精錬される．3.3 節でも述べたように，イルメナイトや金紅石など，Ti を含有する鉱石から炭素と接触加熱して鉄を除く．さらに塩素を通じて $TiCl_4$ として，

$$TiO_2 + 2C + 2Cl_2 \longrightarrow TiCl_4 + 2CO \tag{4.30}$$

といった反応を経た後，$TiCl_4$ を蒸留して精製する．この後，900℃ アルゴンガス気流中にてマグネシウムと反応させて金属チタンを得る．

$$TiCl_4 + 2Mg \longrightarrow Ti + 2MgCl_2 \tag{4.31}$$

また，多くの半導体プロセスに欠かせないケイ素 (Si) も，複雑なプロセスをへて精製される．

高速チタン精製
凝縮相である $TiCl_2$, $TiCl_3$ を用いて高速にチタン精製を行う方法も開発されている．

SiO_2 を 1500℃ 以上にて還元　　$SiO_2 + 2C \longrightarrow Si + 2CO$
副反応により SiC が生成　　$SiO_2 + C \longrightarrow SiC + O_2$　(4.32)
過剰な SiO_2 の添加による還元　$SiC + SiO_2 \longrightarrow 2Si + CO_2$

これらの反応によってできた Si は塩酸と接触させ

$$\begin{aligned} Si + 3HCl &\longrightarrow SiHCl_3 + H_2 \\ Si + 4HCl &\longrightarrow SiCl_4 + 2H_2 \end{aligned} \tag{4.33}$$

によって得られる $SiHCl_3$ あるいは $SiCl_4$ を分別蒸留し，熱分解および水素還元を行うことによって高純度の溶融シリコンを得る．Siウェハーの原料となるシリコン単結晶は溶融シリコンから高温炉中での引き上げ法によって再結晶され，得られる．

乾式冶金は工業プロセスにおける代表的な酸化還元反応の例であり，目的物は還元により得られる．これに対して，目的物が酸化によって得られる例は金（Au）である．金は装飾や防食を目的とした配線材料として重要であり，その純度は重要な品質の指標となる．金は標準反応自由エネルギーが極めて高く，天然においてそのまま産出するが，純度が低いことが多い．古くは水銀に溶解させ精製するアマルガム法やシアン化ナトリウムによって錯化し，

$$4Au + 8NaCN + 2H_2O + O_2 \longrightarrow 4NaAu(CN)_2 + 4NaOH \quad (4.34)$$

の反応によって一度酸化によって精製した後，

$$2[Au(CN)_2]^- + Zn \longrightarrow 2Au + [Zn(CN)_4]^{2-} \quad (4.35)$$

の反応により再還元するシアン化法により回収されている．最近ではシアンイオンの有毒性を回避することやより高い純度を必要とするために，塩素精製や電解法による精製が行われる．

これまでは，熱力学的平衡によって酸化還元反応が自発的に生じる例をあげてきた．実験室系における酸化還元反応は，上記の金属の酸化還元のみならず，複数の酸化数を有するイオン間の電価の変化に伴う反応も酸化還元反応の対象となるであろう．たとえば還元性の酸である塩酸による鉄の酸化は

$$Fe(0) + 2HCl \longrightarrow Fe(II)Cl_2 \longrightarrow H_2 \quad (4.36)$$

として進行することが知られているが，この溶液に酸化性を付与するために H_2O_2 を混合すると

$$Fe(II)Cl_2 + 1/2 H_2O_2 + HCl \longrightarrow Fe(III)Cl_3 + H_2O \quad (4.37)$$

の反応が進行する．常温常圧ではいずれの反応も平衡が大きく酸化側に傾いており，不可逆的に進行することを利用している．しかし，このように常温常圧において反応を進行させる場合は，自発的に進行する不可逆な反応によることがほとんどであり，平衡が均衡している場合や，逆に反応の進行方向と逆の反応を起こさせることはできないことになる．

【例題4.4】 4.2節aでも述べたように，アルミニウムは容易に酸化する金属であるため，高温電解により精製されている．原料であるボーキサイトから製造するプロセスにBayer（バイヤー）法とHall-Héroult（ホール-エルー）法が知られている．この反応

> 機構について調査してみよ．
> [解答] Bayer 法は純度 50％ 程度の Al_2O_3 を有するボーキサイトを溶融ソーダ（水酸化ナトリウム）により
>
> $$Al_2O_3 + 2OH^- + 3H_2O \longrightarrow 2[Al(OH)_4]^-$$
>
> の反応によって溶解させる．このとき不純物は溶解せず濾別される．得られた溶解塩は水酸化アルミニウムであり冷却とともに固化，沈殿する．これをさらに再融解させると脱水反応が起こり，1050℃ 付近で高純度なアルミナが生成する．
>
> $$2Al(OH)_3 \longrightarrow Al_2O_3 + 3H_2O$$
>
> 得られたアルミナを炭素によって
>
> $$Al_2O_3 + 3C \longrightarrow 2Al + 3CO$$
>
> で表される反応により，電解還元する．詳細は 4.2 節 e を見よ．

b. 電気分解

酸化還元反応は物質の電子の授受により生じる反応であるから，物質に電子を供給あるいは物質から電子を放出させる手段があれば，反応は進行する．その手段として電流（電子）を物質に流すことによる方法が**電気分解** (electrolysis) であり，電気化学の発展とともに数多くの物質がこの手法によって得られてきた．電気分解による酸化還元反応の大きな特徴は，電気分解は陽極と陰極の二つの電極において電子の授受が行われることから，全反応が空間的に分離されていることである．水素の酸化反応 ($H_2 + 1/2 O_2 \rightarrow H_2O$) は熱力学的には負に大きな標準反応自由エネルギー $\Delta G^{\ominus}(H_2O) = -237\,\mathrm{k\,J\,mol^{-1}}$ を有し，反応は不可逆的に進む．一方，常温常圧下では通常進行しない水の分解反応

$$H_2O \longrightarrow H_2 + 1/2 O_2 \tag{4.38}$$

は，電気分解により，それぞれの電極において

$$\begin{aligned} \text{陽極（アノード）}\quad & H_2O \longrightarrow 2H^+ + 1/2 O_2 + 2e^- \\ \text{陰極（カソード）}\quad & 2H^+ + 2e^- \longrightarrow H_2 \end{aligned} \tag{4.39}$$

として電子の授受が生じ，反応が進行してそれぞれ気体が発生する．すなわち電極においては，熱力学的には反応が進行しない物質が与えられる電気エネルギーによって，言い換えれば，電子が物質に対してどのように働きかけるかを考える必要がある．

c. 標準電位

水溶液中においては，酸化還元反応は電気化学的手法を用いて，電極上で電子の授受を行うことが多いため，電気化学的に酸化還元を理解するには，熱力学的な標準反応自由エネルギーを**標準電位**（standard potential) に置き換える作業が有効である．ここで，物理化学の手を借りて，自由エネルギーと標準電位との関係を結びつける．

外部からのエネルギーにより電子が移動した場合，移動した電気量 Q は Faraday（ファラデー）の法則により，$Q=zF$ となる．もし，電流を限りなく小さくし，反応を電気化学的に準平衡下にて行わせた場合，その電気が行った仕事量 Δw は，与えた電圧 V に対して $\Delta w = zFE$ となる．一方，反応自由エネルギー ΔG は"外部から可逆的な変化を経て与えられた仕事"に等しいので，系が与えた仕事 Δw との関係は

$$\Delta G^{\ominus} = -\Delta w = -zFE^{\ominus} \tag{4.40}$$

となる．たとえば，上述の水素の燃焼反応は水の電気分解の逆反応であり，燃料電池反応として知られるが，この反応における標準理論起電力 $E^{\ominus}$ はこの反応が 2 電子反応であることから，水素の酸化による標準反応自由エネルギーから下式に従い求めることができる．

$$\Delta G^{\ominus} = \Delta G^{\ominus}_{(H_2O)} \tag{4.41}$$

$$E^{\ominus} = -\frac{\Delta G^{\ominus}}{zF} = -\frac{-237000}{2 \times 96485} = 1.23 \text{ V} \tag{4.42}$$

一般的な化学反応においても，標準反応自由エネルギー $\Delta G^{\ominus}$ は起電力に置き換えられる．

$$\begin{array}{ll}
\text{陰極（カソード）反応} & a\text{A} + z\text{e}^- \longrightarrow c\text{C} \\
\text{陽極（アノード）反応} & b\text{B} \longrightarrow d\text{D} + z\text{e}^- \\
\hline
\text{全反応} & a\text{A} + b\text{B} \longrightarrow c\text{C} + d\text{D}
\end{array} \tag{4.43}$$

とする．この反応における平衡定数を用いると反応自由エネルギーと関係づけると次式のようになる．

$$\Delta G = \Delta G^{\ominus} + RT \ln K = \Delta G^{\ominus} + RT \ln \frac{(a_C)^c (a_D)^d}{(a_A)^a (a_B)^b} \tag{4.44}$$

よって，

$$E = E^{\ominus} - \frac{2.303 RT}{zF} \log \frac{(a_C)^c (a_D)^d}{(a_A)^a (a_B)^b} \tag{4.45}$$

となる．自発的に反応が進行する ΔG が負の場合，E が正であることを意味する．常温常圧下（$T=298$ K）の 1 電子反応（$z=1$）において電位が 1 V 増加すると

$$\log K = \frac{96485}{2.303 \times 8.314 \times 298} = 16.9$$

であることから平衡定数は 17 桁近く変化し，著しく平衡が傾くこと

表 4.5 標準電極電位

反応	$E^{\ominus}/V$	反応	$E^{\ominus}/V$
$Li^+ + e^- \rightarrow Li$	-3.05	$F_2 + 2e^- \rightarrow 2F^-$	2.87
$Na^+ + e^- \rightarrow Na$	-2.71	$Cl_2 + 2e^- \rightarrow 2Cl^-$	1.36
$K^+ + e^- \rightarrow K$	-2.93	$Br_2 + 2e^- \rightarrow 2Br^-$	1.07
$Rb^+ + e^- \rightarrow Rb$	-2.93	$I_2 + 2e^- \rightarrow 2I^-$	0.54
$Ca^{2+} + 2e^- \rightarrow Ca$	-2.83		
$Mg^{2+} + 2e^- \rightarrow Mg$	-2.36	$O_2 + 4H^+ + 4e^- \rightarrow 2H_2O$	1.23
$Mn^{2+} + 2e^- \rightarrow Mn$	-1.68	$Fe^{3+} + e^- \rightarrow Fe^{2+}$	0.77
$Zn^{2+} + 2e^- \rightarrow Zn$	-1.18	$[PtCl_4]^- + 2e^- \rightarrow Pt + 4Cl^-$	0.76
$Cr^{2+} + 2e^- \rightarrow Cr$	-0.74	$I^{3-} + 2e^- \rightarrow 3I^-$	0.54
$Fe^{2+} + 2e^- \rightarrow Fe$	-0.45	$AgCl + e^- \rightarrow Ag + Cl^-$	0.17
$Co^{3+} + 3e^- \rightarrow Co$	-0.28	$AgI + e^- \rightarrow Ag + I^-$	-0.15
$Ni^{2+} + 2e^- \rightarrow Ni$	-0.26	$Pb^{2+} + 2e^- \rightarrow Pb$	-0.13
$Sn^{3+} + 3e^- \rightarrow Sn$	-0.13	$PbSO_4 + 2e^- \rightarrow Pb + SO_4^{2-}$	-0.36
$H^+ + e^- \rightarrow 1/2\ H_2$	0		
$Cu^{2+} + 2e^- \rightarrow Cu$	0.34	$4H_2SO_3 + 4H^+ + 6e^- \rightarrow S_4O_6^{2-} + 6H_2O$	0.51
$Cu^+ + e^- \rightarrow Cu$	0.52		
$Hg^{2+} + 2e^- \rightarrow Hg$	0.85	$2H_2SO_3 + 2H^+ + 4e^- \rightarrow S_2O_3^{2-} + 3H_2O$	0.40
$Ag^{2+} + 2e^- \rightarrow Ag$	0.80		
$Pt^{2+} + 2e^- \rightarrow Pt$	1.12	$SO_4^{2-} + 4H^+ + 2e^- \rightarrow H_2SO_3 + H_2O$	0.22
$Au^+ + e^- \rightarrow Au$	1.69		

を意味する．つまり，系の起電力を基準に電圧を加える（電位差を与える）と系外からエネルギーを与えられ，電気分解の反応が生じる．

標準反応自由エネルギーは全反応に対応するエネルギーであるため，片側ずつの電極反応（概念的に半反応とよぶ）に分けることによって，各元素の標準反応自由エネルギーを規定することができる．その基準として水素発生反応が用いられており，

$$2H^+(aq) + 2e^- \longrightarrow H_2(g) \quad \Delta G^{\ominus} = 0 \tag{4.46}$$

と定義づけられている．たとえば，上述の水の電気分解反応においては

$$H_2O(l) \longrightarrow H_2(g) + 1/2\ O_2(g)$$
$$\Delta G^{\ominus} = 237\,\mathrm{kJ\,mol^{-1}} \tag{4.47}$$

であるが，水素還元反応が基準とすれば，酸素還元反応は

$$2H^+(aq) + 1/2\ O_2(g) + 2e^- \longrightarrow H_2O(l)$$
$$\Delta G^{\ominus} = -237\,\mathrm{kJ\,mol^{-1}},\ E^{\ominus} = +1.23\,\mathrm{V} \tag{4.48}$$

と定められる．このようにして決定された電位を標準電位とよぶ．この電位を境に酸化と還元の反応が平衡論的に逆転することから，酸化還元電位ともいう．標準電位は各金属のイオン化ポテンシャルと極めて密接な関係にある．

標準電位
対象が電極材料であれば"標準電極電位"とよばれることもある．

d. Latimar（ラティマー）図

一方，イオンの価数が複数ある金属とりわけ遷移金属についての各イオン間の起電力差については，**Latimar図**により整理されている．たとえば金属から+7価のイオンを有するマンガン（Mn）については，その酸化還元過程に対して図4.7のように表される．表4.6は図4.7の**1**～**8**の反応の標準電位および標準反応自由エネルギーを示した．

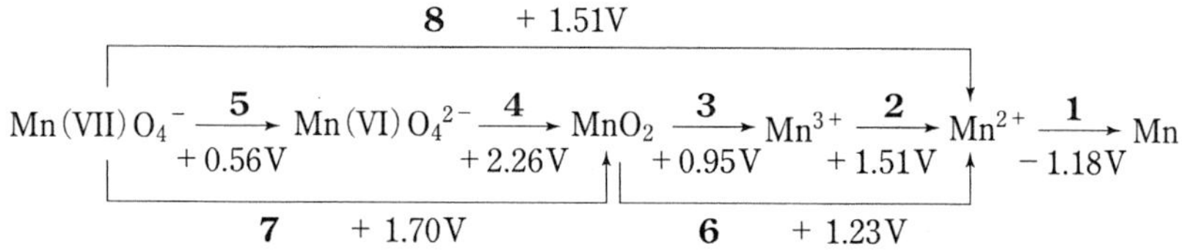

$$\text{Mn(VII)O}_4^- \xrightarrow[+0.56\text{V}]{\mathbf{5}} \text{Mn(VI)O}_4^{2-} \xrightarrow[+2.26\text{V}]{\mathbf{4}} \text{MnO}_2 \xrightarrow[+0.95\text{V}]{\mathbf{3}} \text{Mn}^{3+} \xrightarrow[+1.51\text{V}]{\mathbf{2}} \text{Mn}^{2+} \xrightarrow[-1.18\text{V}]{\mathbf{1}} \text{Mn}$$

上部: **8** +1.51V （Mn(VII)O$_4^-$ から Mn^{2+}）
下部: **7** +1.70V （Mn(VII)O$_4^-$ から MnO$_2$）, **6** +1.23V （MnO$_2$ から Mn^{2+}）

図 4.7 マンガンの Latimar 図

表 4.6 標準電位および標準反応自由エネルギー（図4.7参照）

反応	$\Delta E^{\ominus}/\text{V}$	$\Delta G^{\ominus}/\text{kJ mol}$ $=-zFE$
1. $\text{Mn}^{2+} + 2e^- \rightarrow \text{Mn}$	-1.18	228
2. $\text{Mn}^{3+} + e^- \rightarrow \text{Mn}^{2+}$	$+1.51$	-146
3. $\text{MnO}_2 + 4\text{H}^+ + e^- \rightarrow \text{Mn}^{3+} + 2\text{H}_2\text{O}$	$+0.95$	-92
4. $\text{MnO}_4^{2-} + 4\text{H}^+ + e^- \rightarrow \text{MnO}_2 + 2\text{H}_2\text{O}$	$+2.26$	-436
5. $\text{MnO}_4^{2-} + e^- \rightarrow \text{MnO}_4^{2-}$	$+0.56$	-54
6. $\text{MnO}_2 + 4\text{H}^+ + 2e^- \rightarrow \text{Mn}^{2+} + 2\text{H}_2\text{O}$	$+1.23$	-237
7. $\text{MnO}_2 + 4\text{H}^+ + 3e^- \rightarrow \text{MnO}_2 + 2\text{H}_2\text{O}$	$+1.70$	-492
8. $\text{MnO}_2 + 8\text{H}^+ + 5e^- \rightarrow \text{Mn}^{2+} + 4\text{H}_2\text{O}$	$+1.51$	-729

起電力においては，関与する電子数によって値が決定するため，各イオン間における加成性が成り立たない．たとえば，Mn(VII)O$_4^- \rightarrow$ MnO$_2$ においては，6価イオンを経由する場合の**5**と**4**の起電力の和と**7**とは一致しないが，熱力学的な取扱をするために反応自由エネルギー ΔG を用いると**4**と**5**の和は**7**（-492 kJ mol^{-1}）で一致する．このように，電気化学反応における標準電位は熱力学的に求められる標準反応自由エネルギーと関与する電子数とが明確であれば，求めることができる．

H$_2$O$_2$ は不均化反応

$$\text{H}_2\text{O}_2(\text{aq}) \longrightarrow \text{H}_2\text{O}(\text{l}) + 1/2\,\text{O}_2(\text{g}) \tag{4.49}$$

により酸素発生を示す化合物であるが，この系でのLatimar図は以下のとおりである．

$$\text{O}_2 \xrightarrow{+0.70\text{ V}} \text{H}_2\text{O}_2 \xrightarrow{+1.76\text{ V}} \text{H}_2\text{O}$$

表 4.7

反 応	$\Delta E^{\ominus}/V$	$\Delta G^{\ominus}/\text{kJ mol}$ $=-zFE$
1. $H_2O_2(aq) + 2H^+(aq) + 2e^- \rightarrow 2H_2O(l)$	+1.76	−340
2. $O_2(g) + 2H^+(aq) + 2e^- \rightarrow H_2O_2(aq)$	+0.70	−135
3. $H_2O_2(aq) \rightarrow H_2O(l) + O_2(g)$	+1.06	−205

ここで，各反応を記述すると，表4.7のようになることから，不均化反応は自発的に進む反応であることが示唆される．これは電気化学反応ではないが，起電力差から反応の進行が類推できる例である．

同様に代表的なオキソ酸を形成する塩化物についても下記のように作成できる．

$$ClO_4^- \longrightarrow ClO_3^- \longrightarrow HClO_2 \longrightarrow HClO \longrightarrow Cl_2 \longrightarrow Cl^-$$

酸性下　+1.20 V　　+1.18 V　　+1.67 V　　+1.63 V　　−1.36 V
塩基性下 +0.37 V　　+0.30 V　　+0.68 V　　+0.42 V　　−1.36 V

この図において酸性下と塩基性下とで値が異なるのは，反応における両論的つり合いを取る場合に，H^+が関与するか，OH^-が関与するかによって反応が異なるからである．Latimar 図において $HClO \rightarrow Cl_2$ で示される反応は

酸性下　　　$HClO(aq) + H^+(aq) + e^- \longrightarrow H_2O(l) + 1/2\,Cl_2(g)$

塩基性下　$HClO(aq) + H_2O(l) + e^- \longrightarrow 2OH^-(aq) + 1/2\,Cl_2(g)$

(4.50)

起電力の差
$Cl_2 \rightarrow Cl^-$ の部分の起電力に差がないのは反応に水素または水が関与しないからである．

となる．この標準反応自由エネルギーの差が起電力の違いとなって現れる．このことは，酸性溶液下と塩基性溶液下において，酸化還元挙動に関与する物質が異なり，そのため，反応の進行に差異が生じることを示唆している．

e. Pourbaix（プールベイ）図

酸化還元挙動は Brønsted 酸・塩基性に大きく依存し，とりわけ水溶液中の金属の表面腐食や電解析出反応を取り扱う上で，pH の依存性を無視することはできない．各金属元素の酸化還元の pH および電位との依存性を示したのが **Pourbaix 図**である（図 4.8）．一般的に金属の酸化還元は電位に依存すると同時に，水素イオンが反応に関与する．たとえば，鉄の酸化反応は表 4.8 に示した，様々な反応過程を経て酸化状態をとるが，それぞれの条件を満たす要素をすべて図示することが可能である（ここでは Fe イオン濃度を $10^{-5}\,\text{mol L}^{-1}$ とする）．Pourbaix 図の作図によって得られる情報は，金属およびそのイオンの酸化還元挙動が溶解している状況を考慮し，溶存種の反応における条件設定において欠かせないものである．

4.2 酸化と還元

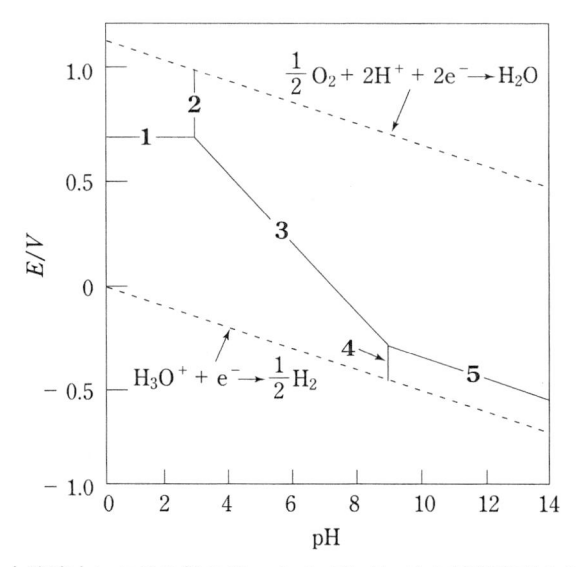

図 4.8 水溶液中における鉄の Pourbaix 図（**1〜5** の反応は表 4.8 に示す）

表 4.8 水溶液中の鉄の反応（**1〜5** の反応は図 4.8 を参照）

	反 応	E/V	pH 依存性
1	$Fe^{3+} + e^- \longrightarrow Fe^{2+}$	+0.77	なし
2	$Fe^{3+} + 3H_2O \longrightarrow Fe(OH)_3 + 3H^+$	酸化還元なし	溶解度積：$[Fe^{3+}][OH^-]^3 = 10^{-38}$ $mol^4 L^{-4}$ $Fe^{3+} = 10^{-5} mol L^{-1}$ とすると $[OH^-] = 10^{-11}$ により p[OH] = 14-pH = 11 すなわち，pH = 3 付近で境界
3	$Fe(OH)_3 + 3H^+ + e^- \longrightarrow Fe^{2+} + 3H_2O$	+0.77 V at pH = 3	三つの H^+ が関与し，$dV/d[pH] = -0.177$
4	$Fe^{2+} + 2H_2O \longrightarrow Fe(OH)_2 + 2H^+$	酸化還元なし	溶解度積：$[Fe^{2+}][OH^-]^2 = 10^{-15} mol^3 L^{-3}$ $Fe^{2+} = 10^{-5} mol L^{-1}$ とすると $[OH^-] = 10^{-5}$ により p[OH] = 14-pH = 5 すなわち，pH = 9 付近で境界
5	$Fe(OH)_3 + H^+ + e^- \longrightarrow Fe(OH)_2 + H_2O$	-0.292 V at pH = 9	一つの H^+ が関与し，$dV/d[pH] = -0.059$

　この図で注意すべきことは系が水溶液であるため，破線によって示された，水素および水の酸化還元平衡が存在することである．水はいかなる pH においても電位の幅は 1.23 V しかなく，平衡条件を保ちながら，それ以上の電位差を生じさせることはできない．このように溶存種が酸化還元するのに有効な電位領域のことを**電位窓**（potential window）という．有機溶媒の多くが水よりも広い電位窓を有することから，様々な表面処理，あるいは高い起電力を必要とする電池，たとえばリチウムイオン電池（3〜4 V）の電解液の溶媒に用いられている．また，溶媒のない系すなわち，イオンのみからなる**溶融塩**をもち

いるとこれらの制約から解放されるため，金属表面処理や卑金属およびハロゲンガスの精製に用いられている．アルミニウムは前述のように電解により精製されるが，この手法は1886年に米国のHallとフランスのHeroult（エルー）とによってそれぞれ独立に開発されたもので，ボーキサイトから精錬した酸化アルミニウムを融剤（氷晶石とフッ化ナトリウム）中に1000°C程度の高温で5％程度添加し，炭素電極で電気分解を行う．

$$\text{陰極} \quad Al_2O_3 + 6e^- \longrightarrow 2Al + 3O^{2-}$$
$$\text{陽極} \quad 3C + 3O^{2-} \longrightarrow 3CO + 6e^- \tag{4.51}$$

分解されたアルミニウムは溶融し陰極に溜まり，陽極では炭素電極自体が反応する．

f．光電気分解反応

酸化還元反応に対して外部からエネルギーを与える方法は電気エネルギーだけではない．1971年藤嶋・本多らによって見いだされた水の**光電気分解反応**(photoelectrolysis reaction)は，陽極にTiO_2を用い，光を照射することによって，0.5Vの電圧をかけるだけで，TiO_2表面ではOH^-の酸化が起こり，O_2が生成する反応である．一方，陰極では水素イオンが水素に還元し，自発的に反応が進行する．この反応において，電流がわずかな電圧をかけただけで流れるようになるのは，半導体表面に電子（e^-）と**正孔**（h^+）を分離する状態が光によって生じ空間電荷層が生じるためである．電荷分離を起こしたTiO_2の結晶は，そのままでは，緩和により再結合してしまうが，生じた電子を電位勾配によってTiO_2内部に拡散させ，導線に導くことによって，電流として取り出すことが可能となる．この電流によって対極ではPt極でH^+を還元してH_2を生成する．

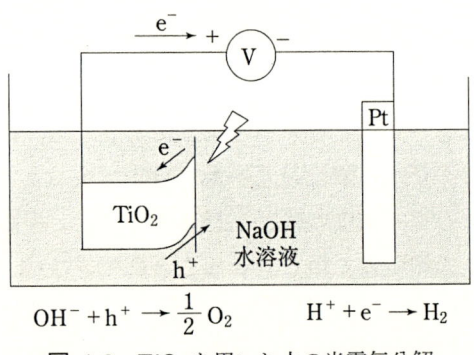

図4.9　TiO_2を用いた水の光電気分解

4.3　化学反応と合成

a．溶解度を利用した反応

　地下水に溶解した岩石の成分が形づくる鍾乳洞や，身近な石膏，セメントなど，水の媒介する無機化合物生成反応は多い．水あるいは他の溶媒に溶解した化学種が，濃度，温度，圧力，pHなどの変化によって固相として現れる反応は，地殻中高温高圧下での様々な鉱物の生成や，動植物の硬組織の形成にも深くかかわっている．他方，有機配位子を含む金属錯体の生成反応には，水と有機溶媒の均一溶液系がしばしば用いられ，その分離・精製は有機化合物と同様な，抽出操作やクロマトグラフィーによって行われる．溶液からの無機化合物の生成反応は，**析出反応，加水分解・重縮合反応，錯体形成反応**，に大別することができる．

（1）**析出反応**　イオン性無機化合物（金属塩）の水に対する溶解度は，金属イオンおよび対となるアニオンの，電荷，大きさ，溶液の水素イオン濃度などに依存する．水溶液中では，カチオンおよびアニオンは，水分子に囲まれた（水和）状態で存在している．新しく加えられたイオンが水分子と既存イオンとの引力相互作用を断ち切って，より安定な化合物を形成すると，水溶液からの析出が起こることになる．ある濃度の溶液から目的の固相が析出する否かは，**溶解度積**（結晶の飽和溶解度における構成イオンの濃度の積）K_{sp}によって，およそ見当をつけることができる．粗い一般則として，電荷が高く大きさの似たイオンの組合せからなる塩は溶解度が低く，電荷が低く大きさの著しく異なるイオンの組合せからなる塩は溶解度が高い．同じ電荷をもつ場合はイオンサイズの小さい組合せが難溶性である．たとえば，$Mg(OH)_2$とMg_2SO_4，$BaSO_4$と$Ba(OH)_2$では，それぞれ前者が難溶性であるが，後者の塩では溶解度が高くなる．水酸化物イオンの濃度は，pHの変化として制御することが容易であり，周期表の2族から16族にわたる多数の金属の酸化物が，金属水酸化物の析出を利用して合成される．

（2）**加水分解・重縮合反応**　析出反応がおもにイオン性溶液からの固相形成において起こるのに対して，有機官能基と共有結合性の強い結合を有する化合物は，**加水分解反応**によって水酸基を生じ，さらに**脱水縮合**を経て金属-酸素-金属の結合（メタロキサン結合）を伸ばしてゆくことができる．加水分解・重縮合の速度は中心金属および官能基の種類により様々であるが，触媒濃度や溶媒組成の調節により，

析出反応よりも穏やかな制御された固相形成を行うことができる．加水分解・重縮合反応の前駆体として広く用いられるのは**金属アルコキシド**である．アルコキシドの反応性が高く，反応の制御が困難な場合には，β ジケトン類を配位子とするキレート錯体が用いられることもある．ケイ素のアルコキシドは加水分解・重縮合が他の金属に比べて特に穏やかに起こり，重合体の架橋度や分子量を制御することによって，微粒子，繊維，薄膜およびバルクといった，様々な形態の固相（非晶質含水二酸化ケイ素：シリカゲル）を得ることができる．またチタンアルコキシドの加水分解・重縮合溶液を，基板に塗布・乾燥・熱処理して得られるアナタース薄膜は，紫外光の照射によって表面で電子授受を伴う**光触媒**として働くほか，生体内で骨と自然に結合する性質を示すことが知られており，近年盛んに研究されている．酸化アルミニウムの様々な含水結晶は，アルミニウムアルコキシドの加水分解によっても得ることができる．一般にアルコキシドから出発する場合には，溶媒組成や触媒の選択によって，イオン反応の場合よりも，重合体の構造や分子量分布を制御する自由度が高くなる．

加水分解・重縮合反応は，下記の逐次反応（加水分解，重縮合）が並行して進むことにより，複雑な経路をたどることが多い．

$$M(OR)_x + H_2O \longrightarrow M(OR)_{x-1}(OH) + ROH \quad \text{［加水分解］}$$
$$M(OR)_{x-1}(OH) + H_2O \longrightarrow M(OR)_{x-2}(OH)_2 + ROH$$
$$\text{［加水分解］}$$

（以下同様）
$$-M(OH) + (HO)M- \longrightarrow -M-O-M- \quad \text{［重縮合］}$$

x の値が3以上のアルコキシドでは，三次元的に広がった網目構造を形成する可能性があり，溶液全体に架橋構造が行きわたる**ゾル-ゲル転移**に先立って成形操作を行えば，含水ゲルの網目からなる固相を得ることができる．

一方，溶液内の加水分解平衡反応を用いた薄膜形成反応として**液相析出法**が知られている．金属フッ化物イオンにホウ酸溶液を添加すると，系内の遊離 F^- イオンが捕捉され，安定な BF_4^- が生じる．

$$MF_x^{(x-2n)-} + nH_2O = MO_n + xF^- + 2nH^+ \quad \text{［加水分解平衡］}$$
$$H_3BO_3 + 4HF \longrightarrow BF_4^- + H_3O^+ + 2H_2O \quad \text{［脱フッ素反応］}$$

その結果，加水分解平衡が右シフトするため，酸化物の成膜が進行することになる．F^- イオンの捕捉剤としては，常温のホウ酸のほか，金属アルミニウムが使用される．これらの反応の進行により，溶液中で過飽和となった酸化物が基板上で徐々に薄膜形成を進行させること

になる．非常に多くの金属酸化物，対応する金属フッ化物錯体が合成可能であり，そのフッ素解離平衡定数が BF_4^- または AlF_6^{3-} より小さい金属イオンであれば常温常圧で進行する成膜法である．この場合は，膜は基板から成長し，結晶性の高い膜が得られることが多い．代表的な酸化物として SiO_2, TiO_2, $V_2O_5(VO_2)$, SnO_2 などがあげられるほか，それらの複合薄膜，金微粒子含有 TiO_2 などの薄膜が合成されている．この場合は，反応に関与するのは無機イオンのみであり，有機物は関与しない．

（3）錯体形成　　錯体形成反応は，金属イオンと有機配位子との析出反応と考えることができるが，その結合特性は無方向性のイオン結合ではなく，むしろ共有結合と同様，方向性をもつ金属-配位子分子軌道間の相互作用による電子授受に基づいている．一般に単座配位子よりも，多座配位子の方が錯形成しやすく，2座配位子以上の錯体では分子性結晶として単離できるものも多い．配位子の種類や，配位コンフォメーションの違いなどから，同じ金属-配位子の組合せでも多くの異性体が生じる．一つ一つの異性体を収率よくつくり分けることは一般に困難であり，ラセミ化した混合物として一連の異性体を合成した後，液体クロマトグラフィーによって分離・精製する方法が一般的に採用されている．

【例題5】次の無機結晶を水への溶解度の高い順にならべ，その理由を述べよ．
　　　　(a) MgO, (b) $CaCO_3$, (c) $BaCO_3$, (d) NaCl
[解答] 電荷が大きく，サイズの小さいイオンほど，強く結合した結晶をつくる．電荷の観点から MgO がもっとも難溶性で，NaCl がもっとも易溶性．$BaCO_3$ の溶解度は低いが大きいイオン同士の組合せなので MgO よりは高い．$CaCO_3$ ではさらに高くなる．したがって (d), (b), (c), (a) の順となる．

---

b．析出反応による無機化合物の合成

（1）酸化アルミニウム（アルミナ）とスピネル　　水酸化アルミニウムの形成は，Al^{3+}（6個の水分子を伴うアクア錯体）を含む溶液からpH4〜11の範囲でゲル状の難溶性沈殿の析出によって起こる．$Al(OH)_3$ は非晶質のほかに，ギブサイト (gibbsite) やバイエライト (bayerite) とよばれる結晶質として存在し，脱水によってディアスポア (diaspore) や擬ベーマイト (pseudo-bohemite) とよばれる結晶に変化する．ボーキサイトを強アルカリで加熱処理してアルミン酸塩

とし，不純物を除去した後に，$\alpha\text{-Al(OH)}_3\cdot 3\text{H}_2\text{O}$ として析出させる Bayer 法では，強塩基条件からの析出反応が利用される．また酸性領域においてアルミニウムは，アクア錯体の他に多種のカチオン性ヒドロキソ化学種として存在し，特異的に大きい Al 原子を 13 個含む多核クラスターなどの存在が知られている．

酸化アルミニウムや酸化アルミニウム系スピネル（MgAl_2O_4 など）の合成には，pH を溶液内で均一に変化させる均一沈殿法が用いられることが多い．尿素の加水分解による方法が広く用いられ，スピネルの調製では pH 2 程度の溶液にアルミニウムとマグネシウムの硝酸塩を溶解しておき，363 K 程度まで加熱して析出させると，析出段階の反応によってスピネル組成に相当する水酸化物沈殿が生成し，焼成によって酸化物を得る．

（2）**酸化鉄**　　鉄もアルミニウムと同様，析出反応による水酸化物を経由して有用な材料が作製される．磁気記録に用いられる準安定相の酸化鉄 $\gamma\text{-Fe}_2\text{O}_3$ は，逆スピネル構造をもつ優れた磁性体であるが，その磁気記録特性は結晶粒子のアスペクト比（針状あるいは回転楕円体状物質の長軸/短軸比）と，長軸の長さに強く依存する．大きいアスペクト比と数 μm の長軸をもつ $\gamma\text{-Fe}_2\text{O}_3$ 粒子を得るために，多段階の合成経路が知られている．まず，Fe^{3+} を含む水溶液から析出反応によって，針状の結晶性 $\alpha\text{-FeOOH}$ を得る．この粒子の外形を崩さないように 200℃ 以上で脱水して，$\alpha\text{-Fe}_2\text{O}_3$ を得る．次にこれを水素雰囲気下で加熱して逆スピネル構造の Fe_3O_4 まで還元し，最後に結晶構造は保ったまま再び酸化することにより目的の $\gamma\text{-Fe}_2\text{O}_3$ を得る．

（3）**ゼオライト類**　　天然多孔質鉱物であるゼオライト類縁化合物（様々な比率のシリカ/アルミナ系結晶）は，その結晶構造の中に決まった大きさと形の空隙をもつ．ゼオライト類は構成酸化物の溶解度が高くなる塩基性条件下（pH 10 以上），オートクレーブ（autoclave）とよばれる耐圧容器中で，水の存在下の高温高圧条件で合成される．ゼオライト類の析出反応においては，反応溶液中の化学種は単純なカチオンやアニオンではなく，ケイ酸イオンやアルミン酸イオンなどの酸化物の構成単位であることが多い．通常，溶解度の高いゲル状シリカおよびアルミナを出発原料として，必要に応じて鋳型となるアルカリ金属イオンや四級アンモニウム塩などの有機分子を共存させて，準安定結晶相として微粒子あるいは薄膜の形で得られる．多くのゼオライト類の細孔サイズは 1 nm 未満であり，比較的分子量の低い炭化水素化合物などの反応触媒・触媒担体および**分子ふるい**として用いられる．

> **【例題5】** 次の無機結晶を水への溶解度の高い順にならべ，その理由を述べよ．
>
> 　　　(a) MgO, (b) $CaCO_3$, (c) $BaCO_3$, (d) NaCl
>
> **[解答]** 電荷が大きく，サイズの小さいイオンほど，強く結合した結晶をつくる．電荷の観点から MgO がもっとも難溶性で，NaCl がもっとも易溶性．$BaCO_3$ の溶解度は低いが大きいイオン同士の組合せなので MgO よりは高い．$CaCO_3$ ではさらに高くなる．したがって (d), (b), (c), (a) の順となる．

c．加水分解・重縮合反応による無機化合物の合成

(1) ゾル-ゲル法 　加水分解・重縮合反応を基礎として，ゾル-ゲル転移による液相-固相転移を利用した材料合成法を**ゾル-ゲル法**とよぶ．重合体と溶媒からなる溶液が顕著な体積変化を伴わずに流動性を失ったゲルとなるため，ゲル中には細孔が多く存在し，緻密な材料を得るためにはさらに加熱して溶媒を除去し，細孔を消失させる必要がある．溶媒がゲルから取り除かれる乾燥操作の際には，大きい体積収縮が起こりやすく，これに伴って成形されたゲルに変形や亀裂が生じることが多い．したがってゾル-ゲル法によってもっとも広く作製される材料形態は，基板上の比較的薄い膜（コーティング）である．コーティング膜の作製法としては，比較的希薄な加水分解・重合したアルコキシドの溶液に，基板を垂直に浸して垂直にゆっくりと引き上げる**ディップ法**や，回転する円盤上に溶液を滴下・展開する**スピン法**，および**塗布法**などがある．基板上に連続的に塗布する方法としてラミナーフロー法がある．

繊維状材料は，曳糸可能な流動特性をもつ重合体溶液を調製することが容易でないことから，シリカ，アルミナなどの比較的限られた組成でしか作製されていない．加水分解に対して安定な金属-炭素結合

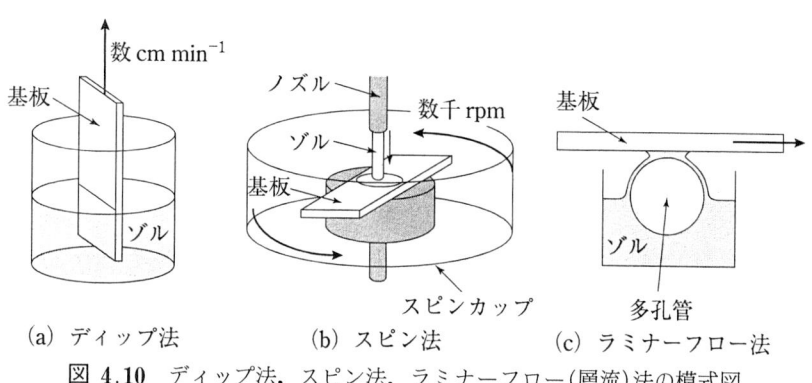

(a) ディップ法　　(b) スピン法　　(c) ラミナーフロー法

図 4.10 　ディップ法，スピン法，ラミナーフロー（層流）法の模式図

の導入しやすいアルコキシドの場合には，アルコキシ基の一部を炭化水素鎖に変えたアルコキシドを用いて，メタロキサン結合を主とする網目に有機成分が均一に混合した，有機・無機ハイブリッドとよばれる分子レベルの複合材料を作製することができる．

（2）鋳型作用を利用する合成　上述のゼオライト類は，必要に応じて**鋳型分子**（目的の結晶構造の析出を促す構造制御の働きをする分子）の存在下で合成されるが，その細孔径は1nmに満たないものが多く，サイズの大きい分子に対する"分子ふるい"や触媒作用には不十分であった．他方，両親媒性分子（界面活性剤）は水溶液中でミセルとよばれる多様な集合構造を形成し，分子サイズに従って一定の半径をもつ球状，円柱状，あるいは一定の間隔のラメラなどが，数nmの周期で規則正しく配列した形態が出現する．この集合構造を形成しうる溶液に，金属アルコキシドの加水分解によって生じた酸化物重合体を共存させると，両親媒性分子の親水部の隙間を鋳型として重合体がゲルを形成し，ゲルが十分強くなってから鋳型成分を除去すると，周期構造を転写した細孔をもつ酸化物ゲル（メソポーラス酸化物）を得ることができる．メソポーラス酸化物はシリカを始めとして，多種の酸化物組成および有機・無機ハイブリッドでも作製できることが確認されており，その材料形態は微粒子および薄膜が多い．メソポーラス酸化物は，ゼオライト類よりも大きい細孔径を生かして，分子量の大きい化合物を対象とした，触媒担体や分子ふるいとして応用が開拓されつつある．たとえばメソポーラスシリカの細孔表面を触媒とする重合反応では，分子鎖の折り畳みのない超極細繊維などユニークな高分子材料が得られることが見出されている．

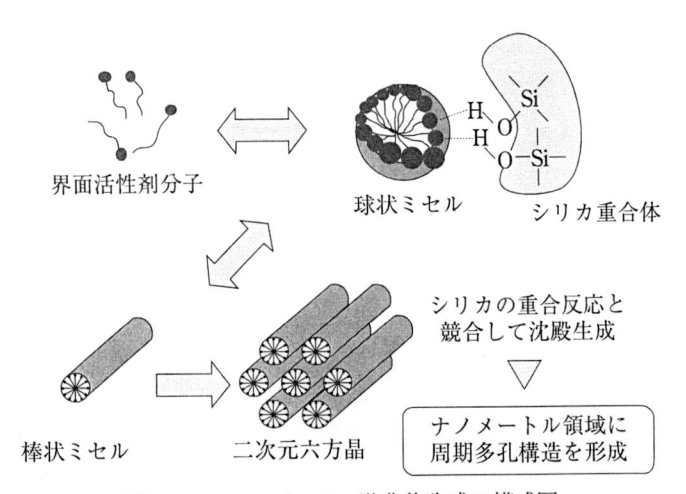

図 4.11　メソポーラス酸化物生成の模式図

演習問題（4章）

4.1 1963年にR.G. Pearsonは酸（acid）・塩基（base）の硬さ（hard）・柔らかさ（soft）の概念をそれぞれの頭文字を取って，HSAB則とよばれる経験則をまとめた．この経験則に基づいた酸・塩基の分類は本文中にまとめている．ここで硬い酸，柔らかい酸，硬い塩基，柔らかい塩基の特徴をあげ，電子軌道の状態と関連づけてこの経験則の概念をまとめてみよ．

4.2 水は酸化還元反応において，酸化剤として作用することがある．この例をあげよ．また，そのときのpHに対する応答について説明せよ．

4.3 セラミックスの合成方法について調べ，それぞれの特徴について整理せよ．

5 配位化学

5.1 遷移金属錯体

金属錯体とは，金属が中心原子 (A) となって，これに原子やイオンあるいは分子 (B) が結合 (配位) したものであり，B は配位子とよばれ，また，A に直接結合している B の原子の数を**配位数**という．配位子が分子であるとき，A と直接結合する原子を配位原子という．

遷移金属では，その d 軌道は電子によって完全には満たされていない．この d 軌道にある電子が配位結合に関わり，遷移金属錯体は種々の配位数とともに多様な構造をとり，独特の色を呈し，また，多くの錯体が常磁性を示す．

a．錯体の構造と電子状態

（1）配位数と錯体の構造 中心金属原子に配位子が結合するとき，配位原子数にともなって種々の立体構造が出現する．配位数 1 は，通常の錯体には見られない．配位数としては，通常は 2 から 12 までである．

2 配位錯体としては，遷移金属錯体の範囲からずれるが，遊離の $BeCl_2$ があげられる．Be 原子に sp 混成軌道を考え，Cl 原子の 2p 軌道と結合させて直線構造の分子ができあがる．$BeBr_2$ や BeI_2 も直線構造をとる．2 配位錯体の例は少ない．11 族金属(I)錯体および 13 族金属(II)錯体の d^{10} 電子配置のものでも見られる．Ag(I) や Au(I) のような重金属錯体では，金属の sd_{z^2} 混成軌道によって錯体の直線構造が説明される．$[M(NH_3)_2]^+$ や $[M(CN)_2]^-$ (M=Ag(I), Au(I)) あるいは $[Hg(CN)_2]^-$ が直線構造である．また，MMe_2 (M=Zn(II), Cd(II), Hg(II)) および $[CuCl_2]^-$ も同様である．

3 配位錯体の典型的なものは，**平面三角形構造**をとる．よく知られているのは，BX_3 (X=F, Cl, Br, Me) の単量体である．また，d^{10} 電子配置の Cu(I)，Ag(I) および Au(I) 錯体でも，いくつかの平面三角形構造のものがある．$[Cu(SPh)_3]^{2-}$ (PhS^- 配位子を含む) や Ag-S 結合を有して無限に連なった $[Ag(SC_4H_8)_2]^+$ ($C_4H_8S^0$ 配位子を含む) などがある．

4配位錯体には，**四面体型**と**正方平面型**がある（図5.1）．四面体型はZn(II)，Cd(II)，B(III)，Al(III)あるいはGa(III)などの錯体においてよく見られ，遷移金属錯体ではMn(II)，Fe(II)，Co(II)およびNi(II)錯体に出現する．正方平面型構造をとるものは少なく，Ni(II)，Pd(II)，Pt(II)，Au(III)，Rh(I)およびIr(I)錯体がある．とくにNi(II)錯体では，$[Ni(CN)_4]^{2-}$錯体のようにπ結合性の強い配位子をもつときに正方平面型構造として安定化する．

5配位錯体も最近では多くの例が知られるようになったが，4配位や6配位錯体に比べるとはるかに少ない．5配位錯体の基本構造は，**三方両錐型**と**四角錐型**である（図5.1）．非遷移元素の化合物では，PCl_5などに見られるように，前者が一般的であり，MX_3Y_2型（X＝エクアトリアル位；Y＝アクシャル位）錯体ではM-XとM-Y距離には違いがある．$[CuCl_5]^{3-}$錯体は三方両錐型構造をとり，$[MnCl_5]^{3-}$錯体は四角錐構造をとる．化学量論から5配位と思われる錯体でも実際は他の配位数であること多く，注意を要する．たとえば，Cs_3CoCl_5や$[NH_4]_3[ZnCl_5]$では，そのアニオン部分は，いずれもCl^-イオンと四面体型構造の$[MCl_4]^{2-}$から構成されている．

6配位錯体は，遷移金属錯体ではもっとも一般的な配位様式であり，その代表的な構造は**八面体型**である．Cr(III)，Mn(II)，Fe(II)，Fe(III)，Co(III)およびNi(II)錯体をはじめ多くの錯体がある．Rh(III)やPt(IV)錯体などにも見られる．数は少ないが，**三角柱型構造**（図5.1）もある．これはV(IV)，Zr(IV)やRe(V)錯体において知られている．

中心金属イオン半径が増し，配位子が小さいときには，**8配位**ある

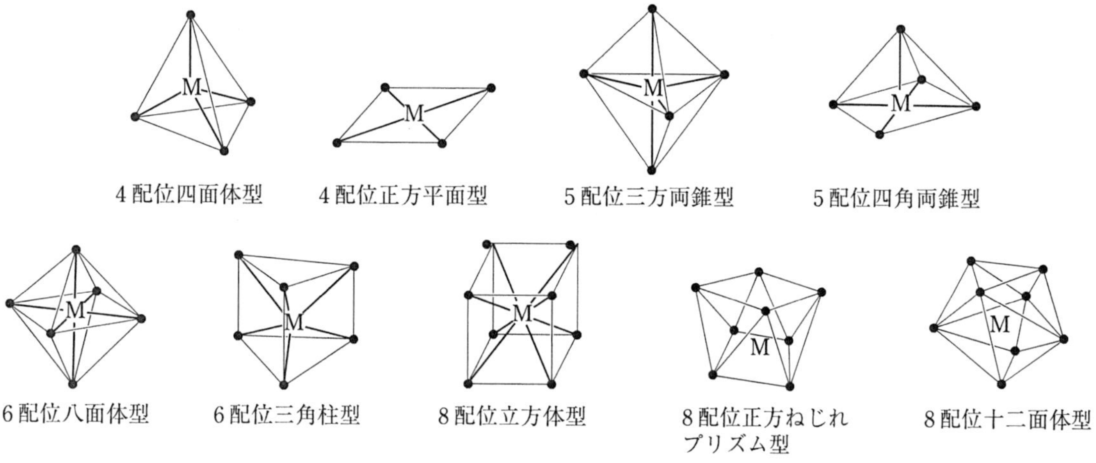

4配位四面体型　4配位正方平面型　5配位三方両錐型　5配位四角両錐型

6配位八面体型　6配位三角柱型　8配位立方体型　8配位正方ねじれプリズム型　8配位十二面体型

（金属配位子結合を省略）

図5.1 いろいろな金属錯体の代表的な構造

いはさらに高配位数の錯体が出現する．また，高配位数錯体は，中心金属が高酸化数のときによく現れる．8配位錯体は，Zr(IV)，Hf(IV)，Nb(V)，Ta(V)，Mo(IV)あるいはW(IV)錯体で見られ，ランタノイドやアクチノイド金属錯体でも数多く見られる．**立方体型，四角ねじれプリズム型**および**十二面体型構造**（図5.1）をよくとり，それぞれ$[UF_8]^{3-}$，$[TaF_8]^{3-}$および$[M(CN)_8]^{4-}$（$M=Mo(IV), W(IV)$）錯体がある．

化学結合に電子対の概念を基本にしてつくられた**原子価結合法**にしたがって，配位化合物の結合と構造を見てみよう．これは，金属イオンの混成軌道を用いて錯体の形状を説明するものである．たとえば，6配位八面体型構造のCo(III)錯体を考えよう．Co(III)イオンは$3d^6$電子配置をもつ．その基底状態は，図5.2に示す電子の詰まり方をしている．ほとんどの**Werner（ウエルナー）型Co(III)錯体は反磁性**である．$[Co(NH_3)_6]^{3+}$錯体では，原子価結合法によれば配位原子から

Werner型錯体と非Werner型錯体

金属錯体の分類上，この二つのよび方がある．19世紀末に出されたWernerの配位説が基礎となって錯体化学が発展をとげた．この配位説をもとにした従来の無機化学の範ちゅうにある錯体をWerner型錯体という．一方，金属と炭素原子の間に結合をもつ化合物を基本とした，いわゆる有機金属化合物として分類されるものを非Werner型錯体とよぶ．

図5.2 Co原子，Co(III)イオン，$[Co(NH_3)_6]^{3+}$および$[CoF_6]^{3-}$の電子配置

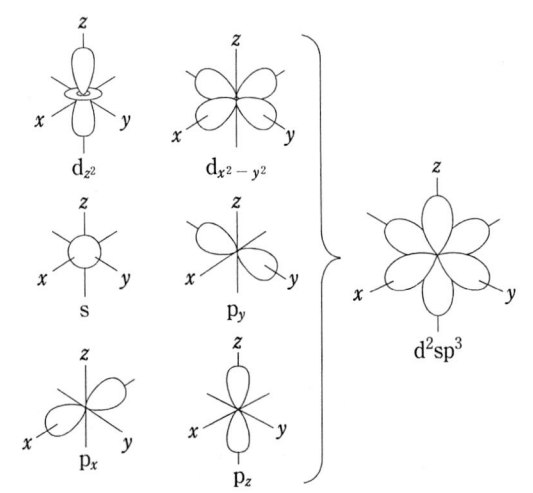

図5.3 d^2sp^3（あるいはsp^3d^2）混成軌道

の電子（アンモニアの孤立電子対）はすべて対をつくって Co(III) イオンの d^2sp^3 混成軌道に供給される．d^2sp^3（あるいは sp^3d^2）混成軌道は，六つの方向に張り出した軌道であり（図 5.3），八面体型構造のこの錯体の配位子との結合に使われる．Co(III) イオンの 6 個の電子は，すべて対をつくって三つの 3d 軌道を埋める．一方，$[CoF_6]^{3-}$ 錯体も八面体型構造であるが，4 個の不対電子をもち，**常磁性**である．この電子配置をもつには，4d 外軌道を使って sp^3d^2 混成軌道をつくって F^- イオンからの 6 対の電子を埋めてゆけばよい（図 5.2）．錯体が常磁性であることは，磁気天秤によって求められる磁気モーメントから決定することができる．

鉄(III) 錯体においても，$[Fe(H_2O)_6]^{3+}$ や $[FeF_6]^{3-}$ 錯体は 5 個の不対電子をもつが，$[Fe(CN)_6]^{3-}$ 錯体では不対電子は 1 個である．したがって，前者二つの錯体では，Fe(III) イオンの 4d 外軌道を用いた sp^3d^2 混成軌道を配位子電子が占め，後者の錯体では 3d 軌道を用いた d^2sp^3 混成軌道を配位子電子が埋めていると考えることができる．

$3d^24s4p^3$ 混成軌道を使って配位子との結合をつくる錯体（内軌道錯体）では，d 電子はできるだけ対をつくって不対電子数は減り，磁気モーメントは小さくなる．このような錯体を**低スピン錯体**という．$4s4p^34d^2$ 混成軌道を使って配位子と結合をつくる外軌道錯体では，金属イオンのもつ不対電子が多く残り，磁気モーメントは大きく，**高スピン錯体**という．

4 配位錯体の構造には，四面体型と正方平面型がある．四面体型構造を形成するのは，金属イオンが sp^3 あるいは sd^3 混成軌道を使っているときであり，$[NiCl_4]^{2-}$ 錯体が一つの例である．図 5.4 に示すように，Ni(II) イオンは基底状態で $3d^8$ 電子系であり，2 個の不対電子を有する．$[NiCl_4]^{2-}$ 錯体では，金属イオンは 4s および 4p 軌道を用いて混成軌道を形成し，これを Cl^- イオンの 3p 軌道にある電子対が

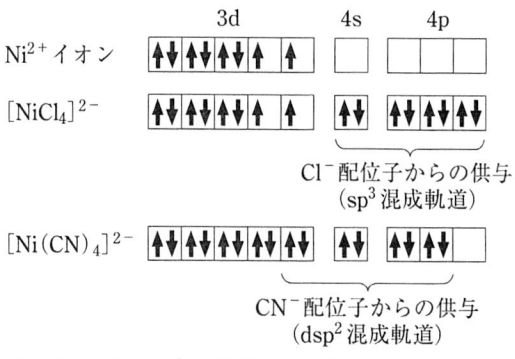

図 5.4 Ni(II) イオン，$[NiCl_4]^{2-}$ および $[Ni(CN)_4]^{2-}$ の電子配置

埋めると考えると，うまく説明できる．正方平面型構造の $[Ni(CN)_4]^{2-}$ 錯体では，中心金属イオンは正方形状に張り出した dsp^2 混成軌道を使って，そこに CN^- 配位子の電子対が供給される．このとき，8個の 3d 電子はすべて対をつくるので，錯体には不対電子はなく，反磁性である．このように同じ Ni(II) イオンの錯体であっても異なる構造をとるのは，後述するように CN^- 配位子の配位力が強いためである．

このような単純な原子価結合法を用いて，錯体の磁気的な実験事実を定性的に説明することができるが，定量的には扱えない．独特の色を呈する遷移金属錯体の電子吸収スペクトルを説明することもできない．錯体の性状を十分説明するためには，もっと進んだ理論が必要となる．

（2）**結晶場理論**　遷移金属錯体の金属イオンと配位子の相互作用を考えるとき，負の電荷をもった配位子が金属イオンを取り囲んでいる状態で，金属イオンと配位子の静電的相互作用が基本になる．中性配位子のときでも，分極した配位子部分の負側が正電荷をもった金属イオンに向かっていると考える．この配位子が与える静電場が結晶場であり，錯体形成によって全エネルギーを低下させ，金属の d 軌道のエネルギーを分裂させる．このように配位結合を静電場で示すのが**結晶場理論**であり，金属-配位子結合にさらに共有結合性を加味して配位結合の近似を進めたものが**配位子場理論**である．

結晶場理論から，6配位正八面体構造の錯体を考えてみよう．金属イオンの d 軌道は，図 1.12 に示したように d_{xy}, d_{yz}, d_{xz}, d_{z^2}, $d_{x^2-y^2}$ の 5 種類のものがある．金属イオンのまわりに配位子が置かれたとき，その軌道エネルギーの変化の様子を図 5.5 に示す．気相中で孤立した金属イオンの 5 個の d 軌道は同じエネルギーをもつ（縮退している）．この金属イオンのまわりに配位子の負電荷が置かれると，静電相互作用によって系全体のエネルギーは低下する．さらに配位子が球対

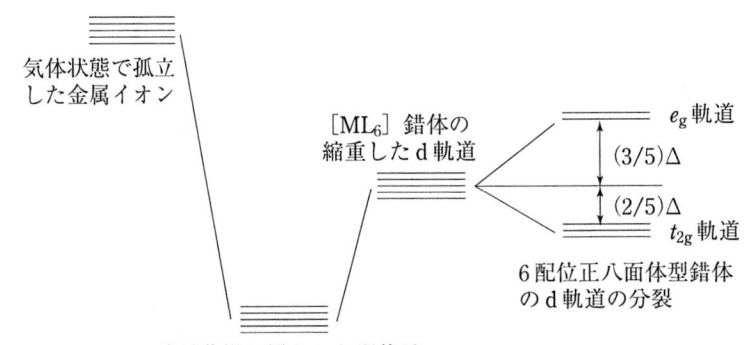

図 5.5　6配位正八面体型錯体における d 軌道のエネルギー

称的に金属イオンに近づくと，金属イオンの軌道の電子とこの負電荷との反発によって軌道のエネルギーは増大する．この状態では，d軌道はまだ縮重しているが，限られた数の配位子が金属イオンまわりの特定の位置に置かれると，それによって生じる場は球対称場から大きくずれる．

図5.5には，金属イオンを原点として$\pm x$，$\pm y$，$\pm z$軸方向に6個の配位子がある場合を示している．x, yおよびz軸方向に張り出している$d_{x^2-y^2}$とd_{y^2}軌道（**e_g軌道**という）と配位原子の軌道には，反発の相互作用が生じ，e_g軌道のエネルギーは上がる．一方，他の3個のd_{xy}，d_{yz}およびd_{xz}軌道（**t_{2g}軌道**という）は，接近する配位子の間に張り出しているので，電子間の反発は小さく，エネルギー的に安定化する．このようにして，e_g軌道とt_{2g}軌道は分裂する．その分裂のエネルギーをΔと表示する．全d軌道の平均エネルギーは変わらないので，t_{2g}軌道は$(2/5)\Delta$だけ安定化し，t_{2g}軌道は$(3/5)\Delta$だけエネルギー的に高められる（図5.5）．Δは，金属イオンならびに配位子の種類によって異なる．同じ金属イオンに対しては，配位子が金属イオンのまわりにつくる場が大きい（配位が強い）ほどΔは大きく，配位子をΔの大きい順に並べると次のようになる．

$I^-<Br^-<Cl^-<NO_3^-<F^-<OH^-<H_2O<NH_3<NO_2^-<CN^-\leqq CO$

6配位遷移金属錯体が示す特有の色は，光エネルギーを吸収してt_{2g}軌道にある電子がe_g軌道へ遷移する（d-d遷移という）ことによって生じる．両軌道の分裂の大きさΔによって錯体の吸収するエネルギーは決まり，遷移金属錯体では，その光エネルギーはちょうど可視光の波長領域に相当する．電子吸収スペクトルのd-d遷移吸収帯の極大吸収波長からΔの値を見積もることができ，上述の配位子の強さの順は**分光化学系列**といわれる．

錯体が四面体型構造をとるときがある．たとえば，$[NiCl_4]^{2-}$や$Ni(CO)_4$などで見られる．このとき，d軌道の結晶場分裂はどのようになるのであろうか．図5.6において，配位子は正八面体の頂点を交

4配位正四面体型錯体のd軌道の分裂

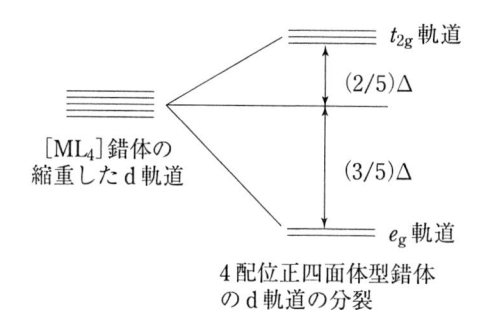

図 5.6 4配位正四面体型錯体におけるd軌道のエネルギー分裂

互に占めることになり，金属イオンの $d_{x^2-y^2}$ と d_{z^2} 軌道にある電子は d_{xy}, d_{yz} および d_{xz} 軌道にある電子に比べて配位子の電子対より離れることになる．したがって，$d_{x^2-y^2}$ と d_{z^2} 軌道は安定化し，d_{xy}, d_{yz} および d_{xz} 軌道は不安定化することになる．つまり，t_{2g} 軌道と e_g 軌道のエネルギー分裂は，正八面体構造の錯体の場合と逆になる．

これまで，配位子を点電荷か点双極子として考えてきた．すなわち，金属－配位子の共有結合性を考えていない．しかし CN^- イオンや極性の小さい CO 分子は大きな配位子の効果を示し，これらが金属に配位するとき，配位子－金属結合は共有結合性が強いと考えられる．配位結合に共有結合性を考慮する取扱いを配位子場理論という．結晶場理論に分子軌道法を取り入れた，さらに近似の高い方法である．

結晶場理論あるいは配位子場理論に基づいて，遷移金属錯体のスペクトルや磁性に関してより定量的な取扱いをすることができる．

b．錯体の反応

錯体が関わる反応は，金属－配位子結合の性質を反映したものであり，遷移金属錯体において重要である．錯体形成反応，置換反応，電子移動反応および錯体形成した状態での配位子の反応について示す．とくに有機金属錯体において重要な酸化的付加反応，還元的脱離反応，挿入反応などについては，ここでは述べない．

（1）溶液内での錯体形成反応 溶液中での錯体の安定性を知ることは重要である．金属イオン M に配位子 L が結合して，錯体 ML_n が形成されるとき，

$$ML_{n-1} + L \xrightarrow{K_n} ML_n \qquad K_n = \frac{[ML_n]}{[ML_{n-1}][L]} \qquad (5.1)$$

$$M + nL \xrightarrow{\beta_n} ML_n \qquad \beta_n = K_1 K_2 \cdots K_n \qquad (5.2)$$

の二つの平衡反応に対応する逐次安定度定数（K_n）および全安定度定数（β_n）が定義される．溶液中の各成分 $[M]$, $[ML]$, … の濃度を知ることができれば $ML, ML_2, \cdots, ML_n$ の**安定度定数** $K_1, K_2, \cdots, K_n$ を決定することができる．それには，pH 滴定法，紫外・可視スペクトルなどの分光光度法，NMR の磁気共鳴法などの手段が用いられる．

ML_n 錯体の K_n は，一般に $K_1 > K_2 > \cdots > K_n$ である．金属イオンに配位子が多く結合するにつれて結合できる位置が減ってくるとともに，金属イオンが配位子の電子を引き寄せる力が弱まるためである．しかし，結合している配位子の数とともに錯体に構造や電子状態の変化が起こると，上の順が変わることがある．たとえば，$[Fe(phen)_n]^{2+}$ 錯体（phen は中性配位子，図 5.7 参照）では，$\log K_1 = 5.9 (n=1)$,

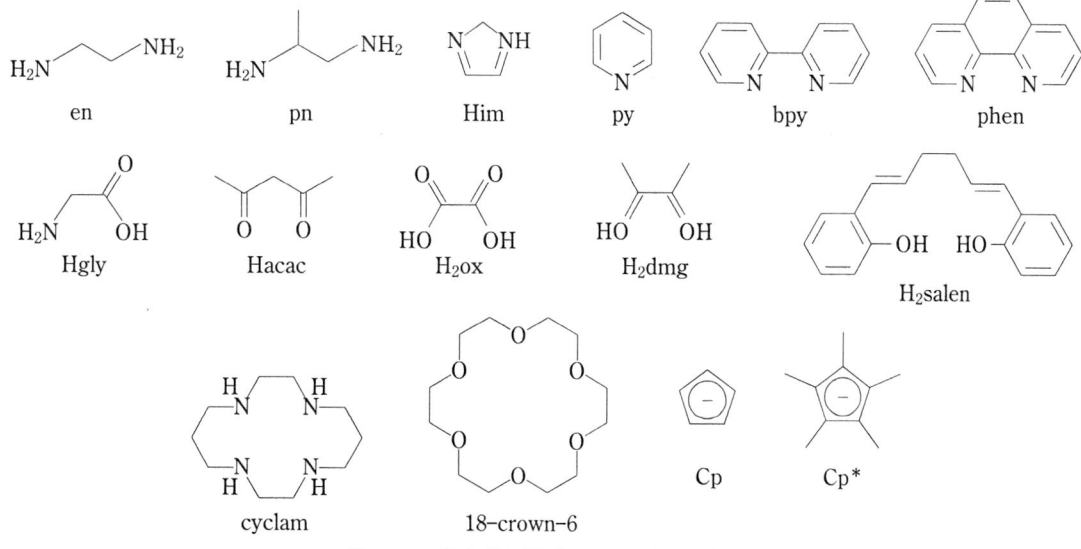

図 5.7　代表的な配位子およびその略号

$\log K_2 = 5.3\,(n=2)$ であるが，$\log K_3 = 9.9\,(n=3)$ となる．$n=1, 2$ の錯体は高スピン錯体であるが，$n=3$ の錯体は低スピン錯体である．

図 5.7 に，よく用いられる配位子を示す．とくに多座配位子の一つの配位原子が金属イオンに結合すると，配位子内の他の配位原子が結合してキレート環を形成して安定になる．これは**キレート効果**とよばれ，金属イオンを含んで 5 あるいは 6 員環を形成するときもっとも安定になる．

(2) 置換反応　錯体 M-X から配位子 X が脱離して，配位子 Y によって置換される反応

$$\text{M-X} + \text{Y} \longrightarrow \text{M-Y} + \text{X} \tag{5.3}$$

において，その反応機構は次の三つに分類される．

（i）解離機構：配位子 X が脱離して，配位数の減少した中間体が生成してそこへ Y が入ってくる．

（ii）会合機構：錯体 M-X に Y が付加して，配位数の増加した中間体が生成し，そこから X が離脱する．

（iii）交替機構：付加する Y が外部から配位圏に入ってくるとともに，脱離してゆく X が配位圏内から圏外へ移動するという，協奏的過程である．このときには，中間体の生成はない．

置換反応の簡単な例として，八面体型錯体における溶媒交換反応を見てみよう．

$$[\text{M}(\text{H}_2\text{O})_6]^{n+} + \text{H}_2\text{O}^* \longrightarrow [\text{M}(\text{H}_2\text{O})_5(\text{H}_2\text{O}^*)]^{n+} + \text{H}_2\text{O} \tag{5.4}$$

金属イオン M^{n+} の大きさや電荷が反応速度ならびに反応機構に影響する．配位圏外からの水分子は配位している水分子の反発を避けるよ

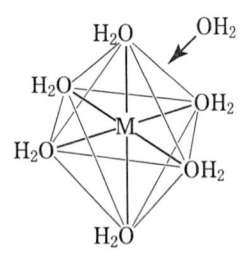

図 5.8 6配位八面体型 $[M(H_2O)_6]^{n+}$ 錯体への H_2O の接近

うに，図 5.8 のように金属イオンに接近する．このとき，非結合性の t_{2g} 軌道に電子が少ないときには新たな水配位子を受け入れやすいが，t_{2g} 軌道が電子で満たされているときには反発が生じる．したがって，Mn(II)，Fe(II)，Co(II)，Ni(II) イオンの順に 3d 電子が増加するにつれて会合機構による反応は起こりにくくなり，解離機構で進む．これは，反応速度の実験によってその活性化エントロピーや活性化体積を求めることにより，裏付けられる．

正方平面型錯体の置換反応を見てみよう．d^8 電子配置である Ni(II)，Pd(II)，Pt(II) あるいは Au(III) 錯体や d^9 構造の Cu(II) 錯体に見られるものであり，とくに Pt(II) 錯体では，通常は置換反応が遅く，これまでによく研究されている．$[PtCl_4]^{2-}$ 錯体とアンモニアとの反応では，式 (5.5) のように，シス-$[PtCl_2(NH_3)_2]$ が生成する．

$$\begin{bmatrix} Cl \\ | \\ Cl-Pt-Cl \\ | \\ Cl \end{bmatrix}^{2-} \xrightarrow[-Cl^-]{+NH_3} \begin{bmatrix} Cl \\ | \\ Cl-Pt-NH_3 \\ | \\ Cl \end{bmatrix}^- \xrightarrow[-Cl^-]{+NH_3} \begin{bmatrix} NH_3 \\ | \\ Cl-Pt-NH_3 \\ | \\ Cl \end{bmatrix} \quad (5.5)$$

一方，$[Pt(NH_3)_4]^{2+}$ 錯体と Cl^- イオンとの反応では，式 (5.6) のように，トランス-$[PtCl_2(NH_3)_2]$ が生成する．

$$\begin{bmatrix} NH_3 \\ | \\ H_3N-Pt-NH_3 \\ | \\ NH_3 \end{bmatrix}^{2+} \xrightarrow[-NH_3]{+Cl^-} \begin{bmatrix} NH_3 \\ | \\ H_3N-Pt-Cl \\ | \\ NH_3 \end{bmatrix}^+ \xrightarrow[-NH_3]{+Cl^-} \begin{bmatrix} NH_3 \\ | \\ Cl-Pt-Cl \\ | \\ NH_3 \end{bmatrix} \quad (5.6)$$

置換反応には，NH_3 配位子より Cl^- 配位子がトランス位置へ及ぼす効果が大きい．脱離する配位子のトランス位にある配位子が変化すると，その置換反応速度が大きく影響される．これは**トランス効果**とよばれる．ほぼ $H_2O<OH^-<NH_3<Cl^-<Br^-<SCN^-<NO_2^-<H^-<CN^-≈CO$ の順に置換される配位位置が活性化されて，置換されやすくなる．また，配位子がそのトランス位の金属-配位子結合の強さに及ぼす効果を**トランス影響**という．トランス効果は動的効果であり，トランス影響は静的効果であるが，両者には強い相関がある．

正方平面型錯体の置換反応は，式 (5.7) のように，ほとんどのものが会合機構によって，反応途中に 5 配位中間体を経て進行する．

$$L'-\underset{L}{\overset{L}{M}}-X + Y \longrightarrow L'-\underset{L}{\overset{L}{M}}-X \longrightarrow L'-\underset{X}{\overset{Y}{M}}-L \longrightarrow L'-\underset{X}{\overset{L}{M}}-Y \longrightarrow L'-\underset{L}{\overset{L}{M}}-Y + X \quad (5.7)$$

（3）電子移動反応 一方の錯体から他方の錯体へ電子が移動する，酸化還元反応である．溶液内で金属錯体間に1個の電子の授受が行われる反応機構には，**外圏型**と**内圏型**の二つの型がある．ここで，金属イオンまわりの配位子または配位している溶媒分子の領域を内部配位圏としている．

外圏型反応機構で進む電子移動反応では，それぞれの錯体の配位子や溶媒和の環境が変わらず，電子だけが移動する．たとえば，次の反応を考えてみよう．*は，酸化数の異なる金属イオンを区別するためのものである．

$$[Fe(H_2O)_6]^{2+} + [Fe^*(H_2O)_6]^{3+} \longrightarrow [Fe(H_2O)_6]^{3+} + [Fe^*(H_2O)_6]^{2+} \tag{5.8}$$

Fe錯体のFe-O結合の原子間距離は，Feの酸化状態によって異なり，Fe^{3+}-OとFe^{2+}-O距離の差は0.13Åあり，Fe^{2+}-Oの方が長い．電子移動は極めて短時間で起こり，この電子変位の間には金属イオンのまわりの構造は変わらない．したがって，このままの状態で電子移動が起これば，長いFe^{3+}-Oと短いFe^{2+}-O距離をもった錯体が生じることになってしまう．金属イオンの環境が類似した状態で電子移動が起こるので，それぞれの反応錯体が遷移状態に達するまでのFe-O結合再編成に要するエネルギーが大きい系では電子移動が起こりにくい．$[Co(NH_3)_6]^{2+/3+}$の系では，Co^{3+}-OとCo^{2+}-O距離の差が0.22Åあり，両錯体間の電子移動は，上記の鉄錯体に比べて10^{-8}倍である．しかし，

$$[Fe(bpy)_3]^{2+} + [Fe^*(bpy)_3]^{3+} \longrightarrow [Fe(bpy)_3]^{3+} + [Fe^*(bpy)_3]^{2+} \tag{5.9}$$

の系では，Fe^{3+}-NとFe^{2+}-N距離はほとんど変わらず，両錯体の配位環境は同じであると考えてよく，このときの電子移動は上記のアクア鉄錯体のときと比べて10^8倍も大きい．

次の電子移動反応においても，二つの中心金属イオンの配位圏を保持したまま，外圏機構によって進行し，反応過程で$[Fe^{II}(CN)_6Ir^{IV}Cl_6]^{6-}$および$[Fe^{III}(CN)_6Ir^{III}Cl_6]^{6-}$を経て進行する．

$$[Fe(CN)_6]^{4-} + [IrCl_6]^{2-} \longrightarrow [Fe(CN)_6]^{3-} + [IrCl_6]^{3-} \tag{5.10}$$

もう一つの機構は，**内圏型反応機構**である．酸性溶液中における次の反応では，$Cr^{2+} \rightarrow Cr^{3+}$，$Co^{3+} \rightarrow Co^{2+}$の酸化還元が起こり，$Co^{3+}$-Cl結合が切れて$Cr^{3+}$-Cl結合が生成している．

$$[CoCl(NH_3)_5]^{2+} + [Cr(H_2O)_6]^{2+} + 5H^+ \longrightarrow$$
$$[Co(H_2O)_6]^{2+} + [CrCl(H_2O)_5]^{2+} + 5NH_4^+ \tag{5.11}$$

Co^{3+}錯体およびCr^{3+}錯体は置換不活性であり，一方，Co^{2+}錯体と

Cr^{2+} 錯体は置換活性である．$[Cr(H_2O)_6]^{3+}$ と遊離の Cl^- イオンとの反応から $[CrCl(H_2O)_5]^{2+}$ は生成しない．したがって，$[CoCl(NH_3)_5]^{2+}$ 中の配位子 Cl^- イオンは，Cr(Ⅱ) の状態で Cr-Cl 結合を形成し，Cr(Ⅲ) になってからこの結合ができたものではない．この反応の活性化状態は，$[(NH_3)_5Co^{Ⅲ}\text{-}Cl\text{-}Cr^{Ⅱ}(H_2O)_5]^{4+}$ であり，反応は次のように進行する．

$$[Co^{Ⅲ}Cl(NH_3)_5]^{2+} + [Cr^{Ⅱ}(H_2O)_6]^{2+} \xrightarrow{-H_2O}$$
$$[(NH_3)_5Co^{Ⅲ}\text{-}Cl\cdots Cr^{Ⅱ}(H_2O)_5]^{4+} \longrightarrow$$
$$[(NH_3)_5Co^{Ⅱ}\cdots Cl\text{-}Cr^{Ⅲ}(H_2O)_5]^{4+} \xrightarrow{5H^+}$$
$$[Co(H_2O)_6]^{2+} + [CrCl(H_2O)_5]^{2+} + 5NH_4^+ \quad (5.12)$$

Cl^- イオンは二つの金属イオンを架橋し，この内圏機構は架橋機構ともいわれる．内圏型電子移動反応では，架橋配位子を有する前駆体が形成され，次に前駆体の金属間電子移動が起こり，架橋配位子の一方の結合が切れて生成物にいたる，多段階反応である．

（4）配位子の反応　　金属錯体がさらに反応試剤と反応し，新たな結合を生じ，また，配位子部分で反応が起こることもある．配位子の反応は，金属錯体の触媒作用や，生体中で金属イオンが関わる酵素の活性部位での反応を理解するうえでも重要である．これまでに膨大な研究がなされているが，ここでは金属イオンに配位した水および窒素の反応と，**大環状キレート錯体**の反応について見てみよう．

水分子が酸素原子によって金属イオンに配位すると，水分子の電子密度が減少し，H^+ イオンとして解離しやすくなる．

$$M^{n+}\text{-}OH_2 \underset{}{\overset{K_a}{\rightleftharpoons}} [MOH]^{(n-1)+} + H^+ \quad (5.13)$$

上式 (5.13) で示される金属錯体における配位水の pK_a は，表 5.1 に示すように小さな値である．水和した水素イオン H_3O^+ の $pK_a = -1.7$ であり，水分子の $pK_a = 15.7$ であるが，水分子が配位した錯体からは H^+ イオンが解離しやすくなって，M-OH グループが生体中での反応で重要な役割を果たすことがある．金属イオンが同一の正四面体錯体は，その正八面体錯体に比べて pK_a が低く，金属イオンに配位した水分子の電子密度の減少度合は配位分子数が少ないほど効果的である．

Co(Ⅱ)，Ni(Ⅱ) や Zn(Ⅱ) 錯体を用いると，アミノ酸エステルの加水分解反応が促進される．その反応過程において，式 (5.14) で示されるように，M-OH 錯体が生成し，さらに，アミノ酸エステルのアミノ基の配位とともにエステルが分解される機構が考えられる．

表 5.1　アクア金属錯イオンの pK_a 値*

金属イオン	pK_a
Mn^{2+}	10.59
Fe^{3+}	2.19
Co^{2+}	9.65
Ni^{2+}	9.86
Cu^{2+}	7.96
Al^{3+}	4.97
Zn^{2+}	8.96
Cd^{2+}	10.08
Bi^{3+}	1.09

*$[M\text{-}OH_2]^{n+} \underset{}{\overset{K_a}{\rightleftharpoons}} [M\text{-}OH]^{(n-1)+} + H^+$

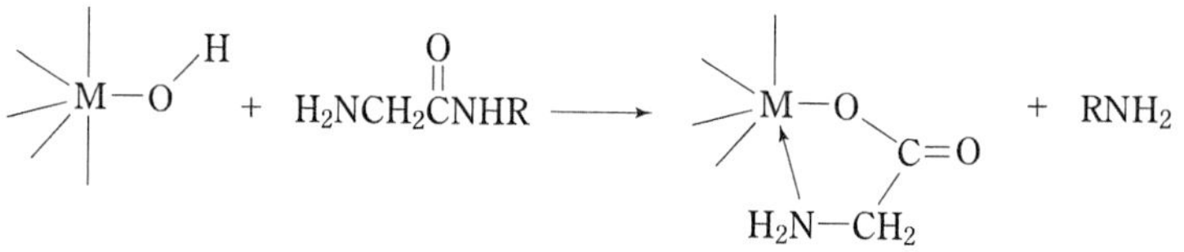

$$\text{>M-O-H} + H_2NCH_2\overset{O}{C}NHR \longrightarrow \text{>M-O} \underset{H_2N-CH_2}{\overset{C=O}{|}} + RNH_2$$

(M=Co(III), Ni(II), Zn(II) など)

(5.14)

生体中での窒素分子の還元の機構はまだ解明されていないが，窒素分子が金属イオンに配位すると，酸と反応してヒドラジド，イミドそしてニトリド錯体となっていく過程が明らかにされている．図5.9に示すように，窒素分子が配位している錯体トランス-$[M(N_2)_2(Ph_2PCH_2CH_2-PPh_2)_2]$(M=Mo(0)およびW(0)) に塩化水素を反応させると，1個の窒素原子で金属に配位している窒素分子がプロトン化されて，それとともに電子は金属から配位子へ流れて金属は酸化される．金属中心の電子密度が減ると，トランス位の窒素分子が解離し，そこへ塩化物イオンが配位する．この配位子からの電子供給によってジアゼニド配位子($N=NH^-$)の塩基性が高まり，さらにプロトンを付加させてヒドラジド(2-)錯体となる．塩化水素の代わりに，アルキルハライドRXを反応させると，C-X結合の切断が生じ，ラジカル反応が起こって，$[MX(N_2)(Ph_2PCH_2CH_2PPh_2)_2]+R\cdot$となり，$[MX(NNR)(Ph_2PCH_2CH_2PPh_2)_2]$が生じる．

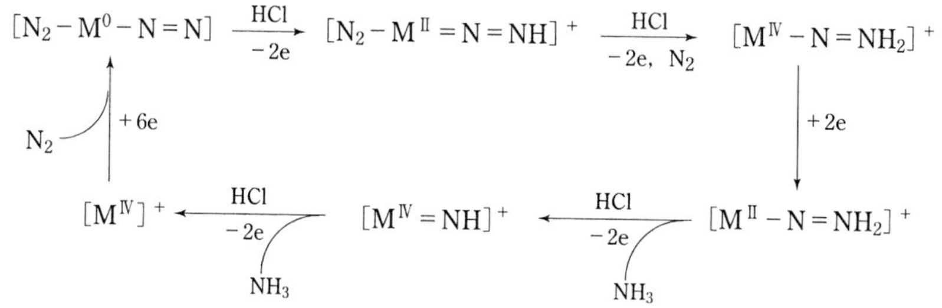

$$[N_2-M^0-N=N] \xrightarrow[-2e]{HCl} [N_2-M^{II}=N=NH]^+ \xrightarrow[-2e, N_2]{HCl} [M^{IV}-N=NH_2]^+$$

$$N_2 \uparrow {+6e} \qquad\qquad\qquad\qquad\qquad\qquad\qquad\qquad\qquad\qquad \downarrow {+2e}$$

$$[M^{IV}]^+ \xleftarrow[\substack{-2e \\ NH_3}]{HCl} [M^{IV}=NH]^+ \xleftarrow[\substack{-2e \\ NH_3}]{HCl} [M^{II}-N=NH_2]^+$$

図5.9 窒素分子が配位した錯体のプロトン化およびアンモニアの発生する過程

金属イオンと結合する配位原子の数と，錯体を形成したときの安定な幾何構造は，金属イオンによって決まっている．キレート配位子においては，とくにこの金属イオンまわりの優先した立体構造が顕著である．金属イオン存在下でαジケトンと1級アミンの脱水縮合反応によって，ジイミンキレート配位子の錯体が得られる．このとき，配位子のみの化合物は知られていない．

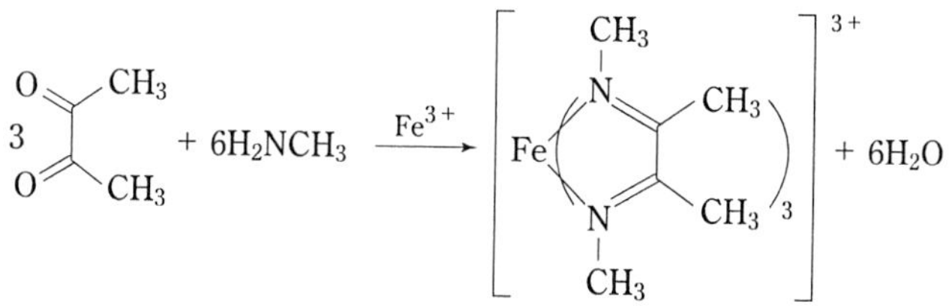

$$3\,\underset{O}{\overset{O}{\underset{|}{|}}}\!\!\underset{CH_3}{\overset{CH_3}{|}} + 6H_2NCH_3 \xrightarrow{Fe^{3+}} \left[Fe\left(\underset{CH_3}{\overset{CH_3}{\underset{N}{\overset{N}{\diagdown}}}}\!\!\underset{CH_3}{\overset{CH_3}{\diagup}}\right)_3\right]^{3+} + 6H_2O \quad (5.15)$$

式 (5.16) に示す Ni(II) イオンのもとで 4 座配位子のアミンとグリオキサールの反応では，NNNN マクロ環配位子の錯体が得られる．

$$\text{(macrocycle-NH}_2\text{)} + \text{OHC-CHO} \xrightarrow{\text{Ni}^{2+}} \text{[Ni(macrocycle)]} + 2\text{H}_2\text{O} \quad (5.16)$$

この反応では，窒素 4 座配位子が Ni(II) イオンに配位し，さらに $-\text{NH}_2$ 基がグリオキサールの C=O 基と脱水縮合して C=N 結合が形成され，マクロ環 4 座配位子の錯体が得られる．これは，金属イオンまわりの配位子の構造が反応する分子の配向と適合して，安定な錯体になったものであり，金属イオンが鋳型として働いている．このような反応を**テンプレート（鋳型）反応**という．このように，錯体を生成した後に起こる配位子でのいろいろな反応が知られている．

5.2 有機金属化学

a. 有機金属化合物の分類と構造

有機金属化合物とは金属-炭素結合をもつ化合物である．代表的な有機金属化合物を図 5.10 に示す．金属（M）に結合する有機置換基（R）は配位子（L）ともよばれる．原則として，本節ではより広い意味

$CH_3-CH_2-CH_2-CH_2-Li$
ブチルリチウム

$CH_3-Mg-Br$
メチルマグネシウムブロミド（グリニャール試薬）

フェロセン

$Ni(CO)_4$
ニッケルカルボニル

フェニルトリメチルスズ

図 5.10 代表的な有機金属化合物

(a) 価数 0 の配位子

:C=O	:C=N-R	:C(R)(R)	R_3N:	R_3P:	芳香環
カルボニル	イソニトリル	カルベン	アミン	ホスフィン	
$\eta^1, 2e$	$\eta^1, 2e$	$\eta^1, 2e$	$\eta^1, 2e$	$\eta^1, 2e$	$\eta^6, 6e$

(b) 価数 −1 の配位子

R− アルキル アルケニル アルキニル アリール $\eta^1, 2e$	RCO− アシル $\eta^1, 2e$	H− ヒドリド $\eta^1, 2e$	−CN シアノ $\eta^1, 2e$	シクロペンタジエニル $\eta^5, 6e$

(c) 相手によって価数が 0 と −1 を取るもの

オレフィン $\eta^2, 2e$	アルキン $\eta^2, 2e$	共役 1,3-ジエン $\eta^4, 4e$

図 5.11 様々な有機配位子

をもつ配位子という呼び名を用いるが，配位子が−1価で1配位のときは特別に置換基ともよぶ．有機金属化合物は配位子の電子供与数，価数，および，配位原子数（η）によって分類できる．電子供与数とは配位子が金属と結合するときに金属に供与して共有する電子の数である．有機配位子の場合電子供与数は偶数であるが，同じ配位子でも結合形式によって変化する．価数は配位子がもつ形式的な電荷である．有機金属化合物では金属の酸化数を正に取り，配位子の価数は基本的に0か−1である．配位数は配位子がいくつの原子で金属と接するかという数で，1よりも大きな数をとれるところに有機金属化合物の特徴がある（図5.11）．

（1）2電子供与配位子 2電子供与配位子は金属に対して2電子を供与することで，共有結合あるいは配位結合を形成する．

2電子供与配位子のうち価数が0の配位子としては，カルボニル（カルボニルは配位子としての名前であり，単独の化合物としての名前は一酸化炭素）が典型的なものである．一酸化炭素の炭素上には非共有電子対と空のπ^*軌道がそれぞれある．金属に配位するときには，空のd軌道に非共有電子対が流れ込み（供与），同時に電子の入っているd軌道から空のπ^*軌道に電子対が流れ込む（逆供与）ことで強固な結合をつくる（図5.12）．カルボニルは炭素のみで金属に接するので配位数は1であり，η^1配位子とよばれる．イソニトリルやカルベンなども同じタイプの配位子である．前節で登場した電荷を持たない典型的な配位子である水，アミン，ホスフィンも同様に，2電子供与の0価η^1配位子である．

価数が−1の配位子としては，アルキル基，アリール基，アシル基，シアノ基など，有機化合物において1価の置換基となるすべての置換基が含まれる．ヒドリドは炭素を含まないが，1価の2電子供与配位子として有機配位子と同様に扱うことができる．これらの配位子が金属と結合するときの様子は，有機化合物における炭素-炭素結合とまったく変わらない．

オレフィンは2電子供与配位子であるが，相手の金属によって配位の形が異なる（図5.13）．第1の配位形式はカルボニル錯体とよく似ており，π結合の結合性軌道と反結合性軌道を利用して配位するものである．すなわち，結合性軌道から空のd軌道に電子を供与し，電子の入ったd軌道から反結合性軌道に電子が逆供与される．この場合，配位子の価数は0である．もう一つの配位形式は，π結合が開裂して3員環を形成するように**金属-炭素結合**を形成するものである．ハードな金属が相手の場合はこの形式で有機金属化合物をつくる．この場

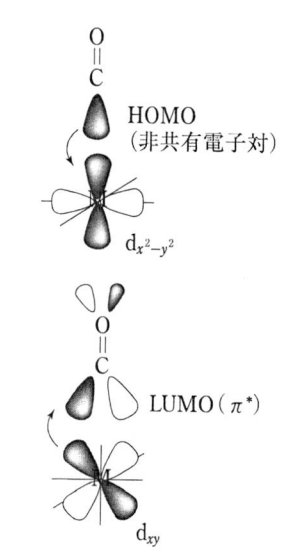

図5.12 カルボニル錯体の電子構造

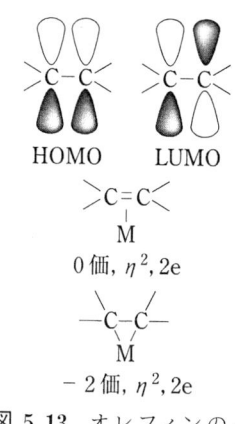

図5.13 オレフィンのπ軌道と2種類のオレフィン錯体

合，二つの σ 結合がつくられ，それぞれの価数は −1 であって，配位子全体としては −2 価となる．いずれの場合にも配位原子数は 2 であり，オレフィンは η^2 配位子である．カルボニル基やアセチレンも同様の配位を行なう．

（2）4電子供与配位子　アリル基は価数が −1 の配位子である（図 5.14）．ハードな金属の**アリル化合物**ではアリル基はアルキル基と同様に振るまい，アリル基と金属の間には σ 結合が形成される．この場合，アリル基は 2 電子供与の η^1 配位子となる．金属の電気陰性度が低く金属-炭素結合がイオン結合的になると，金属はアリル基の両端を行ったり来たりする（アリル転移）．そのようなアリル金属化合物では，両位置異性体をつくり分けることができない．一方，ソフトな金属のアリル化合物では，アリル基は形式的にアリルアニオンとしてふるまい，金属はその四つの π 電子からなる共鳴系に直接 π 結合する．この場合，アリル基は四電子供与の η^3 配位子となる．

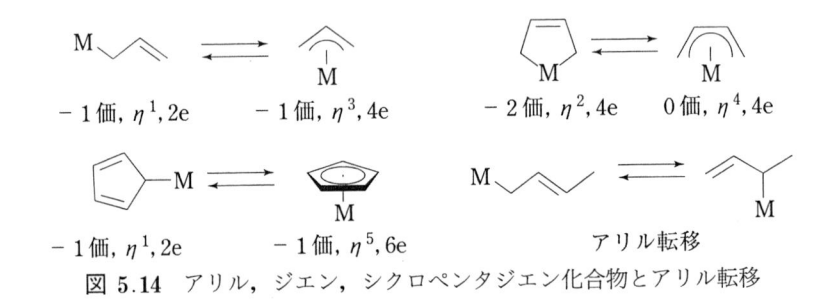

−1価, η^1, 2e　　−1価, η^3, 4e　　−2価, η^2, 4e　　0価, η^4, 4e

−1価, η^1, 2e　　−1価, η^5, 6e　　アリル転移

図 5.14　アリル，ジエン，シクロペンタジエン化合物とアリル転移

共役1,3-ジエンもソフトな金属とは共役したジエンの 4π 電子系を利用して 4 電子供与の錯体を形成する（図 5.14）．この場合，ジエンは 0 価の η^4 配位子である．それに対して，ハードな金属と結合する場合，金属はジエンと二つの σ 結合を形成し，5 員環の有機金属化合物をつくる．この場合，ジエンは全体で −2 価の η^2 配位子である．

（3）6電子供与配位子　シクロペンタジエニル基は価数が −1 の配位子である．ハードな金属とは η^1 型の有機金属化合物をつくるが，通常は η^5 型の六電子供与で有機金属化合物をつくる（図 5.14）．一方，ベンゼンなどの芳香族化合物は，η^6 の 0 価の配位子となる．

b．オクテット則と 18 電子則

メタンや水など多くの化合物では最外殻の電子が 8 になるように共有結合をつくり，これを**オクテット則**という．13 属の金属元素は最外殻に三つしか電子をもたないので，たとえば，トリメチルアルミニウムはそのままでは最外殻に六つしか電子をもたない．しかし，この場合もアルミニウム上の空の軌道にもう 1 分子の Al-C 結合の σ 軌道

の電子対が配位して二量体を形成することでオクテット則を満たしている（図5.15）．この電子対はメチル基と二つのアルミニウムの3中心で共有されているので，このような結合のことを3中心2電子結合とよぶ．周期表の第3周期までの元素についてはオクテット則を逸脱した分子は一般に不安定である．

周期表第4周期以後の元素については最外殻にd軌道が含まれるので，d軌道の10電子まで考慮に入れた「18電子則」が適用される．18電子則はd軌道まで含めた最外殻の電子数が18になるような化合物は安定である，というものである．

フェロセンの電子数を数えてみよう．中心原子の鉄は8属元素であり，s軌道とd軌道を合わせて8個の電子を最外殻にもっている．シクロペンタジエニル基は−1価の6電子供与配位子である．まず価数から考えよう．フェロセンは中性分子なので鉄の価数は+2となる．したがって，鉄の最外殻には8−2=6個の電子がある状態であると考える．シクロペンタジエニル基からそれぞれ6電子供与され，合計18電子となる．

【例　題】ニッケルカルボニルとフェニルトリメチルスズがそれぞれ18電子化合物であることを確認せよ．

一般に18電子則を満たす有機金属化合物は安定で，単離可能な有機金属化合物は18電子則を満たしていることが多い．しかし，オクテット則と異なり，18電子則を満たさない化合物も比較的安定に存在しうる点がd軌道をもつ有機金属化合物の特徴である．18電子則を満たしていない化合物は反応性が高いことが多く，触媒反応の中間体などとして現れる．

c．有機金属化合物の反応（図5.16）

（1）還元的脱離　有機金属化合物の中心金属上にある二つの1価の配位子が，カップリングして脱離していく反応である．式に示すように，還元的脱離によって金属の酸化数は2減り（たとえば+2 → 0），同時に電子数も2減る（たとえば18電子→16電子）が，化合物全体の電荷は変化しない．金属が形式的に還元されていることになるため，還元的脱離とよばれる．**還元的脱離反応**では−1価の価数の配位子同士がカップリングすることになるわけであり，不自然な印象を与えるかもしれない．しかし，有機金属化合物で配位子（置換基）に−1の電荷を割り振ったのは形式的なことであって，置換基がアニオンであるというわけではない．だからこそカップリングが起こるのであ

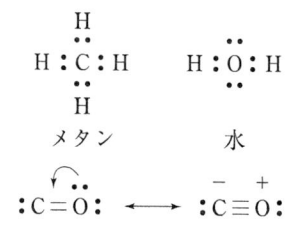

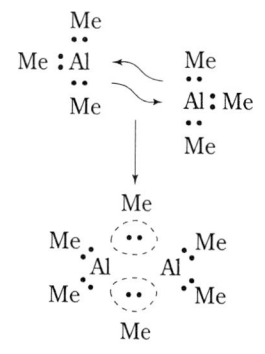

図5.15　オクテット則と3中心2電子結合

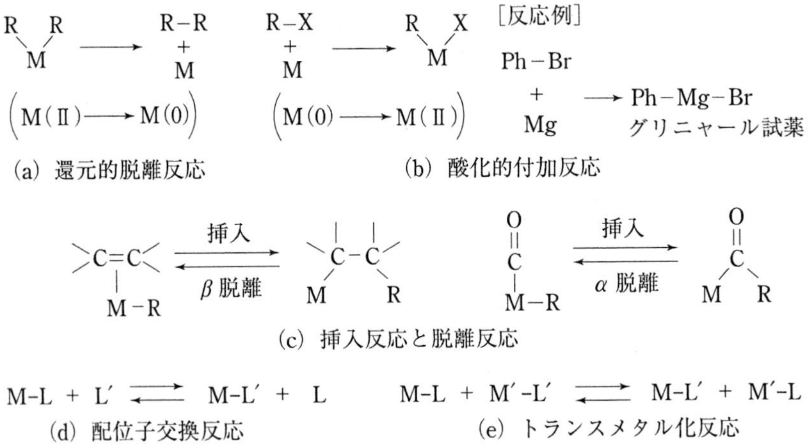

図 5.16 有機金属化合物の反応

る．したがって，電気陰性度の高くアニオン性の配位子（たとえば塩素）同士のカップリングは通常起こらない．

（2）酸化的付加 酸化的付加は σ 結合に錯体の中心金属が入り込み，二つの 1 価の配位子をもつ錯体になる反応である．酸化的付加によって金属の酸化数は 2 増え（たとえば $0 \rightarrow +2$），同時に電子数も 2 増える（たとえば 16 電子 $\rightarrow$ 18 電子）．金属が形式的に酸化されていることになるため，酸化的付加とよばれる．また，**酸化的付加反応**は配位不飽和な 16 電子以下の錯体でしか起こらない．一見してわかるように，酸化的付加反応は還元的脱離反応の逆反応である．生成した錯体は還元的脱離により元の化合物を再生することがある．

ハロゲン化炭化水素に金属マグネシウムが酸化的付加すると有機マグネシウム化合物が生成する．生成物は Grignard（グリニャール）試薬とよばれ，有機合成反応において極めて重要な試薬となっている．この場合，0 価のマグネシウムは酸化的付加によって +2 価のグリニャール試薬になっている．

（3）挿 入 不飽和な 0 価配位子が金属-炭素結合に挿入する反応である．不飽和配位子としてはオレフィン，アセチレン，カルボニル（一酸化炭素）などがあり，それぞれ，アルキル，ビニル，アシル錯体を生成する．挿入反応によって金属の酸化数には変化がないが電子数は 2 減る．

（4）α 脱離，β 脱離 脱離は挿入反応の逆反応である．アルキル配位子の β 位に水素などの脱離可能な置換基があると，β 脱離によってオレフィンの配位したヒドリド錯体が生成する．アシル金属化合物は α 脱離で脱カルボニルしてアルキル錯体を与える．脱離反応によって金属の電子数は 2 増えるが酸化数には変化がない．

(5) **配位子交換, トランスメタル化**　原則として0価の配位子を交換する反応を配位子交換反応とよび, 2種の有機金属化合物の間で−1価の配位子を交換する反応をトランスメタル化とよぶ. ただし, ハロゲンなど, アニオン性が高くて対カチオンの存在を意識しない−1価の配位子を交換するときには配位子交換反応とよぶことがある. いずれも平衡反応であるが, 配位子と金属との親和性に大きな片寄りがあると定量的に反応が進行する.

(6) **有機金属化合物を利用した有用な反応**　これまで述べてきた反応の組み合わせにより, 多種多様の有用反応を行なうことができる. ここでは代表的な二つの反応例を示す. 各段階に有機金属化合物のどのような反応が利用されているか, 価数と電子数がどのように変化するのか, に注目しながら読むことで個別の反応についての理解が深まるであろう.

(i) 薗頭反応 (図5.17): 薗頭反応はアセチレン化合物を合成するための優れた反応である. 反応に用いられるパラジウム化合物**1**は18電子の安定な化合物である. **1**は二つのホスフィン配位子を失い, 反応性が高く配位不飽和な14電子化合物**2**となって反応が始まる. **2**は臭化フェニルに酸化的付加反応し, 16電子化合物**3**を与える. このとき, パラジウムの価数は0から+2になる. **3**は銅アセチリド**4**とトランスメタル化反応し, **5**を生成する. **5**は速やかな還元的脱離反応によりアセチレン化合物**6**を生成するとともに**2**を再生する. **2**は再び臭化フェニルに酸化的付加していく. したがって**1**を触媒量用いるだけで, 臭化フェニルと**4**から**6**が得られる.

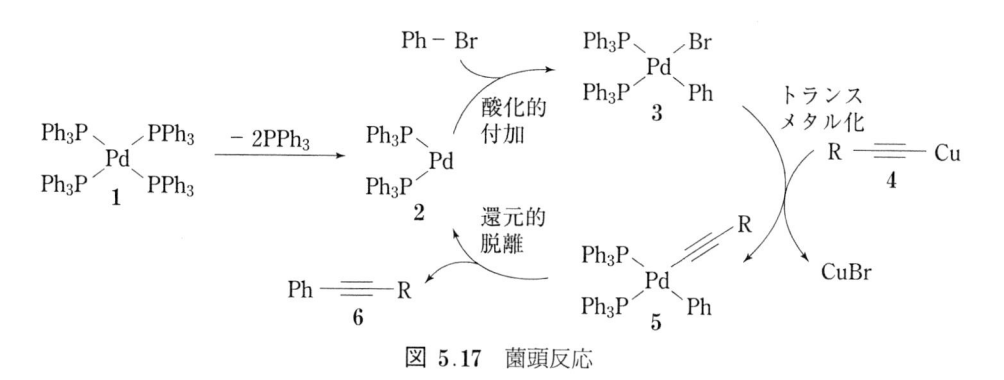

図 5.17　薗頭反応

(ii) エチレンの重合 (図5.18): 有機金属化合物によるエチレンの重合では構造の整ったポリエチレンが得られる. 有機ジルコニウム化合物**7**は有機アルミニウム化合物**8**とトランスメタル化した後塩化物イオンが脱離し, カチオン性の14電子化合物**9**となる. ここにエチレンが配位した後, Zr–C結合へ挿入反応が起こりアルキル基が伸長す

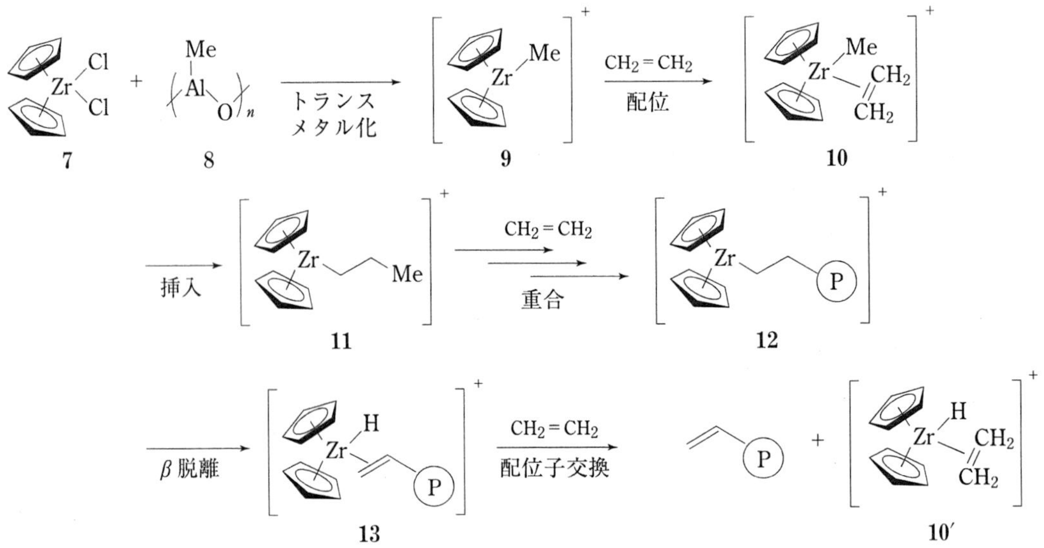

図 5.18 エチレンの重合

る．配位-挿入の繰り返しでポリエチレン鎖をもつ化合物 **12** が得られる．**12** は β 脱離により 16 電子化合物 **13** となり，次いで配位子交換反応で **10** に対応するジルコニウム化合物 **10′** と末端に二重結合をもつポリエチレンが生成する．**10′** は次の重合反応を開始する．ポリエチレンの分子量は挿入反応と β 脱離反応の速度比で決まり，挿入反応が速ければ速いほど分子量の大きいポリエチレンが得られる．

5.3 生物無機化学

生体中には，約 30 種類もの元素が含まれており，タンパク質，骨，核酸などを構成し，あるいは種々の生体反応における触媒として重要な働きをしている．主な構成元素として，生体中に 1〜60％ 含まれている元素には，H, C, N, O, Na, Mg, P, K, Ca があり，0.05〜1％ 含まれる元素では S, Cl があり，0.05％ 以下の微量に存在する元素として，B, Mn, Fe, Co, Ni, Cu, Zn, Se, Mo, I などがある．これらの微量元素のうちでも，Fe, Cu, Zn は比較的多く生体中に存在している．

生体中で重要な役割を担っている酵素の中で，多くの場合，その活性部位には金属イオンが働いている（**金属酵素**という）．この金属酵素の反応活性部位は，金属イオンのまわりに配位子が結合した錯体としてとらえることができる．しかし，この金属錯体は，低分子量の金属錯体とは違って，かなり歪んだ構造をとっている場合が多い．これは，大きな構造変化を起こすことなく，効率よく触媒反応を行うことがで

きるように，金属酵素は初めから活性化しやすい状態にあると考えられる．ここでは，金属酵素として，その活性部位に鉄，モリブデンあるいは銅を含むタンパク質を取り上げ，これらの酵素あるいは関連する金属錯体の酸化還元特性，反応性あるいは構造変化について見ていこう．

a. 鉄-ポルフィリンタンパク質

高等動物においては，体内における酸素の運搬や貯蔵は，**ヘモグロビンとミオグロビン**によっている．血液中のヘモグロビンは，ヘムを一つ含んだタンパク質の四量体であり，その分子量は 64500 であり，四つのミオグロビン状のサブユニットからなる．動物の肺やえらから酸素を筋肉細胞中まで運び，そこで酸素は化学反応に使われる．ミオグロビンは，分子量 17000 の単量体であって，おもに筋肉細胞中にあって酸素を貯蔵する役割をもっている．この両タンパク質は，Fe(II) イオンが大環状ポルフィリン配位子に結合しており（ヘム），さらに軸配位子としてヒスチジン残基のイミダゾール窒素原子が結合している．これらの部位は，アポタンパク質に埋め込まれている（図 5.19）．フリーのヘムは，酸素分子と水の存在下ですぐに酸化されて Fe(III) 状態になり，酸素とは結合しなくなる．こうなると生体には致命的である．しかし，ヘモグロビンやミオグロビンは，ヘムが埋め込まれた周囲のアポタンパク質の疎水環境のおかげで，Fe(II) 状態で安定である．

ヘムは，肺などの酸素豊富なところで酸素分子と結合し，細胞中まで運ばれて酸素を脱離する．ヘムの軸配位子に対し，その反対面側のところで，酸素分子が可逆的に取り込まれる．酸素分子が結合していないときには，ヘモグロビンとミオグロビンは高スピン状態の Fe(II) イオンを有する．酸素分子が配位すると，反磁性のオキシヘモ

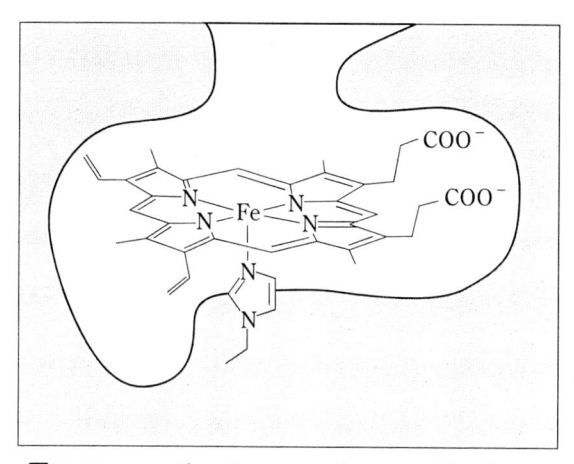

図 5.19 ヘモグロビン，ミオグロビンの構造模式図

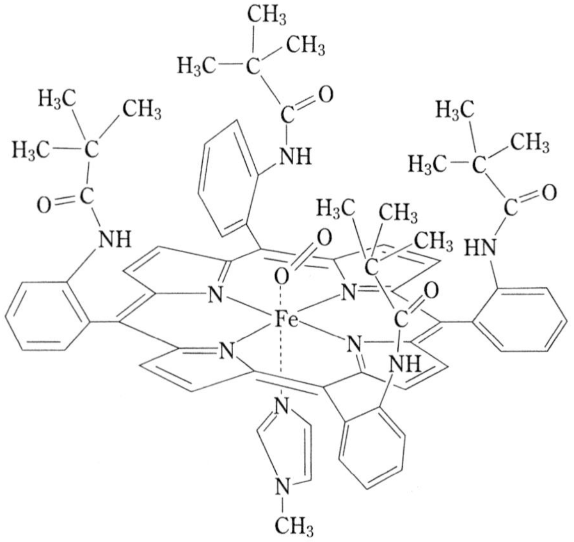

図 5.20 ピケットフェンス型ポルフィリン-Fe(II)化合物

グロビンあるいはオキシミオグロビンになる．結合した酸素分子の正確な配向は知られていない．酸素分子は，一つの酸素原子の sp^2 混成軌道にある孤立電子対によって鉄イオンと結合しうる．あるいは，エチレン分子が白金(II)イオンなどに二つの炭素原子で結合するのと同様に，二つの酸素原子が鉄イオンに結合することも考えられる．ヘム鉄タンパク質のモデル化合物としてピケットフェンス型ポルフィリン-Fe(II)化合物が合成された（図5.20）．この錯体の第5配位座は N-メチルイミダゾール窒素原子によって占められ，第6配位座においてヘモグロビンと同様に常温で可逆的に酸素分子を取り込むことができ，酸素分子の結合部位が疎水性環境にあることの重要性が示された．また，図5.20に示しているように，一つの酸素原子が鉄イオンに結合して，Fe-O=O は曲がった構造であることが，X線結晶構造解析から確かめられている．

ヘモグロビンあるいはミオグロビンによって酸素分子が細胞内に導かれると，酸素原子として生体内反応に使われるが，その反応過程には1原子酸素添加酵素であるシトクロム P-450 がかかわる．この酵素は化合物の C-H グループを C-OH グループに変換する働きをする．P-450 はヘム鉄であり，ヘモグロビンで見られたイミダゾール基の代わりにシステイン残基のチオレート($-CH_2S^-$) 基が Fe(II) イオンに配位している．P-450 が Fe(II) イオンの状態にあるとき，π 電子供与性の強い $-CH_2S^-$ 基の効果によって，P-450 に取り込まれている Fe-O_2 部位の O-O 結合の開裂が生じ，高い反応性を示す活性種を与える．これは，高原子価鉄ポルフィリン(Fe(V)=O) である可能性が

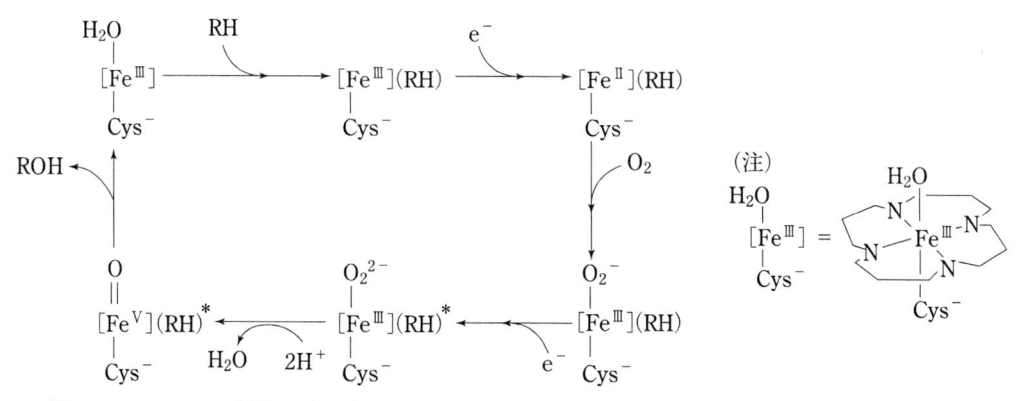

図 5.21 P-450 の触媒反応過程（ポルフィリン部分は略号で示し，＊印の化合物は推定される中間体である）

高く，これは Fe(IV)-ポルフィリンカチオンラジカルとして結合していると考えられる．P-450 のかかわる触媒反応過程スキームを図 5.21 に示す．

ヘム鉄でない，オキソ架橋鉄タンパク質の例をあげておこう．海中の無脊椎動物において酸素運搬と貯蔵の役目を果たしている**ヘムエリトリン**がある．これも，ヘモグロビンやミオグロビンと同様に可逆的に酸素分子と結合する．酸素との親和性はヘモグロビンと比べて約 10 倍にもなる．その活性部位は，3.25～3.5Å 離れて二つの鉄イオンを含んだ部分である（図 5.22）．これらの鉄イオンは，五つのヒスチジン側鎖残基によってタンパクに結合している．還元型であるデオキシ形は，5 配位と 6 配位の Fe(II) イオンからなり，それらは二つのカルボキシレート基によって架橋され，さらに，水分子から由来する架橋水酸基をもつ．酸素分子は，5 配位の Fe(II) イオンと架橋水酸基によって取り込まれ，HO_2^- イオンは架橋オキソ基を水素結合することによって安定化していると考えられている．また，2 核 Fe(II) の部位は 2 電子酸化され，Fe(III) イオンを含むようになる．このデオキシヘムエリトリンとオキシヘムエリトリンは，酸素分子とともに平衡にある．

図 5.22 ヘムエリトリン酸素化型と脱酸素化型

b. 鉄・硫黄タンパク質

生体中には酸化還元や種々の化学反応の活性中心となる，多くの鉄タンパク質があり，そこでは硫黄原子が Fe(II)/Fe(III) イオンに配位している．

鉄・硫黄タンパク質の一種である**フェレドキシン**は，電子移動の役目を果たす．生理活性を示す[Fe-S]中心は，[2Fe-2S]，[3Fe-4S]，[4Fe-4S]の3種に分類でき，3番目のものがもっとも多い．[2Fe-2S]フェレドキシンは，極めて酸性度の高いタンパクであり，その活性部位は，4個のシステイン残基の硫黄原子が Fe(III) イオン ($3d^5$，電子スピン $S=5/2$) に配位して，四面体構造をもつ（図5.23）．二つの鉄核は反強磁性的相互作用しているので，ESRシグナルは観測できない．

[4Fe-4S]の中心は，Fe_4S_4 クラスター（図5.23）であり，さらに四つのシステイン残基(RS-)と結合しており，$[Fe_4S_4(SR)_4]^{2-}$ と表される．その酸化された状態では形式的に二つの Fe(III) および二つの Fe(II) イオンからなるが，四つの Fe 原子は等価で，その平均酸化数は+2.5である．還元された状態では，三つの Fe(II) および一つの Fe(III) イオンを含んでいる．

ESRシグナル
不対電子をもつ化合物を磁場中に入れたとき，電子スピンと磁場との相互作用によって ESR (electron spin resonance) スペクトルが観測される．そのシグナルの解析によって，化合物における不対電子の性状，あるいはd電子をもつ金属核の性状がわかる．

[Fe-4S]　　[2Fe-2S]　　[3Fe-4S]　　[4Fe-4S]

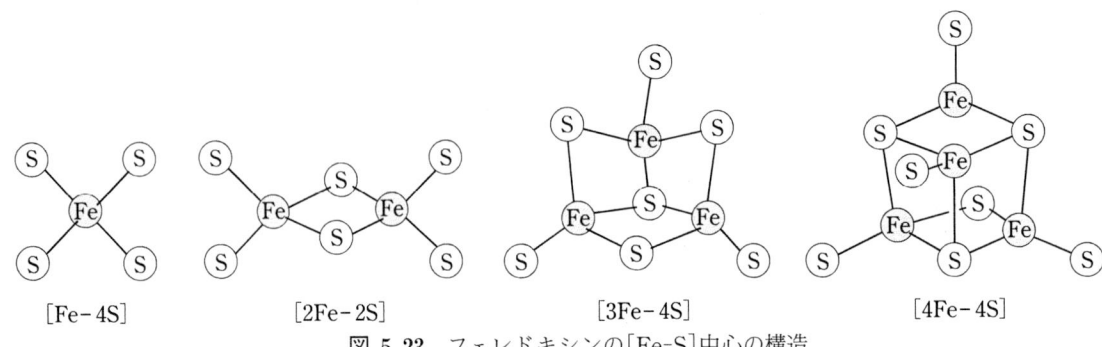

図 5.23　フェレドキシンの[Fe-S]中心の構造

c. ニトロゲナーゼ

空気中の窒素を固定してアンモニアへと変換する酵素を**ニトロゲナーゼ**といい，根粒バクテリアなどのわずかの細菌がこの酵素を有している．窒素分子は極めて反応性に乏しいが，この酵素は効率よくアンモニアへの還元反応を行うことができる．

$$N_2 + 8e^- + 8H^+ + 16MgATP$$
$$\longrightarrow 2NH_3 + H_2 + 16MgADP + 16PO_4^{3-} \quad (5.17)$$

ここで，ATP はアデノシン三リン酸塩，ADP はアデノシン二リン酸塩である．

ニトロゲナーゼは，二つの金属タンパク質からなり，一つは Fe タ

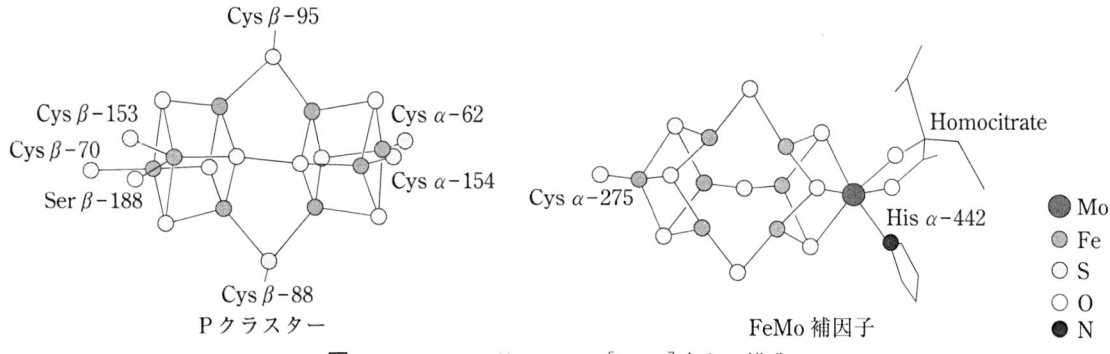

図 5.24 フェレドキシンの[Fe-S]中心の構造

ンパク質で，もう一つはMFeタンパク質（M=Mo，VあるいはFe）である．モリブデンニトロゲナーゼは，FeタンパクとMoFeタンパク質からなり，このFeタンパク質は，分子量が約60000で，四つのシステイン残基が結合したFe_4S_4クラスターを含み，FeMoタンパク質への1電子ドナーの役割をもつと考えられている．FeMoタンパク質は，分子量が約230000の四量体で，FeMo補因子とPクラスターを含んでおり，FeMo補因子が，窒素分子を取り込んで活性化し，アンモニアへと還元する．X線結晶構造解析によって決定されたモリブデンニトロゲナーゼの FeMo補因子および Pクラスターの構造を，図5.24に示す．Pクラスターでは，二つのサイコロ状のFe_4S_4クラスターが，一つのS-S結合とともに二つのシステイン残基のチオレート硫黄原子による架橋によって，二量体を形成し，そのためにPクラスターはFe_4S_4クラスターのタンパク質とは異なる特異な分光学的性質を示す．FeMo補因子では，左側の$MoFe_3S_3$部分と右側のFe_3S_3部分が三つの硫黄原子で架橋されている．Fe-S-Fe部分のFe-Fe距離は平均して約2.5Åであり，金属-金属結合と考えるに十分な距離である．Mo原子と右端のFe原子は，それぞれ6配位と4配位構造であるが，タンパク質と結合していないほかの六つのFe原子はいずれも3配位である．この配位様式は，硫黄原子配位子の鉄錯体としては珍しいものである．酵素反応が進行する過程で，モリブデン原子の配位構造はほとんど変化しないので，窒素原子は，おそらくモリブデン原子ではなく鉄原子部分に取り込まれるのであろうと考えられているが，詳細は明らかではない．

特異な配位構造をもったFeMo補因子のモデル化合物については，以前から数多くの研究がなされてきた．そのうちには，$MoFe_4S_6$や$MoFe_3S_4$クラスター化合物（図5.25）が合成されている．

図 5.25 FeMo補因子のモデル化合物 $MoFe_3S_4(PEt_3)_4Cl$

d．銅タンパク質

銅イオンを含むタンパク質のうち，ブルー銅タンパク質といわれる

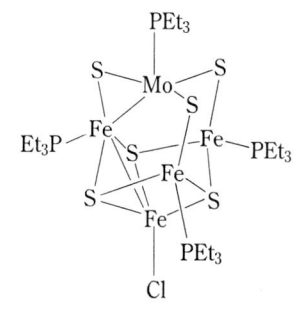

ものは，その活性部位に Cu(II) イオンを含み，通常の Cu(II) 錯体では見られない性質を示すため，この性質を再現できる低分子量銅錯体の合成が古くから盛んにこころみられてきた．高等植物や藻類に含まれている**プラストシアニン**は，ブルー銅タンパク質の一つであり，電子伝達に関わっている．その X 線結晶解析によって明らかになった Cu(II) イオンまわりの構造は，図 5.26 に示すように，歪んだ四面体型である．二つのヒスチジン残基からの窒素原子と別のヒスチジンからのチオレート硫黄原子，さらにメチオニンのチオエーテル硫黄原子が配位している．Cu(II) 錯体としては異常なこの歪んだ配位構造によって，プラストシアニンは，① 電子スペクトルにおいて 600 nm 付近に強い吸収帯（S → Cu 配位子-金属電荷移動吸収帯と考えられる）を示し，② ESR スペクトルにおける $^{63/65}$Cu 核（核スピン $I = 3/2$）による超微細結合定数が通常の Cu(II) 錯体に比べて非常に小さく，③ 酸化還元電位が Cu(II) 錯体としては異常に高い．この四面体型の配

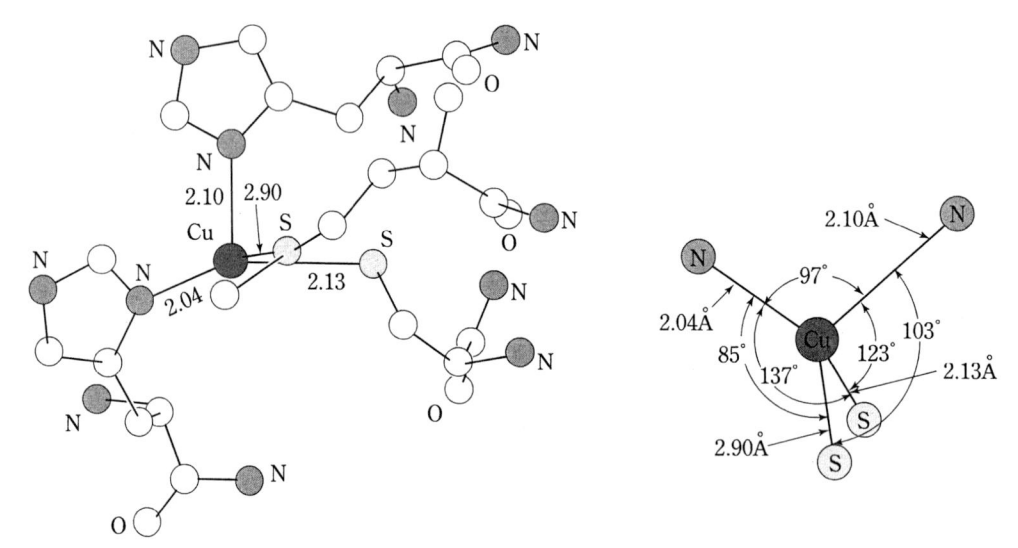

図 5.26　X 線結晶解析によって決められたプラストシアニンにおける銅(II)部位の構造(Cu-配位原子の距離と角度を示す)

[Cu(SCPh$_3$)(HB(3,5-isoPr$_2$C$_3$HN$_2$)$_3$)]
図 5.27　ブルー銅タンパク質モデル化合物

位構造を安定化しうる，かさ高い配位子をもち，チオレート配位子を含む錯体（図5.27）が合成され，特徴的なブルー銅タンパク質の分光学的性質を再現している．

スーパーオキシドジスムターゼ（SOD）は，スーパーオキシドを過酸化水素と酸素に変換する反応の触媒として働き，いくつかの金属イオンを含むSODが種々の生物から見出されてきた．そのうち，Cu, Zn-SODは，分子量が約16000の酵素で，活性部位にCu(II)およびZn(II)イオンを含んでいる（図5.28）．Cu(II)部位は，四つのヒスチジン残基のイミダゾール窒素原子と結合しており，歪んだ平面四配位構造をとる．Zn(II)イオンは，三つのヒスチジン残基の窒素とアスパラギン酸残基の酸素原子の配位した四面体構造である．一つのイミダゾール配位子は二つの金属イオンを架橋して複核構造を保っている．Cu(II)イオンが活性中心であり，Zn(II)イオンはCo(II)やCd(II)イオンと交換してもSODの活性はそれほど落ちないが，Cu(II)イオンがないと失活してしまう．したがって，次のようにCu(II)/Cu(I)で反応が起こると考えられる．

$$(HisH)_3Cu^{II}(His^-)Zn + O_2^- + H^+$$
$$\longrightarrow (HisH)_3Cu^I + (HisH)Zn + O_2 \quad (5.18)$$

$$(HisH)_3Cu^I + (HisH)Zn + O_2^- + H^+$$
$$\longrightarrow (HisH)_3Cu^{II}(His^-)Zn + H_2O_2 \quad (5.19)$$

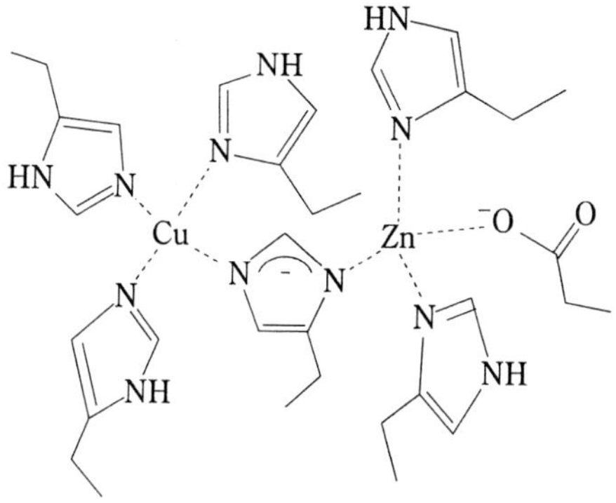

図 5.28 Cu, Zn-SOD の活性部位

ほとんどの軟体動物や節足動物の血液中に含まれる酸素運搬体であるヘモシアニンも銅タンパク質である．極めて高分子量のタンパク質であり，いくつかのサブユニットからなり，その活性部位には，二つの銅イオンが1組になって1個の酸素分子を取り込む．酸素分子を結合したオキシヘモシアニンのX線結晶構造解析によって，酸素分子は，それぞれ三つのイミダゾールの窒素原子が配位した二つの

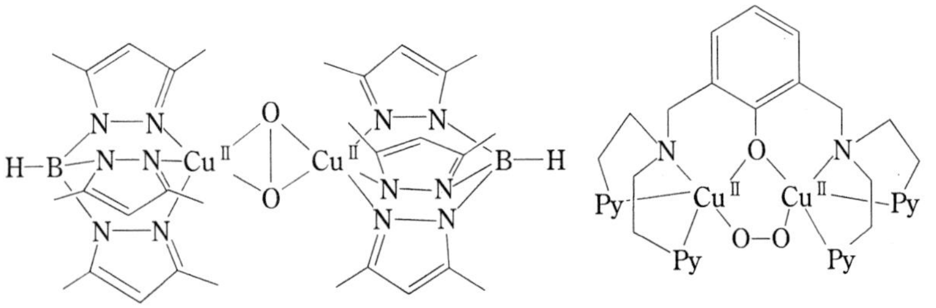

図 5.29 ヘモシアニンモデル化合物

Cu(II)イオン間にペルオキシドとして $\eta^2:\eta^2$-配位様式で架橋配位していることが確かめられている．この珍しい酸素分子の架橋配位による錯体は，ヘモシアニンモデル化合物として合成されている（図5.29）．酸素分子を取り込む前のデオキシヘモシアニンは，Cu(I)イオンを含み，無色であるが，オキシヘモシアニンになると青色になる．二つのCu(II)イオンは，ペルオキシド配位子によって強い反強磁性的相互作用を示し，反磁性である．

　これまで見てきたように，金属タンパク質の活性部位は，錯体の観点からは極めて特異な構造と電子状態をもち，それによって効率よく触媒反応を進行させている．これらをモデルにした新しい金属錯体を求めていくことは，これからも重要な課題である．

■ 参考文献

1) J. E. Huheey（小玉剛二，中沢 浩 訳）"ヒューイ無機化学（第3版）"，東京化学同人 (1984)．
2) F. A. Cotton, G. Wilkinson, C. A. Murillo, M. Bochmann, "Advanced Inorganic Chemistry (6th Ed.)", John Wiley and Sons (1999)．
3) 岩本振武，荻野 博，久司佳彦，山内 脩 編著，"大学院錯体化学"，講談社サイエンティフィック (2000)．
4) 松林玄悦，黒沢英夫，芳賀正明，松下隆之，"錯体・有機金属の化学"，丸善 (2003)．
5) 山本明夫，"有機金属化学"，裳華房 (1982)．
6) L. S. ヘゲダス，"遷移金属による有機合成"，村井真二訳，東京化学同人 (2001)．

演習問題（5章）

5.1 $3d^5$電子配置をもつ金属イオンが高スピン状態の4配位四面体型錯体となるとき，および低スピン状態の6配位八面体型錯体を形成するとき，それぞれの錯体の電子配置を示せ．

5.2 $[Fe(CN)_6]^{3-}$はただ1個の不対電子をもつのに対し，$[Fe(H_2O)_6]^{3+}$は5個の不対電子をもつ．この理由を説明せよ．

5.3 $[NiCl_2(PPh_3)_2]$は常磁性であるのに対し，$[PdCl_2(PPh_3)_2]$は反磁性である．その理由を示せ．

5.4 次の有機金属化合物の金属上の電子数はいくつか.

(1) HCo(CO)$_4$ (2) (ブタジエン)Fe(CO)$_3$ (3) (ベンゼン)Cr(CO)$_3$ (4) (シクロペンタジエニル)(η^3-アリル)Mn(CO)Cl (5) K$_3$[Fe(CN)$_6$]

5.5 Wilkinson錯体 **A** によるアルデヒドの脱カルボニル化反応は以下のように進むとされている. 各中間体 **A**～**E** についてロジウムの酸化数と電子数はいくつか. また, 各段階の反応 **a**～**c** はなんという反応か.

5.6 ボラン BH$_3$ は単独では存在せず, ジボラン (BH$_3$)$_2$ として存在する. その理由を述べ, ジボランの構造をかけ. また, ジボランをエーテルに溶解すると単量体に解離してエーテル錯体が生成する. エーテル錯体の電子配置を書け.

5.7 金属マグネシウムはナフタレン C$_{10}$H$_8$ と反応して C$_{10}$H$_8$Mg の組成の有機マグネシウム化合物を生成する. これは水で分解するとジヒドロナフタレンを与える. 一方, クロムヘキサカルボニル Cr(CO)$_6$ はナフタレンと反応し, C$_{10}$H$_8$Cr(CO)$_3$ の組成の水に対しても熱に対しても安定な有機クロム化合物を生成する. それぞれの有機金属化合物の構造を推定せよ.

5.8 生体における酵素の活性部位には, しばしば金属イオンが存在する. この金属イオン中心部を金属錯体とみたとき, その特徴を述べよ.

5.9 ヘモグロビンは, その活性部位にある Fe(II) イオンに酸素分子を結合し, 体内での酸素輸送に関わっている. 一酸化炭素中毒では, 酸素分子の代わりに一酸化炭素が Fe(II) イオンに結合した状態にある. 中毒の初期の段階では, 高圧酸素室治療が有効であるのはなぜか.

6 無機材料化学

6.1 無機工業化学の歴史

a. 化学が近代工業に取り入れられるまで

そもそも、無機化学（inorganic chemistry）は有機化学（organic chemistry）の出現により"有機化学ではない化学"として出現した分野であり、18世紀までは化学＝無機化学であったといって過言ではない。その意味で、化学が近代工業に取り入れられるまで、無機化学が人類の思想や産業の発展に寄与してきたことは、古代ギリシャ時代のEmpedocles（エンペドクレス）による四元素説、世界各地で行われてきた踏鞴製鉄、玻璃（ギヤマン）装飾工芸などと枚挙に暇がない。

Galilei, Newton らによる近代自然科学の成立をみた16〜17世紀に続き、18世紀には工業技術と啓蒙哲学の発展、およびそれらにより推進された産業革命と民主主義革命がもたらされた。当時成立した近代資本主義は、人類の生活や社会に量的・質的な大きな影響と発展をもたらした。とくに1765年のWattによる蒸気機関の発明はその後の産業革命をもたらし、多くの科学分野における飛躍的な発展につながった。

一方、それまでの化学は貴族の知的・物質的好奇心を満たすことであったり、卑金属から貴金属に変化させ"より完全な存在"をもたらす"賢者の石（*Lapidis philosophorum*）"の探索をめざした錬金術など、哲学思想と密接に結びついたものであったりした。実際、18世紀前半までは"燃素（phlogiston）説"が信じられていたころであり、それまでの化学は他の科学に比べて極めて稚拙であったと言わざるを得ず、まだまだ幼年期であった。

化学が体系的な発展を見せたのは18世紀後半からである。1789年にLavoisier（ラボアジェ）により「化学要論（Traité Elémentaire de Chimie）」が出版され、Lavoisierのほか、Cavendish, Rutherford, Scheele（シェーレ）, Priestley（プリーストリ）らの化学者により、酸素、水素、窒素の単体ガスのほか、アンモニア、塩化水素、酸化窒

図 6.1 Lavoisier (1743-94) 夫妻

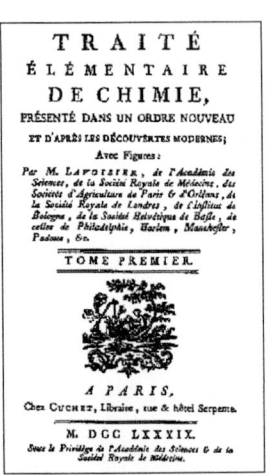

図 6.2 Lavoisier 著「化学要論」(1769)

素など，現在の化学工業の基礎をなす多くの気体をはじめとする様々な物質が見いだされてきた．さらに 1780 年の Galvani による動物電気の実験および 1799 年の Volta による電池の発見は，物質が有するエネルギーを電気エネルギーに変換し利用するという，動電気学と化学とが結びついたものであり，化学が熱力学だけでなく，一般的なエネルギー科学の一翼を担う"物質の科学"として発展するきっかけとなった．

b．大規模製鉄に始まる無機工業化学

産業革命における紡績機械，蒸気原動機の発明に続いたのは冶金技術の発展であり，無機工業化学の歴史は 19 世紀以降の大規模製鉄産業に始まる高度資本主義社会の歴史に重なる．当時，鉄道，汽船や鉄骨材から近代兵器に至るまで，鉄の需要ははなはだ増大し，その需要にかなう製鉄法が待たれていた．当初は従来の木炭や小規模な石炭を熱源とした踏鞴製鉄から小規模鉄炉を用いた攪拌法（バッドル法）に受け継がれたものの，生産量には限界があった．これに対し，1856 年に発明された Bessemer（ベッセマー）転炉の発明はそれまでの数 10 倍の製鉄量を実現することが可能となり，いくつかの改良を経て 1878 年の塩基性耐火煉瓦を用いた Thomas（トーマス）転炉の発明に至り，世界の至るところで大規模な製鉄が可能となった．ただし，この製鉄の大規模化はただちに過剰生産に至り，19 世紀の後半には幾度となく経済恐慌をもたらす結果になったことは皮肉である．

c．有機工業化学に対する無機工業化学

分子の概念は 1803 年の Dalton の分子説によって完成された．Newton の粒子の概念と Lavoisier の元素の概念とを統一的に解釈・

表 6.1 無機系化学物質の合成法

物　質	合成法ほか
ソーダ （水酸化ナトリウム）	・Leblanc（ルブラン）法（1791） ・Solvay 法（1862）によるアンモニア・ソーダ法 ・電解ソーダ法（1890）
過リン酸肥料	・Liebig（リービッヒ）理論（1840） ・19 世紀中頃に工業化
セメント	・Aspdin によるポルトランドセメント合成（1824）
石炭ガス	・Murdock 法（1792） ・19 世紀初頭にガス灯の発明
火薬	・綿火薬（1845），ニトログリセリン（1846） ・ダイナマイト（1867）
マッチ	・黄リンマッチ（1827），安全マッチ（1870）
アンモニア	・Haber-Bosch（ハーバー–ボッシュ）法（1904）

Haber-Bosch 法
"水と石炭と空気とからパンをつくる方法"としてもてはやされたことは有名である．大量に合成されたアンモニアは窒素固定源として農業の近代化に貢献した．その一方で硝酸の原料として用いられた結果，大量の火薬原料の供給を可能とした．

Wöhler

尿素を合成した Wöhler はケイ素，ベリリウムの発見やカルシウムカーバイド（CaC_2）の合成なども果たしている．当時は無機化学者も有機化学者もなかったわけである．

Mendelejev

ロシアに生を受けた Mendelejev（1834-1907）は，1869 年に「原子量に対する元素の性質と依存性」という内容の学術講演をロシア化学会で行い，周期律についての考えを発表した．彼は周期表のアイディアをまとめたが，当時は価値が十分に認められず，1906 年のノーベル化学賞の候補にもなったが，フッ素の単離と電気炉を発明した Moissan（モアッサン）に僅差で及ばなかった．Mendelejev は後にロシア度量衡局所長に就任し，ウォッカの製造技術の標準化を行いアルコール度数を 40％と定めたことで知られる．

1855 年(21 歳)当時の Mendelejev

発展させたものであり，化学反応における基本的な量的関係（倍数比例の法則）を裏付ける原子価の明確な構成をもたらした．

この「分子」の概念はただちに有機物質の合成法を人類の手の届くところにもたらすこととなった．1828 年，Wöhler（ヴェーラー）により尿素が合成され，無機化学と有機化学との分岐点となる．有機化学の発展は，医学，農学，薬学など，人類の生存に密接に関係する分野において急速に発展することになるが，それらの工業化にともなう原料製造において，無機化学もまた発展することになる．

19 世紀から 20 世紀初頭に産業として発展した代表的な無機系化学物質の合成法などは表 6.1 のとおりである．これらは無機化学の分野だけで完結するものではなく，有機化学の発展と密接な関係をもちつつ発展した．

d．無機工業化学の拡大と細分化

1869 年に Mendelejev（メンデレーエフ）により提唱された元素の周期律は，当時知られていた元素の性質を整理・体系化することに貢献しただけでなく，それまで知られていなかった元素の存在が予測され，さらにそれらの発見に結びついた．現在，半導体材料として注目されているガリウム（Ga）は"エカアルミニウム（アルミニウムのすぐ下の元素）"として予測され 1875 年に発見されたものであるし，ゲルマニウムは"エカケイ素"として予測され 1885 年に発見された．このように次々と新しい元素が発見され，20 世紀初頭の Planck, Bohr, Schrödinger に始まる量子力学の発展と Curie（キュリー）らの研究に代表される放射性元素の発見は，原子力分野への展開に見られるように物理学と化学との接点を大幅に増大させるとともに，それらの利用を通じて，物質の分析，とりわけ分光学や電磁気学を利用した機器分析の発展につながった．物理学や分析化学において必要とされる物質はその材料の精製や高純度化の技術を要求することになった．当時分離が困難であった希土類元素の分離技術と合わせて，様々な分離・抽出法が発展することになったのは第二次世界大戦後のことである．

数多くの元素を取り扱う無機化学はその利用・応用分野の拡大に伴い，専門化の道をたどることになる．金属，セラミックスやガラス材料を取り扱う窯業，電子工学（半導体・絶縁体の利用）など，それぞれの分野の発展による新しい材料の開発は，戦後の産業構造の転換をはかるきっかけにもなった．詳細は 6.2 節以降を参照していただきたい．

e. "What chemists want to know."

化学の発展に伴う材料の多様な発展は，その後の化学を生物，医学にも展開させることになり，各分野に無機材料が利用されることになった．それと同時に，徐々に有機材料・高分子材料のみならず，生体材料との混合による材料の複合化が試みられるようになった．当初は単に混和して用いる機械的特性の改善や導電性の制御といったマクロ物性の改善をはかる手段にとどまっていたが，次第に分子レベルでの材料構築が進められるようになり，近年のナノサイエンス・ナノテクノロジーの基礎を形作っている．そのような流れの中で，無機工業化学においても様々な材料合成法が試みられている．"必要なものをその場で合成する"といったon-demand, on-siteな材料合成は，様々な材料の微細加工や高次構造化，自己組織化を要求するようになってきつつある．学際的な分野の発展に伴い，古典的な無機工業化学はその役割をますます増大させている．マテリアルサイエンス，ナノテクノロジーの基礎として，分子，原子の役割を理解することはますます重要となっており，環境問題の解決には化学の貢献が不可欠となっている．分子生物学やバイオテクノロジーにおいても金属有機化合物が重要な役割を示していることは，5.3節において述べたとおりである．

ところで，2006年のNature誌に掲載された"Chemistry：What chemist want to know"という記事において「化学がめざす大きな目標はないのではないか」という論説が掲載されている（P. Ball, *Nature* **442**, 500-502 (2006))．様々な分野に利用されている化学はそれ自身で学問分野として成立させなくともよく，より先端分野において付随する内容として取り組めばよいのではないかという問題提起である．実際にはどうであろうか．無機工業化学は化学の中でも常にその課題に直面してきた．ともすれば物質よりも最終的な製品に目が向きがちな社会ではあるが，現実にはその根幹をなす材料の多くが無機化合物からなる．学問的にみてもあらゆる元素を取り扱うという特徴を有する無機化学は化学の中核を担っているといっても過言ではない．その意味で，原子，分子，イオンあるいは電子に注目し，微視的な視点が必要な"無機工業化学"としてとらえられる分野において，解決しなくてはならない問題は山積している．新しい物質の合成や，それらを集合体として高度な構造を有する材料に構築することも，今後の無機工業化学において要求されることであろう．無機工業化学の歴史はそのことを静かに，しかし雄弁に語っていることに注目していただきたい．

6.2 工業材料の構造と機能

物質はわれわれの生活に役立つ，役に立たないに関係なく存在するが，これに対し，何らかの用途を目指しつくられた物質を材料といい，多くの材料が工業的にも用いられている．ここでは，セラミックス系を中心に工業材料として実用化されているものを紹介する．

a. 高温構造材料

（1）構造材料用セラミックス　高温に耐えうる材料として有名なのが**セラミックス**である（代表的なセラミックスの融点を表6.2に示す）．これらは大きく2種に分けることができる．一つは**酸化物**系，もう一つは**非酸化物**系である．

表 6.2　種々のセラミックスの融点

		化 合 物	融 点/°C
酸化物系		アルミナ	2050
		ジルコニア	2720
非酸化物系	窒化物系	窒化ケイ素	1800〜1900（分解）
		窒化アルミニウム	2200
		窒化チタン	2950
		窒化ホウ素	>3000
	炭化物系	炭化ケイ素	2830
		炭化チタン	3070

アルミナ
アルミナには多くの相が存在する．高温材料として用いられるのは，通常 α-Al_2O_3 である．

酸化物系の代表の一つがアルミナ（酸化アルミニウム）である．このものの融点は2050°Cと高く，耐火物，研磨材，さらには切削工具としても用いられている．アルミナセラミックスは破壊電圧が極めて高く，絶縁性にも優れ，誘電損失が低く，スパークプラグの主原料としても広く用いられている．また，化学的にも酸，アルカリ，スラグ，ガラスなどの溶融体に対しても耐食性に優れている．

ジルコニア
ジルコニアにアルカリ土類，希土類イオンを加えることにより，高温相を安定化して用いている（安定化ジルコニア）．

窒化ケイ素
窒化ケイ素には α, β 型と非晶質が存在するが高温で安定なのは β 型である．

一方，ジルコニア（酸化ジルコニウム）は種々の酸化物を添加して高温相を安定化した安定化ジルコニアとして耐火物，センサー，固体電解質などに用いられている（純粋なジルコニアは温度履歴により相転移を繰り返すので高温材料としては使えない）．また，ムライトはアルミナ，シリカを母体としたケイ酸アルミニウム化合物であるが，その低熱膨張性からひろく活用されている．一方，ベリリア（酸化ベリリウム），このものは有毒ではあるが熱伝導率が酸化物中もっとも高くこの長所は捨てがたい．したがって有毒ではあるが，用途を限定すれば有効に活用できる．

一方，非酸化物系は主に**窒化物**系と**炭化物**系に分かれる．まず，窒化物系を代表するものに窒化ケイ素がある．1200°C以上で表面にSiO$_2$層が生じ，酸化の進行を抑えるが1800〜1900°Cでは分解する．ノズルなどの高温耐食材料や，熱膨張しにくく耐熱衝撃性にも優れるため，ガスタービンの羽根などに用いられている．また，窒化アルミニウムも高温・高強度材料で，その優れた熱伝導性と電気絶縁性をあわせもつ大きな特徴があり，熱膨張係数がシリコンに近く，IC基板，パッケージ材として用いられている．一方，窒化チタンは高硬度であり，超硬合金や高速度鋼の耐摩耗用のコーティング材料に用いられ，切削工具の寿命が大きく延びている．また，窒化チタンは金色を呈し，金めっきの代替としても広く知られている．窒化ホウ素は黒鉛に類似した性質を保持する．高温の機械的強度にも優れ，金属と同様な熱伝導を示すが，電気的には絶縁体である．融点は3000°C以上といわれている．セラミックスの中ではベリリアに次いで熱伝導が高く，耐熱衝撃性にも優れている．また，硬く，各種工具や研磨材にも利用されている．

一方，炭化物系としてはまず，炭化ケイ素があげられる．このものの融点は2830°Cといわれており，熱衝撃にも比較的強く，高温での靭性が高いため高温機械材料にも用途がある．炭化ホウ素（B$_4$C$_{1-x}$（$0<x<0.65$））は半導体でダイヤモンドと同様に研磨材として利用されている．また，高温でも安定で中性子断面積が大きいBを含んでおり，原子炉の制御材としても使用されている．炭化チタンは金属光沢のある灰色の固体で融点は3070°Cであり，切削工具の表面に炭化チタンの薄膜を形成させることにより，性能が大きく向上する．

（2）**炭素材料**　炭素にはダイヤモンドとグラファイトの2種の同素体があることがよく知られている．1985年にはフラーレン（後述）も発見され，これは第3の同素体といえる．これらの結晶系以外にはスス，コークスなどの無定形炭素がある．ダイヤモンドは熱伝導に優れ，その値はアルミニウムにも匹敵する．また，熱膨張に関してはあらゆる物の中でもっとも低い．そこで，このような硬く，熱膨張しにくい性質を利用して切削工具などに広く用いられている．

ポリアクリロニトリル（PAN）や石炭，石油のピッチなどを原料にして炭素繊維が合成されている．上記の有機物を加熱すると1300〜1500°Cの温度でほとんど炭素になる（炭素化）．さらに加熱を続けると面内で結合が成長し，積層構造が得られる（グラファイト化）．実際の炭素材料は乱雑に分散した乱層構造と積層構造が入り交じっている．航空産業から，スポーツ，レジャー用品に至るまで幅広く使われ

ている．その他，製鉄用の電極として人造黒鉛，浄化や脱臭用には活性炭が，また，タイヤの充塡剤としてカーボンブラックなどが広く用いられている．

b．電気材料

（1）超伝導体　1911年に水銀の抵抗が4K付近でゼロになることが発見されて以来，種々の金属や合金が低温で超伝導となることが知られるようになったが，最近までの最高値はNb_3Snの23Kであり，セラミックス系では$LiTi_2O_4$の13.7Kが最高の超伝導転移温度であった．しかし，1986年に約30K付近で$(La,Ba)_2CuO_4$が超伝導となることが見つかって以来，その温度は次々に塗り替えられ，液体窒素温度を超える90Kクラスの銅を含む超伝導体が得られるようになった（図6.3）．また，31万気圧と高圧ではあるがその超伝導転移温度は164Kにまで達している．すでに酸化物超伝導体は低温装置の電流リードなどにも一部実用化されている．一方，非酸化物系の超伝導体として，MgB_2が39Kで転移を示すことが2001年に発見されている．

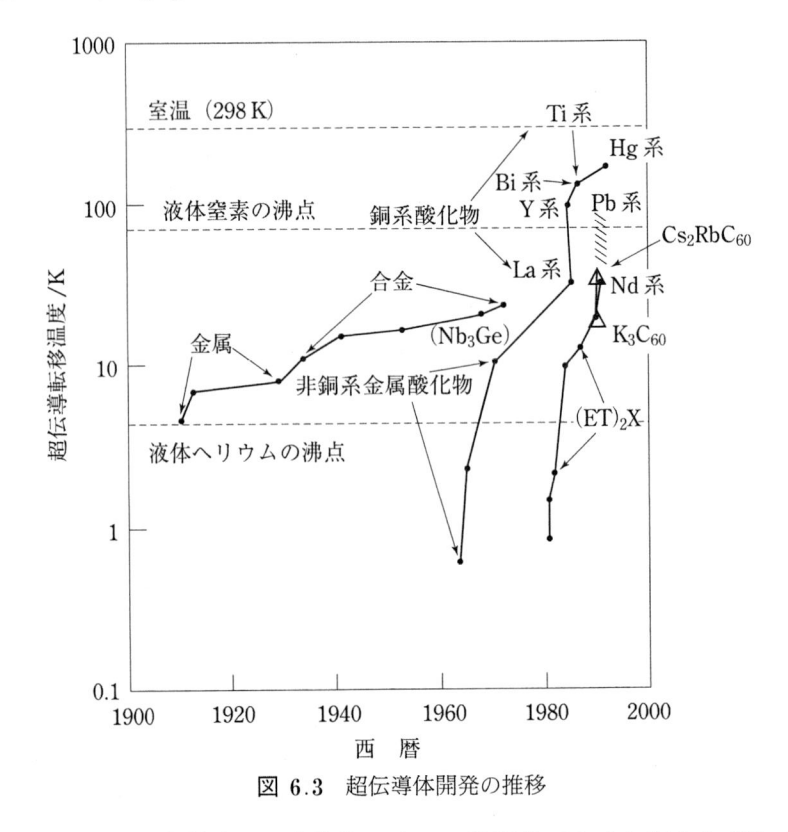

図6.3　超伝導体開発の推移

（2）金属，半導体　酸化物はすべて絶縁体であると思われがちであるが，中には金属的伝導を示す酸化物がある．たとえば，ReO_3はその中でももっとも高い電気伝導を示す．一方，SnO_2は別名，透明金属とよばれるくらい電子伝導に優れ，電極として幅広く実用化されてい

る．WO_3 はそれ自体絶縁体であるが，たとえば Na を添加すると $x > 0.25$（Na_xWO_3）で金属伝導を示すようになる．TiO_2，このものは SnO_2 と同じ結晶構造をもつにもかかわらず伝導率が低く半導体である．酸化物半導体としては ZnO，In_2O_3，TiO_2 などがあり，とくに ZnO，SnO_2 などは種々のガスセンサーにも応用されている．

また，酸化物自体が固定抵抗をもっているのでそれ自体に通電することによりジュール熱を発生し，発熱する抵抗体（これを抵抗発熱体という）としても利用されている．必要な特徴としては耐熱性が高く，融点も高いこと，使用温度域での抵抗温度係数が正または一定であること，熱衝撃に強いこと，耐食性に優れること，耐酸化性に優れること，機械的強度に優れることなどがあげられる．酸化物を含め市販されている一般的なセラミックス抵抗発熱体を表 6.3 に示す．

ITO 膜
スズをドープした酸化インジウム（In_2O_3 : Sn）膜は ITO 膜として知られる透明導電膜であり，液晶パネルなどに多用されている．

表 6.3 市販されているセラミック抵抗発熱体

発熱体材料 （主成分）	最高使用温度/℃ （発熱体表面温度）	使用雰囲気
SiC	1650	空気
$MoSi_2$	1800	空気
$LaCrO_3$	1900	空気
C	2600	不活性ガス

（3）誘電体 電気伝導の観点からは本来絶縁体であるが外部の電場や応力により原子位置が相対的にずれる（10 億分の 1 cm 程度のずれ）ことを分極といい，この分極により電荷を蓄えることを誘電性があるという．絶縁体のほとんどは誘電性をもつが，とくに多くの電荷を蓄えることができるものを誘電体とよび，絶縁体と区別している．また，誘電体の中でもとくに極めて大きな誘電率をもつ物質を**強誘電体**という．強誘電体では外部から電界をかけない場合でも分極している．

また，外部から強制的に電界をかけた場合はその電界により分極の方向を反転させることができる．その代表がチタン酸バリウム（$BaTiO_3$）である．チタン酸バリウム中のバリウムイオンとチタンイオンが上方に酸化物イオンが下方にと反対方向に変位することにより自発分極している．温度を上昇するとある温度（これを **Curie 温度**という）以上で常誘電相に転移する．誘電率はこのキュリー温度で極大となる．誘電体は電子部品に多く用いられているがその中でもコンデンサーが多くを占める．

また，強誘電体の中には外力を加えると電圧を発生したり，電圧を加えたときに変形するものがありこれらを**圧電体**という．この代表が

PZT（PbO-ZrO$_2$-TiO$_2$ からなるペロブスカイト化合物）であり，着火素子，音響機器，アクチュエーターなどに使われている．

（4）固体電解質　固体中をイオンのみが伝導する物質を**固体電解質**とよび，その代表例を表6.4に示す．固体中をイオンが伝導するためには多くの空格子点をもつこと，トンネル（一次元），層状（二次元），網目状（三次元）構造を取ること，平均的構造をとることがあげられる．

表 6.4　代表的なイオン伝導体

可動イオン		イオン伝導体	導電率/S cm^{-1}
陽イオン伝導体	H$^+$	SrCe$_{0.95}$Yb$_{0.05}$O$_3$	1 ×10^{-2}(900℃)
	Li$^+$	Li$_3$N	1.2×10^{-3}(25℃)
		Li$_{14}$Zn(GeO$_4$)$_4$（リシコン）	1.3×10^{-1}(300℃)
	Na$^+$	Na$_2$O・11 Al$_2$O$_3$（β-アルミナ）	1.3×10^{-1}(300℃)
		Na$_2$O・5.33 Al$_2$O$_3$（β″-アルミナ）	2.5×10^{-1}(300℃)
		Na$_{1+x}$Zr$_2$P$_{3-x}$Si$_x$O$_{12}$(0<x<3)（ナシコン）	3 ×10^{-1}(300℃)
	Ag$^+$	α-AgI	2 ×10^0 (200℃)
		RbAg$_4$I$_5$	2.7×10^{-1}(25℃)
陰イオン伝導体	F$^-$	CaF$_2$	3 ×10^{-6}(300℃)
		LaF$_3$	3 ×10^{-6}(25℃)
	O^{2-}	(ZrO$_2$)$_{0.85}$(CaO)$_{0.15}$(Ca-安定化ジルコニア)	2 ×10^{-3}(800℃)
		(ZrO$_2$)$_{0.91}$(Y$_2$O$_3$)$_{0.99}$(Y-安定化ジルコニア)	2 ×10^{-2}(800℃)

固体電解質の中でもとくに有名なのが**安定化ジルコニア**である．純粋なジルコニア（酸化ジルコニウム）自体は室温では単斜晶で温度をあげると約1170℃で正方晶となり，さらに2200℃で立方晶と相変化する．高温相である正方晶や立方晶は酸化物イオンが伝導しやすい．4価のジルコニウムよりも価数の低い種々の金属の酸化物を固溶させることにより酸化物イオンの空孔を生成させ，酸化物イオンを伝導しやすくするとともに高温相を安定化することができる．このように安定化されたジルコニアを安定化ジルコニアという．安定化ジルコニアは酸化物イオンが伝導するため，酸素センサーの構成材料として用いられており，ほとんどの自動車に燃焼制御用として搭載されている．また，水中のフッ化物イオンの濃度を検出する材料としても固体電解質が実用化されている．ここではフッ化ランタンにユウロピウムを固溶させた単結晶を用いて精度よいイオンセンサーを完成している．さらに，溶融金属中の水素濃度の計測にも，プロトンを伝導する固体電解質を用いて，その場での瞬時の計測に役立っている．このほか固体電解質は，心臓のペースメーカーの全固体型電池としても比較的古く

(1975年)から実用化されている.

c. 磁気・光学材料

磁性材料の代表が**永久磁石**（強磁性体からなる）であり，その開発の推移を図6.4に示す．もともと**KS鋼**や**MK鋼**が主であったが，その後，Fe-Co-Ni-Al-Cuの5元素からなるアルニコ磁石が1970年代までおもに用いられていた．1970年代以降はSm-Co磁石がこれに代わることとなる．さらに1983年にはNd-Fe-B系が開発され，広く使われている．ただし，Nd-Fe-B系はFeを含んでいるため酸化されやすい欠点ももっていた．加えて，温度が300°Cを超えるともはや磁石として機能しなくなる．現在Nd-Fe-B系磁石はハードディスクドライブやCD-ROMを始めとしたヘッド駆動用のアクチュエーターや駆動用モーター，さらには磁気共鳴断層撮影装置(MRI)などに広く実用化されている．ただし，1990年新たなる磁石としてSm-Fe-N系が開発されるにいたっている．このものは約500°Cまで磁石として機能することができる．

また，代表的な光学材料で工業的に実用化されているのものに蛍光灯がある．蛍光灯内に閉じこめられた水銀蒸気に電子が衝突し，水銀を励起する．励起された水銀から紫外線が放出され，蛍光体であるハ

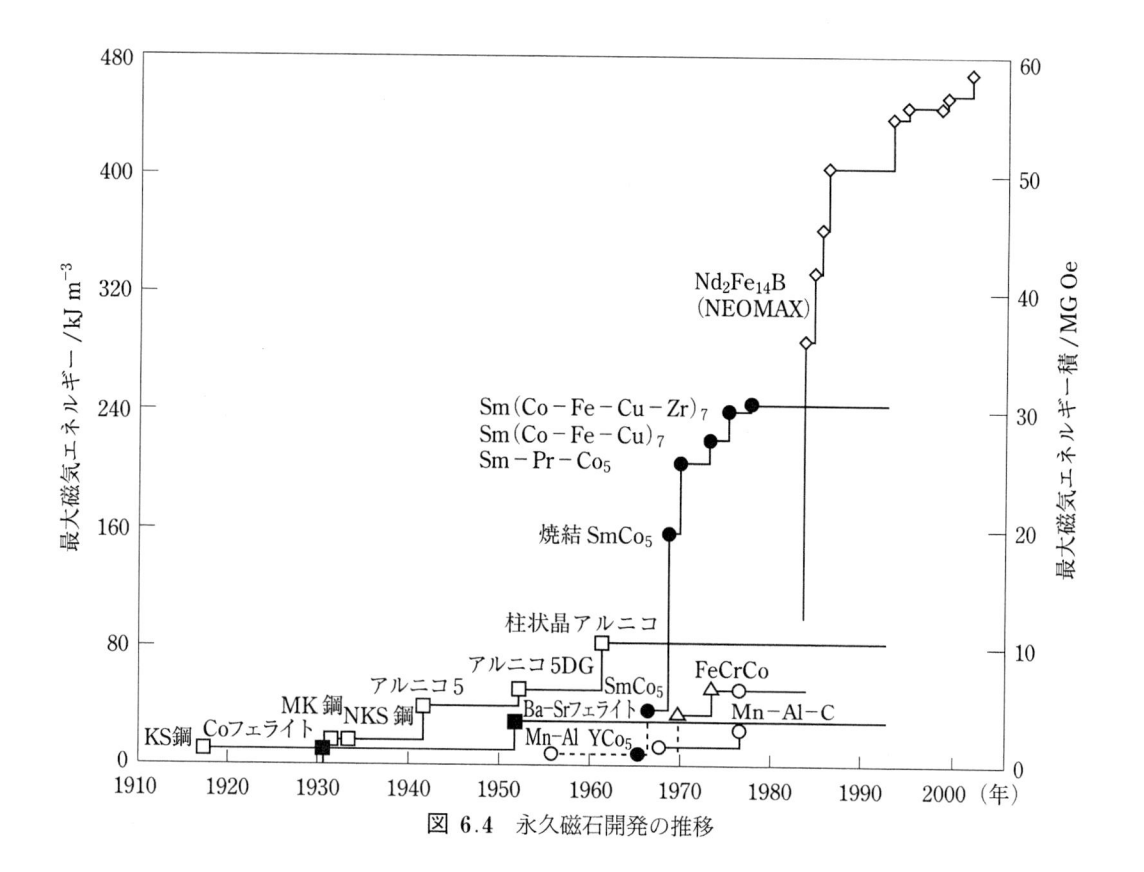

図 6.4 永久磁石開発の推移

ロリン酸カルシウム中のアンチモンをまず，励起する．励起されたアンチモンから一部マンガンにエネルギーが移動し，マンガンも励起される．励起された Sb^{3+}，Mn^{2+} がそれぞれ基底状態に戻るときに発光し，全体として白色光となる．代表的なランプ用およびカラーテレビ用蛍光体を表6.5に示す．とくに最近流行の多波長ランプは言葉のとおり複数種の波長を紫外線で発光させており，自然光に極めて近い．したがって，絵画や工芸品などを自然な色調で見ることにも貢献している．

表 6.5 代表的な蛍光体

用　途	励起方法	代表的蛍光体(発光色)
蛍光ランプ	紫外線 (254 nm)	$Ca_{10}(PO_4)_6(F,Cl)_2$：Sb, Mn(白) $BaMg_2Al_{16}O_{27}$：Eu(青)(Euは2価) $CeMgAl_{11}O_{19}$：Tb(緑) Y_2O_3：Eu(赤)(Euは3価)
カラーテレビ	電子線 (12〜27 kV)	ZnS：Ag, Cl(青) ZnS：Cu, Au, Al(緑) Y_2O_2S：Eu(赤)(Euは3価)

6.3　先端材料の構造と機能

材料の性能の進歩はめざましく，また，新たなる材料も逐次開発されている．ここでは光機能材料，エネルギー変換および生体機能材料など先端材料として期待されているいくつかの材料を紹介する．

a．光機能材料

(1) 光ファイバー　光ファイバーの主流はガラスファイバーである．光をファイバーを通して通信するのであるから，できるだけ透明で損失の少ないことが重要となる．その点，ガラスは透明性に優れ，形状も様々に変えることができるため加工性にも優れている．また，特性を広い範囲にわたり制御できるため，屈折率を任意に調整もできる．光ファイバーでは使用周波数帯域を上げることができるため従来

■ サイアロン ■

本章で紹介した窒化ケイ素(Si_3N_4)のSiとNをそれぞれAlとOで部分的に置き換えると Si_3N_4 と Al_2O_3 との組成での連続固溶体，つまり，Si_3N_4-Al_2O_3-AlN-SiO_2 を形成する．この中に含まれる4元素を用いてサイアロン(sialon)とよび，ここでは固溶により破壊強度が窒化ケイ素と比べ向上する．材料にはこのような命名が他の場合にも見受けられ，たとえば，サーメットは上述の耐熱性セラミックスと金属を組み合わせた複合材料でcermetと書き，ceramicsとmetalの合成語である．

の銅線と比べ情報伝達量が飛躍的に向上する．さらに，雷などの誘導がなく，従来の電話回線で問題となっている漏話の問題もない．

ところで，屈折率が a_1 と a_2 のガラス（$a_1 < a_2$ とする）が接している境界を強度 I_0 の光が通過したとすると，

$$\frac{a_2}{a_1} = \frac{\cos\theta_1}{\cos\theta_2} \tag{6.1}$$

を満たす屈折が起こる．

θ_2 を小さくすると，$\theta_2 > \theta_1$ の関係があるからついには $\theta_1 = 0$ となる．この時は屈折率 a_2 のガラスを通過した光は屈折率 a_1 のガラスには進入できず，界面で全反射し，屈折率の大きなガラス中に光が閉じこめられることとなる．このときの臨界角を θ_c と表すと，

$$\theta_c = \cos^{-1}\frac{a_1}{a_2} \tag{6.2}$$

となる．

ところで，デシベル（dB）は，ある強度 I_0 の強度が I に変化したとき，$10\log_{10}(I/I_0)$ で定義し，光ファイバーでは必ず減衰するので負を省略する．したがって，単位長さあたりの減衰（損失）G は，$G = (10/d)\log_{10}(I/I_0)$ で表記する．なお，d は距離を示しているが一般に単位は km を用いる．

現在では，石英系ガラスの光ファイバーの損失の抑制が限界にきている．今後は，石英系ガラスに代わる新たな材料の探索が必要となる．現在，フッ化物ガラスやカルコゲン化物ガラスが研究されているが高純度化が困難であること，結晶化が起こりやすいなど実用化までに克服すべき難題が依然残っている．

【例 題】光ファイバーの減衰（損失）G は
$$G(\text{dB km}^{-1}) = (10/d)\log_{10}(I/I_0)$$
で表記する（なお，d の単位は一般には km を用いる）．1 km 進むと元の強度の $1/10^{20}$ になる場合何 dB km^{-1} かを答えよ．

[解答] $G(\text{dB km}^{-1}) = (10/d)\log_{10}(I/I_0)$
$\qquad\qquad\qquad = -10 \times \log(1/10^{20})$
$\qquad\qquad\qquad = 200$ より （200 dB km^{-1}）

（2）発光ダイオード　半導体を p–n 接合させ順方向に電流を通電し，電気エネルギーを光に変換する素子を発光ダイオードという．これまで，赤，緑色でのみ満足のいく強度の材料が開発されていたが，青色では達成されていなかった．しかし，最近ようやく青色の強い発

表 6.6　代表的な高光度可視発光ダイオードの特性

材料	発光色	ピーク波長/nm	材料	発光色	ピーク波長/nm
InGaN/YAG	白	460/555	GaP	黄緑	555
InGaN	青	465	GaP:N	黄緑	565
InGaN	青緑	495	InGaAlP	赤	625
InGaN	緑	520	GaAlAs	赤	655

光を示す材料が得られるに至った．代表的な発光ダイオードを表6.6に示す．青色の発光ダイオードが開発されたことにより，青，赤，緑の光の3原色が揃い，白色を得ることが可能となる．つまり，近い将来，蛍光灯に代わる照明システムとして大いに期待できる．省電力であることは当然であるが，さらに蛍光灯ではその原理上必ず必要であった有害な水銀を使う必要もまったくない．

（3）レーザ　1960年に固体ルビーレーザが開発され，現在では超広帯域で連続可変できるレーザも得られている．出力光の周波数安定性でも初期と比べると約10桁も大幅に向上している．応用としては加工機，レーザ計測，レーザレーダーなど多岐にわたっている．また，レーザ干渉計は変位，距離，表面形状などを極めて正確に計測できるため，光学機器や部品の検査などに広く用いられている．また，遠方にある物体にレーザを照射し，後方への散乱光の時間の遅れを測ることにより距離を求めることができ，レーザレーダーや光波距離計としても実用化されている．一方，YAGレーザは医療用レーザメスとして骨の切断や整形にも使われている．また，ルビーレーザは色素沈着性皮膚疾患（あざ）の治療にも使われている．

これに対し，発光ダイオードの原理で生じた光をp-n接合部で閉じこめて位相を揃えて外に放出するレーザを半導体レーザといい，光通信，さらにはDVD，CDへの数々の応用がなされている．半導体レーザは，小型，軽量，低価格，発振効率が高いなどの特徴があるが，今後は青色系で短波長の発振ができる材料の普及が急務でもある．

（4）長残光体　長残光体は夜光塗料の材料として用いられるものであり，自然光発光体と蓄光発光体とに分かれる．前者はそれ自体に含まれる放射性物質の放射エネルギーを利用している．これに対し，蓄光発光体は太陽光や蛍光灯の光を励起源として繰り返し発光する材料であり，残光性3波長形蛍光灯，残光性タイル，時計文字盤表示，航空機，非常口表示など，数々の応用範囲が広がっている．青色，緑色の長残光体に加えて，最近，高輝度で耐候性にも極めて優れた赤色長残光蛍光体が開発されている（表6.7）．このものは以前もっぱら用

laser（レーザ）
"light amplification by stimulated emission of radiation" の頭文字をとった略語．

YAG
Y^{3+}とAl^{3+}の複合酸化物にNd^{3+}を少量加えた$Y_3Al_5O_{12}$の単結晶のことであり，yttrium aluminum garnetの略称．

表 6.7 新規長残光蛍光体の残光輝度(励起はD65蛍光ランプ1000ルクス,5分間)

材料	発光色	ピーク波長/nm	残光輝度/$mcd\ m^{-2}$ 10分後	残光輝度/$mcd\ m^{-2}$ 60分後	残光時間/min
$CaAl_2O_4$: Eu, Nd	紫青	440	20	6	1000以上
$Sr_4Al_{14}O_{25}$: Eu, Dy	青緑	490	350	50	2000以上
$SrAl_2O_4$: Eu, Dy	黄緑	520	400	60	2000以上
$SrAl_2O_4$: Eu	黄緑	520	30	6	2000以上
Y_2O_2S : Eu, Mg, Ti	赤	625	40	3	300以上
Gd_2O_2S : Eu, Mg, Ti	赤	625	15	1	100以上

いられていた硫化物系蛍光体と比較して耐熱性,耐候性にも優れており,タイルやランプへの応用も可能となっている.このように3色が可能となったことから,青,緑,赤のフルカラー化ができ,様々な電子機器への応用が期待できる.

b. エネルギー変換および生体機能材料

（1）エネルギー変換材料　　前節b.で述べたように,Nd-Fe-B系磁石は約300℃で磁石として機能しなくなる欠点があった.1990年Nd-Fe-B系磁石と同程度かまたはそれ以上に強力でかつ,耐熱温度も470℃以上を示す新たな磁石Sm-Fe-N系が現れた.Sm金属はNd金属と比べ高価ではあるが,今後はそれぞれの特徴を活かした使用法が検討されるものと考えられる.

一方,固体電解質を用いた燃料電池(fuel cell, FC)の実用化も待望されている.広く試みられているのが安定化ジルコニアを用いた系で固体酸化物燃料電池とよばれている.電気を消費するその場で使えるため,エネルギーの損失が極めて少なく,効率よく発電できる.また,最近では高分子系の固体電解質を用いた燃料電池が次世代の自動車の動力源として精力的に研究されており,近い将来,われわれ個々人で運転できることとなろう.

一方,酸化物超伝導体に目を向ければ,2001年にはホウ化マグネシウム,また,2006年には鉄を含む新たな化合物で新しい超伝導体も見つかっており,新たな種類がいつ現れるかたいへん興味あるところである.低温での電力消費を極力抑えるため,実際電流リードにも採用されており,より精密測定ができる磁気シールド材への応用へも大きく拡がるものと期待される.

また,1985年,炭素の第3の同素体といえるフラーレンが発見された.このものは炭素クラスター分子(C_n)の総称であり,その代表がC_{60}である.C_{60}は6員環と5員環からなる球形の分子(図6.5)であ

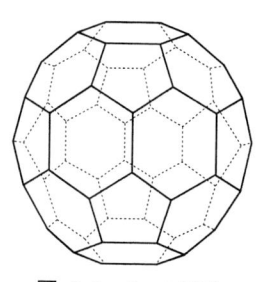

図 6.5　C_{60}の構造

り，閉殻構造をとるので空気中でも安定である．また，フラーレンは分子内にいろいろなイオンを内包できるため，新規な応用ができるものと期待されている（内包ではないが種々の金属とフラーレンとの化合物は超伝導体になることも知られている）．また，フラーレンの親戚に相当するものにカーボンナノチューブがある．チューブを平面に開くとグラファイトと同じ構造であり，チューブの両端にフラーレンの半球をかぶせた構造をとる．直径はナノオーダーで，炭素原子のみで構成されていることからカーボンナノチューブとよばれている．このものもチューブ内に種々の金属，金属炭化物を内包できるため，今後の発展が期待されている．カーボンナノチューブは黒鉛とともに水素を吸蔵できる特性があり，燃料電池への応用も含め関心がもたれる．

（2）**生体機能材料**　　生体に用いる場合には毒性がなく，生体に適用しても安全であること，また，拒絶反応を起こさない材料が生体材料に適している．生体材料は生体不活性セラミックスと生体活性セラミックスに分かれる．生体不活性セラミックスには陶材，アルミナがある．陶材の材質は陶磁器と同じであり，人工歯などに用いられている．一方，アルミナ系セラミックスは歯根材料ならびに人工関節に用いられバイオセラミックスの中でももっとも広く用いられている材料の一つである．アルミナは無毒で親水性があり生体組織との親和性も強い．

ところで，生体の硬組織はヒドロキシアパタイト（$Ca_5(PO_4)_3OH$）の結晶からなっている．そこで注目されるのが生体活性なセラミックスである**アパタイト**である．これ自体，骨の成分に近いためアパタイトと骨の間に新生の誘導が起こり，アパタイトと骨が強く結合できる．生体とのなじみの点からもアパタイト系が優れており強度の点を克服すれば最も有力なバイオセラミックスであるといえる．また，バ

風変わりなセラミックス

[その1　光で変身するセラミックス]　酸化チタンは光触媒となることが知られており，防音壁や建築パネルなどの汚れを抑えることができる．また，車のサイドミラーの曇り防止や風呂や台所で発生するバクテリアによる汚れ防止にもきくことがわかっており，光さえあれば，様々な応用展開が期待できる．

[その2　伸びるセラミックス]　安定化ジルコニアの中間相である正方晶のジルコニアに酸化ケイ素を5wt%加えることにより，破断伸び率が1000%を越える，まるで飴のように伸びるセラミックスが得られている．ただし，セラミックスである以上1000℃を超える高温の世界の話ではあるが．

[その3　バリスタ]　電圧の印加により抵抗が敏感に変化する素子をバリスタ（variable resistorの略）とよび，避雷器や電話などの通信系の異常電圧を吸収することに用いられている．

イオガラスは生体に埋めるとその表面にアパタイトを形成する．そこで，この特徴を利用して，生体不活性材料の表面をバイオガラスで被覆して活性化して用いることも現に行われている．

■ 参考文献

1) 津田惟雄 ほか，電気伝導性酸化物，裳華房 (2006).
2) 足立吟也 編著，固体化学の基礎と無機材料，丸善 (2007).
3) 足立吟也 ほか，新無機材料科学，化学同人 (2006).

演習問題（6章）

6.1 P. Ball は化学専門雑誌 *Nature*, **442**, 500-502 (2006) において，物理学の大きな目標は「宇宙の根源，力の本質」，生物学の大きな目標は「生命とは何か」と述べている．これに対して化学の大きな目標は得られていないとされている．このことについて考えるところを述べなさい．可能であれば，この論文を読み，この論文の著者が意図していることを考えなさい．

6.2 安定化ジルコニアは4価のジルコニウムよりも価数の低い種々の金属の酸化物を固溶させることにより酸化物イオンの空孔を生成し，酸化物イオンを伝導しやすくしている．$0.9\,\text{mol}$ の ZrO_2 に $0.1\,\text{mol}$ の CaO を固溶させた場合，何 mol の酸化物イオン空孔が生成するか答えよ．

6.3 $0.9\,\text{mol}$ の ZrO_2 に $0.1\,\text{mol}$ の Y_2O_3 を固溶させた場合，何 mol の酸化物イオン空孔が生成するか答えよ．

6.4 光ファイバーの減衰（損失）G は $G(\text{dB km}^{-1}) = (10/d)\log_{10}(I/I_0)$ で表記する（なお，d の単位は一般には km を用いる）．1 km 進むと元の強度の $1/10^2$ になる場合何 dB km^{-1} かを答えよ．

付　　録

付録1　自由電子モデル

　2.3節章 g.「金属結合」の項において，金属結晶中での原子間の化学結合が金属結合とよばれ，この結合では凝集エネルギーが重要な働きをしていることを述べた．この議論において，分子軌道が密集してできるバンド中に，電子が詰まっていく際に，パウリの原理により電子のエネルギーが増大する寄与を1電子あたりに平均した値を W_F とすることを述べるとともに，凝集エネルギーが $\varepsilon_C = |\varepsilon_0 + W_F| - |\varepsilon_1|$ で表されることを述べた．しかし，W_F がどのように見積もられるかについては，お話しなかった．この W_F の見積もりについて，もっとも単純だが，直感的な理解をする上で重要になる自由電子モデルによる計算の方法を見ておくことにしたい．

　ここでは，"自由な電子"が金属中に存在するという視点から，1928年に Sommerfeld（ゾンマーフェルト）によって，初めて提案された自由電子モデルについて幾分詳しく解説する．

　自由電子モデルでは内殻電子によって囲まれた原子核（すなわちイオン）が，結晶格子点に固定され，最外殻電子（すなわち価電子）が固体中を自由に動くものと仮定する．つまり，自由に動く価電子（この電子を自由電子とよぶ）の海に，規則正しく並んだイオンが浮かんでいる（図2.27参照）．ただし，この自由電子は結晶の外へは，勝手に出て行くことはできない．さらにモデルを簡略にし，原子核さえ無視してしまい，ただ単に，この箱の中のポテンシャルエネルギーをゼロと考えよう．このようにモデルを簡単化することで，内殻電子をもつ原子核を無視して，価電子1個だけに着目する．つまり"箱の中の1個の自由電子"問題に帰着する．これは，量子論を学ぶときに最初に出会う井戸型ポテンシャルモデルの三次元バージョンである．

　復習になるかもしれないが，一次元井戸型ポテンシャルから始めよう．図 A.1 に示したように，電子1個が x 軸上の長さ a の線分内に閉じ込められているとすると，$x<0$，および $x>a$ の領域（箱の外）ではポテンシャルエネルギー V が無限大であり，$0<x<a$ の領域では $V=0$ であるとする．ここで波動方程式は，式 (A.1) のように書き表すことができる．

$$\frac{\hbar^2}{2m}\frac{\partial^2 \varphi(x)}{\partial x^2} + (E-V)\varphi(x) = 0 \tag{A.1}$$

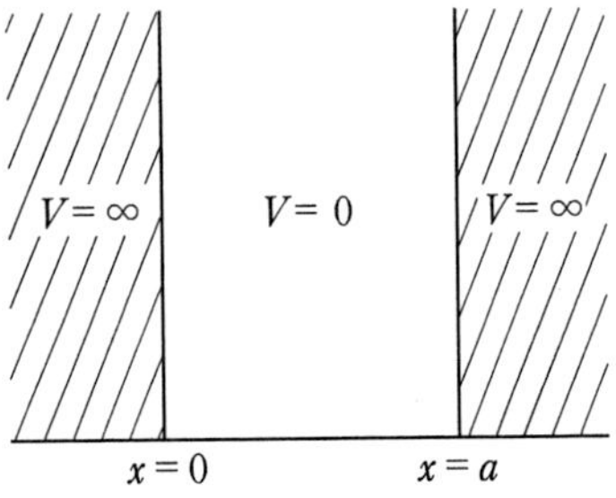

図 A.1　一次元井戸型ポテンシャルモデル

ただし，$x<0$ および $x>a$ のとき $V=\infty$，$0<x<a$ のとき $V=0$ である．

　この波動方程式の特別解は

$$\varphi(x) = A \sin\left(\frac{\sqrt{2mE}}{\hbar} x\right) \tag{A.2}$$

であることは明らかであろう．ここで，A は任意の定数である．この $\varphi(x)$ が特別解であることを確

認しよう．$\varphi(x)$ を微分して，

$$\frac{\partial \varphi}{\partial x} = A \frac{\sqrt{2mE}}{\hbar} \cos\left(\frac{\sqrt{2mE}}{\hbar} x\right) \tag{A.3}$$

$$\frac{\partial^2 \varphi}{\partial x^2} = -A \left(\frac{\sqrt{2mE}}{\hbar}\right)^2 \sin\left(\frac{\sqrt{2mE}}{\hbar} x\right) \tag{A.4}$$

式（A.2）および（A.4）を式（A.1）の左辺に代入し，$V=0$ とおくと，

$$\frac{\hbar^2}{2m}\left[-A\left(\frac{\sqrt{2mE}}{\hbar}\right)^2 \sin\left(\frac{\sqrt{2mE}}{\hbar} x\right)\right] + (E-0)A\sin\left(\frac{\sqrt{2mE}}{\hbar} x\right) = 0$$

$$-A\frac{\hbar^2}{2m}\frac{2mE}{\hbar^2}\sin\left(\frac{\sqrt{2mE}}{\hbar} x\right) + EA\sin\left(\frac{\sqrt{2mE}}{\hbar} x\right) = 0$$

$$-AE\sin\left(\frac{\sqrt{2mE}}{\hbar} x\right) + EA\sin\left(\frac{\sqrt{2mE}}{\hbar} x\right) = 0 \tag{A.5}$$

となり，式（A.2）は特別解であることが確認できる．

ここで，$x<0$ および $x>a$ のとき $V=\infty$ なので，$\varphi(x)=0$ となる．また，式（A.2）に $x=a$ を代入すると $\varphi(x)=0$ が成立しなければならない．

これを満たす条件は式（A.6）である．

$$\frac{\sqrt{2mE}}{\hbar} a = n\pi \tag{A.6}$$

ただし，n は正の整数である．これを整理すると，

$$E = \frac{\hbar^2 n^2 \pi^2}{2m a^2} \tag{A.7}$$

となる．さらに，$k=n\pi/a$ とすると，$E=(\hbar^2/2m)k^2$ となる．k は波数ベクトルとよばれ，λ を波長としたときに，$k=2\pi/\lambda$ で定義される値をもつ．この一次元井戸型ポテンシャルモデルの場合，波動関数の波長は $\lambda=2a/n$ となるので，$k=n\pi/a$ が成立する．また，この一次元井戸型ポテンシャルの場合，N 個の伝導電子を収容するには，上向きスピンと下向きスピンの電子があるから，パウリ原理により $n=N/2$ の量子状態が必要になる．

このような波数ベクトルを導入するのは，エネルギーや運動量の表記が簡単化されるという理由による．高校のときに習ったように，質量 m の粒子が，速度 v で動いているとき，エネルギー E は

$$E = \frac{1}{2}mv^2 = \frac{(mv)^2}{2m} = \frac{p^2}{2m}$$

であり，運動量は $p=mv$ である．この式と波数ベクトルを用いてエネルギーを表した式を見比べれば，$p=\hbar k$ とおくことでうまく対応関係が付くことがわかる．

一次元井戸型ポテンシャルを三次元に拡張したモデルを考えよう．一辺の長さが L の立方体結晶を考え，式（A.1）と同様に，三次元の波動方程式を書くと，座標をベクトル $\boldsymbol{r}$ で表して，式（A.8）のようになる．

$$\frac{\hbar^2}{2m}\frac{\partial^2 \psi(\boldsymbol{r})}{\partial r^2} + (E-V)\psi(\boldsymbol{r}) = 0 \tag{A.8}$$

ここで，$\psi(\boldsymbol{r})=\varphi(x)\varphi(y)\varphi(z)$ とすると，x 成分，y 成分，z 成分に変数分離することができ，それぞれの解は式（A.2）と同じ形になる．このとき，以下の境界条件を考える．

$x<0$ および $x>L$ のとき $V=\infty$，$0<x<a$ のとき $V=0$

$y<0$ および $y>L$ のとき $V=\infty$, $0<y<a$ のとき $V=0$

$z<0$ および $z>L$ のとき $V=\infty$, $0<z<a$ のとき $V=0$

このとき，

$$\varphi(\boldsymbol{r}) = A \sin\left(\frac{\pi\, n_x}{L} x\right) \sin\left(\frac{\pi\, n_y}{L} x\right) \sin\left(\frac{\pi\, n_z}{L} x\right) \tag{A.9}$$

となり，式 (A.9) が式 (A.8) の特別解となることがわかるだろう．このときエネルギー E は式 (A.10) で表される．

$$E = \left(\frac{\hbar^2}{2m}\right)\left(\frac{\pi}{L}\right)^2 (n_x^2 + n_y^2 + n_z^2) = \left(\frac{\hbar^2}{2m}\right) k^2 \tag{A.10}$$

ただし，$k=(\pi/L)(n_x\boldsymbol{i}+n_y\boldsymbol{j}+n_z\boldsymbol{k})$ $(n_x\geq 0,\ n_y\geq 0,\ n_z\geq 0)$ である．

空間を自由に運動する電子にも当然 Pauli 原理が適用されるが，この量子状態を表す量子数の組として (k_x, k_y, k_z, s) を用いるのが便利である．ここで，k_x, k_y, k_z は波数ベクトルを表すときに用いた各成分の値であり，s はスピンを示している．すなわち，2個以上の電子が同じ量子状態 (k_x, k_y, k_z, s) を占有することはできない．また，1モルの金属を考えた場合，Avogadro 数 6×10^{23} に対応する電子が存在するので，これらの伝導電子をエネルギー E が低いところから順に詰めてゆくと伝導電子系の基底状態を記述することができる．エネルギー E が式 (A.10) で表されるので，(k_x, k_y, k_z) 組の中で $(\pi/L, 0, 0)$, $(0, \pi/L, 0)$, $(0, 0, \pi/L)$, $(\pi/L, \pi/L, 0)$, $(\pi/L, 0, \pi/L)$, $(0, \pi/L, \pi/L)$, $(2\pi/L, 0, 0)$ とエネルギーが低い順に 2 個づつ電子を詰めていく．k_x, k_y, k_z の基本ベクトルが張る三次元の波数ベクトル空間（k 空間）を考えよう．これは，方向に π/L を長さ単位とする k_x, k_y, k_z が定める点の集合として構成される．この空間に Avogadro 数 6×10^{23} に対応する電子を詰めた場合，球が形成される．この球を Fermi 球とよぶ．

1モルの銅を考えた場合，銅の重さは 63.5 g で，密度は 8.93 gcm^{-3} であるから，立方体にすれば1辺 2 cm 程度になる．したがって，$\pi/L=10^{-8}$ Å^{-1} 程度になる．一方，Fermi 球の半径 k_F を計算しよう．k 空間では体積 $(\pi/L)^3$ あたり，2個の電子を詰めることができ，Fermi 球には Avogadro 数の電子が入るので，

$$\left(\frac{\pi}{L}\right)^3 : 2 = \frac{1}{8}\left(\frac{4\pi k_\mathrm{F}^3}{3}\right) : N_\mathrm{A} \tag{A.11}$$

が成立する．このとき，(k_x, k_y, k_z) はすべて正の数であるから球の体積を 1/8 倍している．これより，

$$k_\mathrm{F} = \left[3\pi^2\left(\frac{N_\mathrm{A}}{V}\right)\right]^{1/3} \tag{A.12}$$

となる．ここで，$V=L^3$ としている．また，$V=63.5/8.93=7.13\times 10^{24}$ Å^3 とすると，Fermi 球の半径は $k_\mathrm{F}=1.35$ Å^{-1} となり，$\pi/L=10^{-8}$ Å^{-1} と比較すると，$k_\mathrm{F}\gg \pi/L$ である．これより，Fermi 球は十分に滑らかな丸い球とみなせることがわかる．

Fermi 半径に等しい波数をもつ電子のエネルギーは式 (A.12) と式 (A.10) より，式 (A.13) となる．

$$E_\mathrm{F} = \frac{\hbar^2 k_\mathrm{F}^2}{2m} = \frac{\hbar^2}{2m}\left[3\pi^2\left(\frac{N_\mathrm{A}}{V}\right)\right]^{2/3} \tag{A.13}$$

この E_F を Fermi エネルギーとよんでいる．また，式 (A.13) から E_F と N_A の添え字を取ると，体積 V に N 個の伝導電子を詰めてゆくと，最大エネルギーが E になることを示す式ができる．これを

N について変形すると,

$$N = \left(\frac{2m}{\hbar^2}\right)^{3/2} \frac{V}{3\pi^2} E^{3/2} \tag{A.14}$$

を得る．これを E で微分すると，

$$\frac{dN}{dE} = D(E) = \left(\frac{2m}{\hbar^2}\right)^{3/2} \frac{V}{2\pi^2} E^{1/2} \tag{A.15}$$

となる．ここで $D(E)$ は電子の状態密度とよばれ，$D(E)\cdot\Delta E$ はエネルギーが E と $E+\Delta E$ の間になる電子数を表している．この式（A.15）のグラフを描くと図 A.2 のようになり，放物線状になる．ここで，電子はエネルギー 0 から Fermi エネルギーまで詰まっていることに注意したい．また，伝導電子 1 個の平均のエネルギー W_F は

$$W_F = \frac{\int_0^{E_F} E\cdot D(E)\, dE}{\int_0^{E_F} D(E)\, dE} = \frac{3}{5} E_F \tag{A.16}$$

となる．

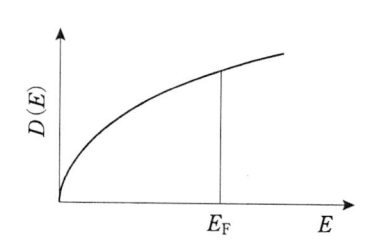

図 A.2 自由電子の状態密度分布：E_F は Fermi エネルギーであり，電子はこれ以下のエネルギーをもつ準位を占有する．

付録2 第2および第3遷移系列元素各論

① イットリウム（Y）とランタン（L）：Y はランタニド収縮のためイオン半径がよく似ているランタノイド元素に伴って鉱物として産出する．もっとも一般的な資源はゼノタイム（YPO$_4$）である．Y 単体は Sc と La の中間の性質を有するが，酸化物の保護膜の形成のため 1000℃ でも酸化しない．La の資源はモナズ石（Ln, La, Th）[(P, Si)O$_4$] である．La 金属は Ag よりも低い融点を有し，空気中で表面は酸化する．冷水とはゆっくりと，熱水とは急速に水素を発生しながら反応する．族の下へ行くほど塩基性が強くなり，Y(OH)$_4$ と La(OH)$_3$ は塩基性である．

② ジルコニウム（Zr）とハフニウム（Hf）：Zr は地殻に広く分布しているが，点在している．おもな資源はバッデリ石（ZrO$_2$）およびジルコン（ZrSiO$_4$）である．Zr^{4+} と Hf^{4+} のイオン半径はそれぞれ 0.145, 0.144 nm と非常に類似しているため，ジルコニウムの鉱石中には通常約 1 wt％ ほどの Hf が含有されているが，化学的性質の類似性からその分離は非常に困難である．Zr 金属は Ti と同様，Kroll 法にて得られ，高融点で，硬くて耐食性に富む．Zr は高温では空気中で燃え，酸素よりも窒素と反応しやすく，窒化物（ZrN），酸化物（ZrO$_2$），酸化窒化物（Zr$_2$ON$_2$）などの混合物が生成する．

③ ニオブ（Nb）とタンタル（Ta）：Nb と Ta はしばしば Fe(NbO$_3$)$_2$，Fe(TaO$_3$)$_2$ あるいはその中間の組成として天然に存在し，それらの化学は互いによく似ているが，Zr と Hf の関係ほどではない．ともに光沢のある高融点の金属で，著しく耐酸性に富む．硝酸とフッ化水素酸の混合物にもっともよく溶解し，フルオロ錯体を含む溶液となる．実質的に陽イオンとしては存在せず，多くの陰イオン性の化学種をつくる．これらの金属単体は溶融アルカリによってゆっくり浸食され，高温では各種非金属と反応する．

④ モリブデン（Mo）とタングステン（W）：Mo は主として輝水鉛鉱（MoS$_2$）として存在し，W は主として鉄マンガン重石（(Fe, Mn)WO$_4$）として存在する．金属は酸化物の水素還元により得られる．これらの金属はとくに高融点である（Mo：2610℃，W：3410℃）．いずれも酸には容易に浸食されない．濃硝酸により最初浸食されるが，すぐに表面は不動態化する．濃硝酸とフッ化水素酸の混合物に

溶解するが，アルカリ水溶液には不活性である．ともに通常の温度では酸素に不活性であるが，赤熱条件下では容易に反応し三酸化物を与える．塩素とは加熱時のみ反応するが，フッ素とは常温でも反応し，六フッ化物を与える．また，加熱時に B, N, Si と反応する．$MoSi_2$ は 1800°C の高温まで加熱できる抵抗発熱体として用いられる．WC は超硬合金として切削工具のチップや圧力金型として用いられる．Mo は多種多様な触媒として用いられている．とくに，Mo-Co 触媒は石油の脱硫に用いられている．また，これらの元素は合金鋼の硬度および強度の向上に著しく寄与する添加元素として重用されている．W はすべての金属の中で最も融点が高く，蒸気圧も低いので，ランプのフィラメントとして用いられている．

⑤ テクネチウム(Tc) とレニウム(Re)：Tc と Re は第 1 遷移系列の Mn とはかなり異なっている．Tc は 1937 年に人工的につくられた最初の元素で，同位体はすべて放射性である．$^{99}Tc(2 \times 10^5$ 年) が核分裂生成物の廃棄物から回収されている．Re は MoS_2 鉱あるいはある種の銅鉱石に含まれている．これらの金属は酸化物あるいは $(NH_4)MO_4$ のような化合物を水素還元することにより得られる．融点が高く，室温では反応性は低い．両者の化学，とくに有機金属化学，は非常によく似ている．H_2O_2 の中性およびアルカリ水溶液にはともに溶解して MO_4^- イオンを生成する．酸素中では 400°C で燃えて，揮発性の酸化物 M_2O_7 となる．アルミナに担持した Pt-Re 合金は石油改質の触媒として用いられる．

⑥ 白金元素：8〜10 族の Ru, Os, Rh, Ir, Pd, Pt は白金元素とよばれており，金属単体としてあるいは合金として産出することもあるが，硫化物，ヒ化物その他の鉱物として通常共存状態で産する．一般に Ni, Cu, Ag, Au などと一緒に存在するので，銅およびニッケルの電解製錬時のアノードスライムとして回収されることが多い．ただし，各元素の分離過程はかなり複雑である．ヘキサクロロアンモニウム塩を加熱することにより，スポンジ状あるいは粉末状金属が得られる．この族のほとんどすべ全ての元素の化合物は空気中あるいは酸素中 200°C 以上の加熱により金属となる．例外は Os と Ru であり，酸化されて前者は揮発性の OsO_4，後者は RuO_2 を生成するので，これらの金属を得るには水素による還元が必要である．

⑦ 銀(Ag) と金(Au)：Ag および Au は金属としても産するし，とくに硫化物鉱として Fe, Cu, Ni の硫化物鉱に伴って自然に広く分布している．Ag は光沢のある白色で柔らかく展性があり，金属の中では最高の電気および熱伝導体である．反応性は銅より低いが，H_2S と S に対しては例外的に高く，急激に反応して表面が黒くなる．酸化性の酸や O_2 あるいは H_2O_2 存在下のシアン化合物水溶液に溶解する．Au は柔らかく黄金色で可鍛性があり，もっとも展性に優れた金属である．化学的には不活性であるが，空気あるいは H_2O_2 存在下でシアン化合物水溶液に溶解して，$[Au(CN)_2]^-$ を形成する．

⑧ カドミウム(Cd) と水銀(Hg)：Cd は Zn とともに存在するので，通常同じプロセスで回収されるが，最終的に沸点の違いを利用して分留によって分離する．Hg のおもな鉱石は辰砂(HgS) である．焙焼により酸化物に変え，これを 500°C で熱分解して Hg を蒸留により得る．Cd は Zn に似て電気陽性が強く，非酸化性の酸と容易に反応して +2 の陽イオンとなるが，それに対して Hg は貴金属的である．Cd も Hg も金属ではあるが，典型的な遷移金属とは異なり，柔らかく融点は著しく低い．とくに，Hg は常温では液体である．しかしながら，アンモニア，アミン類，ハロゲン化物，シアン化物イオンとの錯体形成能は高く，この点では遷移金属と類似している．

付録 3　希土類元素の物性

希土類金属元素，とりわけ 4f 電子をもつランタノイド元素の主な物性として，磁性ならびに分光学

的な性質について述べる．

　遷移金属元素と希土類金属元素との磁性の違いは，磁性にd軌道が関与するか，f軌道が関与するかによる．さらに，上述したように，d軌道は配位子場の影響を受けるのに対し，f軌道はそのような影響を受けない．そのため，4f軌道の軌道角運動量とスピンの両方が希土類の磁性を左右することになる．ここで，CeからEuまでの軽希土類金属元素では$J=L-S$，GdからLuまでの重希土類元素では$J=L+S$となるので，重希土の方が大きなJ値を示し，H$_0$で最大となる．

　一方，飽和磁気モーメントはgJ（g：ジャイロ係数）で与えられることから，希土類の飽和磁気モーメントは図A.3のようになる．図より，重希土類側で測定値と計算値がほぼ一致していることから，軌道角運動量の寄与を再確認することができる．

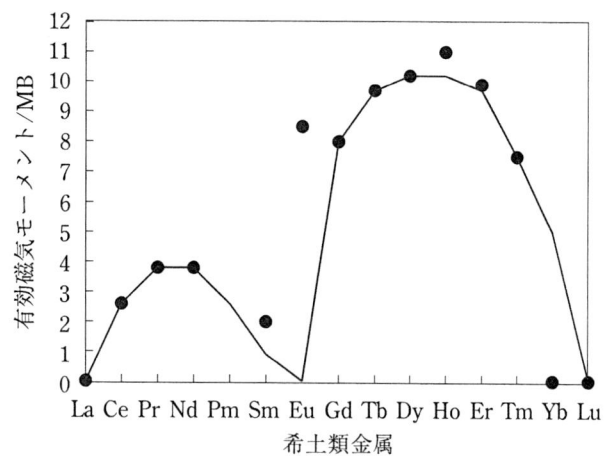

図 A.3　希土類の飽和磁気モーメント

　しかしながら，4f軌道の局在化は大きな磁気モーメントを与えるものの，隣接する希土類の4f電子との直接的な相互作用は起こしにくくなる．そこで，希土類の4f電子は5d, 6s電子の分極を介して隣の4f電子と間接的に相互作用を行うことになる．これを，RKKY (Ruderman-Kittel-Yoshida-Kasuya) 相互作用とよぶが，この相互作用はそれ程強くなく，唯一室温で強磁性体となるGdのCurie温度も高々293Kである．しかしながら，希土類金属の磁性は局在化した4f電子が担うと共に，5d, 6sの伝導電子が相互作用を媒介することから著しい磁気異方性を生じる．その結果，希土類金属はらせん構造を始めとする複雑な磁気構造を与える．

　これに対し遷移金属同士の相互作用は強く，高いCurie温度を示すことは周知の通りである．そこで，希土類金属の良好な磁気異方性と遷移金属の強い磁気的相互作用を組み合わせた希土類-遷移金属同士の金属間化合物は優れた磁性材料となる．フェライトおよび合金に始まった永久磁石は希土類磁石へと変遷し，現在では400 kJ m^{-3}の最大エネルギー積をも上まわるNd-Fe-B系焼結磁石が，実験室レベルではあるが実現されている（永久磁石の開発の推移を示した図6.4を参照されたい）．また，磁性粉末を樹脂で固着したボンド磁石でも，その需要の伸びと相まって性能も著しくが向上している．

　他方，ランタノイドイオンの4f電子は，5s^{2}5p^{6}電子雲により効果的に遮蔽されているために周囲の影響を受けにくく，励起状態からの輻射確率が増大する．図A.4に，4f軌道間の電子遷移に基づく発光のメカニズムを示す．まず，母結晶で吸収された励起エネルギーはエネルギー移動によりランタノイドイオンに伝達され，イオン内でのエネルギー緩和を経た後基底状態へ遷移し発光する．ここで，

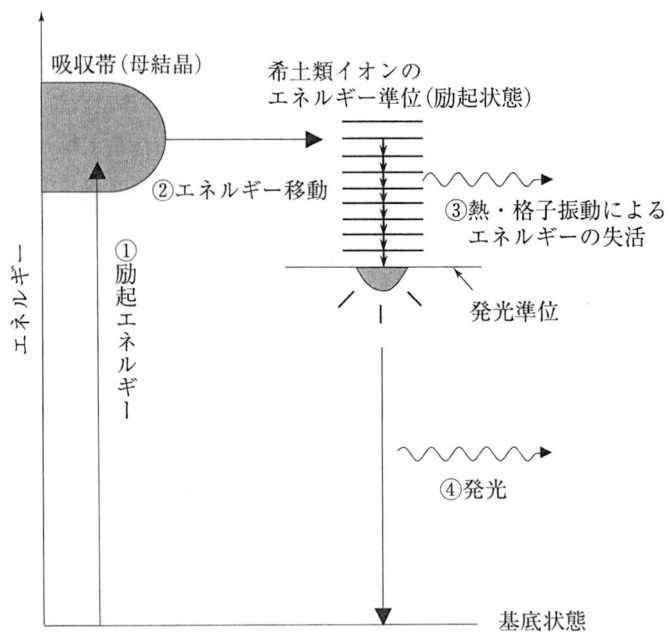

図 A.4 ランタノイドイオンの発光メカニズム

　ランタノイドイオンの電子遷移は大きく二つに分類され，4f-4f 遷移に基づくものとして Eu^{3+}，Tb^{3+}，Nd^{3+} などを，また 4f-5d 遷移に基づくものとしては Eu^{2+}，Ce^{3+} などをあげることができ，各イオンによって発光色調が異なる．たとえば，酸化物を母結晶とした場合，Eu^{2+} および Ce^{3+} の各イオンでは青色，Tb^{3+} では緑色，および Eu^{3+} では赤色の発光をそれぞれ観測することができる．

　一般照明用ランプには当初ハロリン酸カルシウム系蛍光体 ($Ca_{10}(PO_4)_6FCl:Sb^{3+}$, Mn^{2+}) が使用されたが，近年 3 波長形のランプに置き替わっている．この場合，Eu^{2+}（青色），Tb^{3+}（緑色）および Eu^{3+}（赤色）系蛍光体を混合することで，視感度の低い深青色や深赤色の光量が低減され，より明るく自然光に近い色感を得ることができる．

演習問題解答

1章

1.1 (i) 式 (1.17) において，$a = 139 \times 10^{-12}$ m $\times 21 = 2.919 \times 10^{-9}$ m．$E_n = n^2h^2/8ma^2$ に a を代入する．
(ii) n から $n+1$ 番目の軌道への電子の励起に必要なエネルギーは $E_{n+1} - E_n = (2n+1)h^2/8ma^2$．$n = 11$ と a を代入してエネルギーを求め，波長 (λ) を計算すると，$\lambda = 1220$ nm．
(iii) $\lambda = 1220$ nm は近赤外線で実測値（500 nm よりも波長が長い．実際の分子では，計算に用いたモデルと異なり，①箱は直線でない，②箱の中のポテンシャルは $V=0$ ではなく，炭素原子などからポテンシャルを受ける．種々の束縛から，実際の分子では，電子は動きにくく，波長は短くなっていると思われる．しかし，計算値は 2 倍程度の誤差の範囲で実測値を予測できており，簡単なモデルであるが，共役系分子における電子の挙動の特徴を正しくとらえていると思われる．

1.2 式 (1.9) において，$n_a = \infty$，$n_b = 1$ のエネルギーである．
$$h\nu = hc\tilde{\nu} = hcR = 2.18 \times 10^{-18} \text{ J} = 13.6 \text{ eV}$$

1.3 Ca：[Ar]$4s^2$，Fe：[Ar]$3d^64s^2$，Fe^{3+}：[Ar]$3d^5$，Cr：[Ar]$3d^54s^1$，Cr^{3+}：[Ar]$3d^3$，Pt^{2+}：[Xe]$5d^8$，Cu：[Ar]$3d^{10}4s$，Cu$^+$：[Ar]$3d^{10}$，I$^-$：[Kr]$4d^{10}5s^25p^6$

1.4 原子番号順に第1イオン化エネルギーをプロットする．

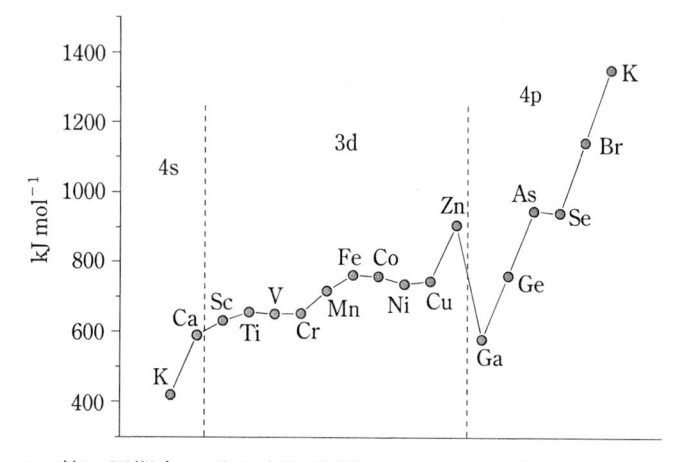

1. 第4周期内で原子番号が増加すると一般に第1イオン化エネルギーは増加する．
2. K → Ca の急激な増加は有効核電荷の増加に加えて，Ca が [Ar]$4s^2$ の電子配置をとり，4s 軌道が満たされた構造となることが考えられる．
3. Zn での急激な増加も [Ar]$3d^{10}4s^2$ の満たされた軌道の電子配置をとるためである．安定な電子配置であるために，第1イオン化エネルギーが大きい．
4. Ga での減少は 3d 軌道より外殻の 4p 軌道からのイオン化エネルギーとなるためである．
5. As → Se での減少は，N → O の変化と同じ原因．
6. Cr での第1イオン化エネルギーの弱い凹みは Cr：[Ar]$3d^54s$ がイオン化によって，ちょうど半分満たされた 3d 軌道をつくることが原因と考えられる．

1.5 左から，$2p_z$，$3p_z$，$3d_{z^2}$．

1.6 Cu の電子配置 $(1s)^2(2s2p)^8(3s3p)^83d^{10}4s$ を用いて，4s 電子に対する有効核電荷を求める $Z^* = 3.70$．これを式 (1.23) に代入すると，Allred-Rochow の電気陰性度 1.75 が得られる．

1.7 円周が 40 等分されているので，下記のような表を作成して，$(3\cos^2\theta-1)$ の値を計算する．$3\cos^2\theta-1=0$ に対応する θ の位置に節面が存在することを考慮して図を作成する．図1.12に示した $3d_z{}^2$ 軌道の立体図と比較せよ．

θ	$3\cos^2\theta-1$	θ	$3\cos^2\theta-1$
0	2.00	90	-1.00
9	1.93	99	-0.93
18	1.71	108	-0.71
27	1.38	117	-0.38
36	0.96	125.3	0.00
45	0.50	126	0.04
54	0.04	135	0.50
54.7	0.00	144	0.96
63	-0.38	153	1.38
72	-0.71	162	1.71
81	-0.93	171	1.93
90	-1.00	180	2.00

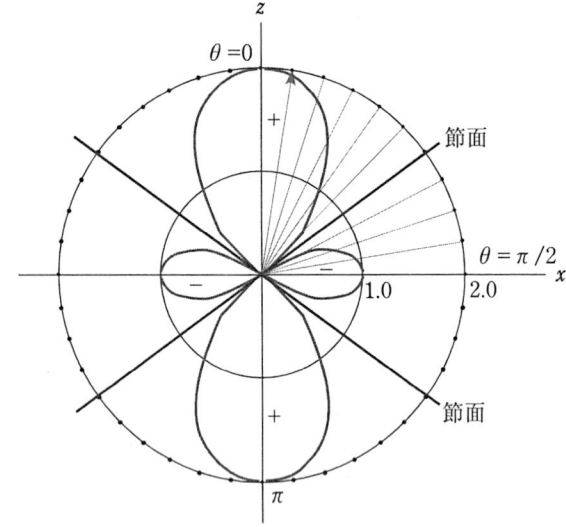

2章

2.1 略

2.2 下図（立方最密充填格子としてみた面心立方格子）参照

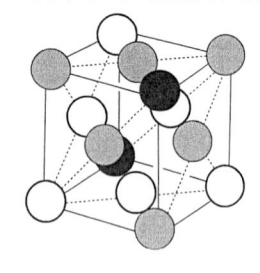

○：一つの最密充填面（A層）の原子
◯（灰）：その上に重なった最密充填面（B層）の原子
●：B層の上の最密充填面（C層）と，A層の下の最密充填面（A層）の原子

2.3 74%

2.4 68%

2.5 (a) 純粋な ZrO_2 中に含まれる酸素イオンの 0.5 mol% が空孔になる．

$$\frac{0.01\times 1}{0.99\times 2+0.01} = 5.02\times 10^{-3} \approx 0.5\%$$

(b) 6.7×10^{20} 個

2.6 最密充填面は(111)面になる．問題 2.2 の図を参考にすること．

2.7 (a) $\dfrac{4\times\left(\dfrac{55.847}{6.02\times 10^{23}}\times 0.93 + \dfrac{16.00}{6.02\times 10^{23}}\right)}{(4.301\times 10^{-8})^3} = 5.674 \qquad 5.674\,\mathrm{g/cm^3}$

(b) $1\div 0.93 = 1.075$

$\dfrac{4\times\left(\dfrac{55.847}{6.02\times 10^{23}} + \dfrac{16.00}{6.02\times 10^{23}}\times 1.075\right)}{(4.301\times 10^{-8})^3} = 6.100 \qquad 6.100\,\mathrm{g/cm^3}$

2.8 重さを測って密度を比較する．水晶の方が密度が大きい．

3章

3.1 $B_3N_3H_6$ の B および N はいずれも sp^2 混成軌道を用いて互いに結合し，B と N からなる六員環を形成する．N 原子の p 軌道に残る 2 個の電子は B の空の p 軌道に供与されて非局在化された π 結合を形成している．分子量をはじめ物理的性質は C_6H_6 によく似ているが，化学的にはより活性であり，水素と反応すると開環する．

3.2 NaH_2PO_4 は 2 個の OH 基をもつため，脱水縮合反応が起こると縮合リン酸ナトリウムが生成する．一方，Na_2HPO_4 は OH 基を 1 個しかもたないため，これが反応すると鎖長の伸長が止まる．したがって，両者の割合によって生成する縮合リン酸ナトリウムの鎖長 n が変化する．すべて鎖状のリン酸ナトリウムができる場合は次式で表される．

$$2\,Na_2HPO_4 + (n\text{-}2)NaH_2PO_4 \rightarrow Na_{n+2}P_nO_{3n+1} + (n\text{-}1)H_2O$$

3.3 中心原子はいずれも sp^3 混成軌道を用いて H 原子と結合している．CH_4 では結合電子対のみであるが，NH_3 では 1 個，H_2O では 2 個の非共有電子対が存在する．一方，電子間の反発力の強さは，非共有電子対間＞非共有電子対-結合電子対間＞結合電子対間の順であるため，CH_4 での $\angle H\text{-}C\text{-}H = 109°28'$ から，非共有電子対の数が増えるほど結合角 $\angle H\text{-}X\text{-}H$ は小さくなる．

3.4 I 原子の最外殻電子配置は $5s^2 5p^5$ である．5s, 5p, 5d 軌道の間で sp^3d^2 混成が生じると，正八面体配置の 6 個の混成軌道ができる．このうち 5 個が Cl と共有結合を形成し，1 個に非共有電子対が入ると正方錘型となる．

3.5 アルカリ金属の陽イオンの方がアルカリ土類金属の陽イオンよりも大きいイオン半径をもつ．これは，アルカリ金属の方がアルカリ土類金属よりも核の電荷が小さく，そのために，電子を引きつける力が弱いからと説明することができる．

3.6 密度はアルカリ土類金属結晶の方が大きい．これは，アルカリ土類金属の方がアルカリ金属よりも原子量が大きいことに加え，原子半径が小さいためと説明することができる．

3.7 アルカリ金属結晶のより小さい昇華エンタルピー，ならびにより低い融点から判断される．

3.8 水素を発生し，結晶自らは陽イオンとなって水に溶ける．また，OH^- イオンが生成するため，溶液の pH が上昇する．

3.9 イオン結合性割合はハロゲン化アルカリ結晶の方が大きい．アルカリ金属の方がアルカリ土類金属よりも電気陰性度が大きく，その結果，ハロゲン元素との電気陰性度差が大きくなるためである．

3.10 表 3.9 参照．

3.11 4d, 5d 金属元素の方が，
(1) 原子およびイオン半径が大きい．
(2) 高い配位数をとる傾向が強い．
(3) 高い酸化状態が安定である．
(4) 複核錯体を形成しやすい．
(5) 族の下の方へ行くほど配位子場が強くなるため，低スピン化合物をつくる傾向が強い．
(6) スピン-軌道カップリングが強くなるため，磁気モーメントの評価にはスピン角運動量だけでなく軌道角運動量の寄与も大きくなる．

3.12 表 3.11 を参照して 3d 金属元素について考える．電子配置はクロム（$[Ar]3d^5 4s^1$）と銅（$[Ar]3d^{10} 4s^1$）を除いて $[Ar]3d^n 4s^2$ である．4s 軌道の電子がまず失われるので最低の酸化数は 2 となりやすい．実際，1 価として安定に存在するのは Cu^+ くらいであり，Cr では Cr^+ はほとんど知られていない．

3.13 Ti：Ti^{4+}, d^0　　Cr：Cr^{3+}, d^3　　Co：Co^{2+}, d^7　　Ni：Ni^{2+}, d^8

3.14 マンガンは，3d 軌道に五つの電子をもつ上に，族酸化数（VII）をとることができる元素であるため，一つ原子番号が増した鉄では，核電荷の増加のため，族酸化数をとることはできず，最高酸化状態は Fe^{6+}（VI）であり，しかもこの酸化状態も通常の化合物にはほとんど見られず，Fe^{2+}（II）と Fe^{3+}（III）が主要な酸化状態となる．

3.15 主量子数 $n=4$ のとき，方位量子数 l は $l=0, 1, 2, 3$ の値をとるため，磁気量子数 m_l は $m_l = -3, -2, -1, 0, 1, 2, 3$ の値が許され，その結果七つの 4f 軌道が形成される．これらの軌道には $\pm 1/2$ のスピン量子数をもつ電子が 2 個ずつ入るので，最大で 14 個の電子が 4f 軌道に収容される．

■4章

4.1 それぞれの特徴は次のとおり．
- 硬い酸……半径が小さい．正電荷が大きい．高いエネルギー状態に励起される外殻電子をもたない．
- 柔らかい酸……半径が大きい．正電荷が小さい．励起されやすい外殻電子を有する．
- 硬い塩基……分極しにくい．電気陰性度が大きい．酸化されにくい．
- 柔らかい塩基……分極しやすい．電気陰性度が小さい．酸化されやすい．

上記のことから，分極しやすい塩基が柔らかい塩基とされていることから，電子雲の偏りが生じやすいものを概念的に「柔らかい」としたといえる．

4.2 水素発生反応の際に水は酸化剤として働く．その化学式は次のとおりである．

$$H_2O(l) + e^- \longrightarrow 1/2\,H_2(g) + OH^-(aq)$$

このとき，pH，すなわち水素イオン濃度に対する応答については，水中の水と水素イオンの結合からなるヒドロキソニウムイオンが還元される反応

$$H^+(aq) + e^- \longrightarrow 1/2\,H_2(g)$$

として表され，pH との関係は Nernst 式から

$$E = -0.059\,\text{V} \times \text{pH}$$

なお，酸素の反応は

$$O_2(g) + 4\,H^+(aq) + n\,4\,e^- \longrightarrow 2\,H_2O(l)$$

であるから，こららの反応について Nernst 式を用いてまとめると

$$E = E^0 - \left[\frac{RT}{4F}\right] \ln \frac{1}{[H^+]^4} = 1.23 - (0.059 \times \text{pH})$$

4.3 （省略）

■5章

5.1 高スピン状態の 4 配位四面体型錯体　　　　低スピン状態の 6 配位八面体型錯体

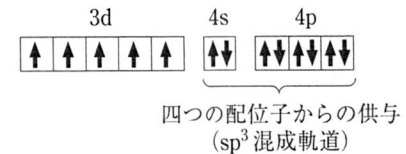

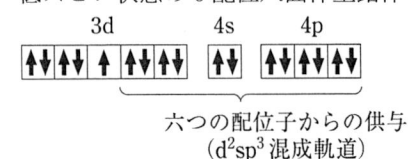

四つの配位子からの供与（sp³ 混成軌道）　　　六つの配位子からの供与（d²sp³ 混成軌道）

5.2 $[Fe(CN)_6]^{3-}$ では，Fe(III) イオンの 3d 軌道を用いた d²sp³ 混成軌道を配位子からの電子が占める．

六つの CN^- 配位子からの供与

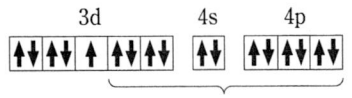

$[Fe(H_2O)_6]^{3+}$ では，Fe(III) イオンの 4d 軌道を用いた sp³d² 混成軌道を配位子からの電子が占める．

六つの H_2O 配位子からの供与

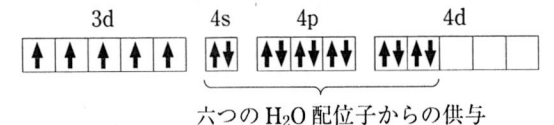

5.3 [NiCl$_2$(PPh$_3$)$_2$]は，4配位四面体構造をとり，四つの配位子からの電子はsp^{3}混成軌道を占め，Ni(II)イオンの3d電子は2個が不対電子となって3d軌道を占める．

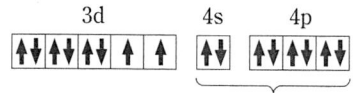

```
   3d          4s    4p
[↑↓|↑↓|↑↓|↑|↑] [↑↓] [↑↓|↑↓|↑↓]
                 └──────┬──────┘
           二つのCl$^-$配位子と二つのPPh$_3$配位子からの供与
```

[PdCl$_2$(PPh$_3$)$_2$]は，4配位正方平面構造をとり，四つの配位子からの電子はdsp^{2}混成軌道を占め，Pd(II)イオンの4d電子はすべて対をなして4d軌道を占める．

```
   4d              5s    5p
[↑↓|↑↓|↑↓|↑↓|↑↓] [↑↓] [↑↓|↑↓|  ]
                    └──────┬──────┘
           二つのCl$^-$配位子と二つのPPh$_3$配位子からの供与
```

5.4 (1) Coの電子数＝9－1＝8．8＋2＋2×4＝18　答 18電子
(2) Feの電子数＝8．8＋4＋2×3＝18　答 18電子
(3) Crの電子数＝6．6＋6＋2×3＝18　答 18電子
(4) Mnの電子数＝7－3＝4．4＋6＋4＋2＋2＝18　答 18電子
(5) [Fe(CN)$_6$]の価数＝－3なので，Feの価数は＋3．Feの電子数＝8－3＝5．5＋2×6＝17
答 17電子

5.5 A：1価 16電子，B：3価 18電子，C：3価 16電子，D：3価 18電子，E：1価 16電子
a：酸化的付加，b：α脱離，c：還元的脱離．

5.6 ボランは6電子化合物なので，3中心2電子結合で二量体となり，オクテット則を満たすジボランとなる．

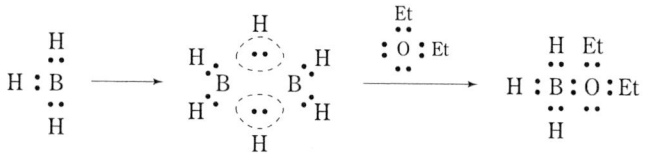

(ジボラン　　　ボラン-エーテル錯体)

5.7 ナフタレンはマグネシウムに対してジエン(η^2)として反応し，クロムヘキサカルボニルに対しては芳香環(η^6)として反応する．

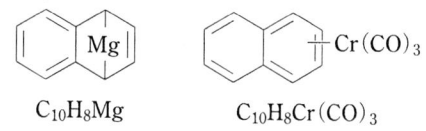

C$_{10}$H$_8$Mg　　　C$_{10}$H$_8$Cr(CO)$_3$

5.8 低分子量の金属錯体とは異なり，かなり歪んだ構造をとっている．金属イオン上での触媒反応を効率よく行うために，はじめから活性化しやすい状態にあるためである．

5.9 一酸化炭素は，強くヘモグロビンの活性部位のFe(II)イオンに結合する．高圧酸素下で酸素分子を多く供給して，平衡をずらしてヘモグロビンへの酸素分子との結合を増やすことができる．

6章

6.1 （省略，各自でぜひよく考えてみてほしい）
6.2 $0.9\,ZrO_2 + 0.1\,CaO = Zr_{0.9}Ca_{0.1}O_{1.9} + 0.1\,\square_{O^{2-}}$ より 0.1 mol．
6.3 0.1 mol．
6.4 20 dB km^{-1}．

索　　引

A～Z

Allred-Rochow の電気陰性度　24
Archimedes の原理　101
Arrhenius の酸・塩基　130
Balmer 系列　2
Bayer 法　145
Bohr 半径　4
Born-Haber サイクル　50
Born-Landé 式　48
Born-Mayer 式　49
Born 指数　46
Bravais 格子　65, 67
Brønsted-Lowry の酸・塩基　131
$CdCl_2$ 型構造　123
CdI_2 型構造　123
Curie 温度　195
d 軌道　9
d ブロック元素　114
e_g 軌道　165
Ellingham 図　142
Fermi エネルギー　58, 206
Frenkel 欠陥　68
f 軌道　9
F 中心　69
Haber-Bosch 法　189
Hall-Heroult 法　145
Hume-Rothery の規則　71
Hund の規則　14
Kaputinskii 式　50
Kröger-Vink の表記法　69
Latimar 図　149
LCAO 法　32
Lewis の酸・塩基　81, 132, 137
Madelung 定数　46
Miller 指数　67
Mulliken の電気陰性度　26
Pauling の電気陰性度　24
Pauli の排他原理　14
pH 測定　141
Planc 定数　2
Pourbaix 図　150
p 軌道　9
p ブロック元素　97, 108
Rayleigh-Ritz の変分法　33
RKKY 相互作用　209
Rutherford の原子模型　1
Rydberg 定数　2, 5
SCF 法　32
Schottky 欠陥　69
Schrodinger の波動方程式　6
s 軌道　9
s ブロック元素　97
t_{2g} 軌道　165
Thomson の原子模型　1
van der Waals 半径　21
van der Waals 力　62
V 中心　69
Werner 型錯体　162

あ行

亜　鉛　120
アクセプター数　138
アスタチン　94
圧電体　195
アパタイト　202
アモルファス　75
アルカリ　130
アルカリ金属　98
アルカリ金属酸化物　107
アルカリ金属ハロゲン化物　103
アルカリ土類金属　98
アルカリ土類金属酸化物　107
アルカリ土類金属ハロゲン化物　103
アルゴン　96
アルシン　89
α 脱離　176
アルミナ　155, 192
安定化ジルコニア　196, 201
安定度定数　166
アンモニア　88

イオウ　93
イオウ酸化物　94
イオン化エネルギー　19, 99
イオン結合　41
イオン結晶　41
イオン性　24
イオン半径　52, 100
鋳型分子　158
一次元井戸型ポテンシャルモデル　7, 204
1 族元素　98
一酸化炭素　84
イットリウム　207
色中心　69

ウルツ鉱型構造　43

永久磁石　197
永年方程式　33
液相析出法　154
エネルギーバンド　58
エネルギー変換材料　201
塩　130
塩化セシウム型構造　43
塩　素　94, 130

オキソニウムイオン　135
オクテット則　174
オゾン　91

か行

外因性格子欠陥　72
外圏型反応機構　169
解　離　130
化学結合　28

索　引

核電荷の遮蔽　17
角度波動関数　9
重なり積分　33
加水分解反応　153, 157
硬い酸・塩基　137
活　量　134
価電子　14
カドミウム　208
カーボンナノチューブ　83, 202
ガラス　75
ガラス転位温度　76
カルコゲン　93
カルコゲン化水素　93
過冷却液体　76
岩塩型構造　42
還　元　141
還元的脱離反応　175
乾式冶金法　142
関数の規格化　8
貫　入　17

希ガス　96
築き上げの原理　13
キセノン　96
希土類元素　124, 208
基本並進ベクトル　65
共鳴積分　33
共役酸・塩基　131
共有結合　31
共有結合結晶　63
共有結合性　24
共有結合半径　21
強誘電体　195
極座標　9
極性溶媒　42
キレート効果　167
金　208
銀　208
金属アルコキシド　154
金属カルボニル　84
金属結合　57, 204
金属結合半径　20
金属元素　97
金属酵素　178
金属錯体　160
金属-炭素結合　173

空間格子　65
空　孔　68

グラファイト　82, 193
クリストバライト　86
クリプトン　96
クロム　119

蛍光灯　197
ケイ酸イオン　86
ケイ素　85
欠　陥　68
結合軌道　36
結合様式　30
結　晶　63, 75
結晶格子エネルギー　45
結晶場理論　164
原子核　1
原子価結合法　162
原子軌道関数　32
原子空孔　68
原子の構造　1
原子半径　20, 100
原子模型　1

光学材料　197
工業材料　192
格子エネルギー　45
格子間原子　68
格子定数　65
高スピン錯体　163
構造材料用セラミックス　192
光電効果　2
五酸化リン　90
固体酸　139
固体電解質　196
5配位錯体　161
コバルト　120
固溶体　70
コランダム型構造　48

さ　行

サイアロン　198
最大多重度の規則　14
最密充塡構造　60
錯　体　160
　　──の反応　166
錯体形成反応　155
酸　130
酸塩基平衡　134
酸　化　141

酸解離定数　134
酸化還元反応　141
三角柱型構造　161
酸化数　56
酸化的付加反応　176
酸化鉄　156
酸化物系セラミックス　192
三酸化リン　90
三重結合　39
酸性度定数　134
酸　素　91
酸素族元素　90
三中心二電子結合　82
3配位錯体　160
三方両錐型構造　161

四角錐型構造　161
四角ねじれプリズム型構造　162
磁気量子数　10
σ型結合軌道　37
自己プロトリシス　135
磁　性　28, 118
磁性材料　197
周期表　16
　　──における族の表記　16
　　──の対角関係　81, 103
重縮合反応　153, 157
臭　素　94
自由電子　58
自由電子モデル　204
十二面体型構造　162
18電子則　175
縮　重　10
縮　退　10, 37
主量子数　9
昇華エンタルピー　102
晶　系　65
焼　結　75
常磁性　163
状態密度　207
シラン　85
シリカ　86
シリカゲル　87
シリコーン　87
ジルコニア　192
ジルコニウム　207
侵入型固溶体　71

水　銀　208

水　素　79
水素化合物　80
水素化物　80
水素結合　81
水素原子
　——のスペクトル　4
　——の動径確率分布　11
　——の動径波動関数　11
水素原子模型　2
水平化効果　136
水和エンタルピー　106
スカンジウム　118
スーパーオキシドジスムターゼ　185
スピネル　155
スピン法　157
スピン量子数　13

正　孔　152
生体機能材料　202
静電的相互作用　41
生物無機化学　178
正方平面型構造　161
ゼオライト類　156
石　英　86
石英ガラス　86
析出反応　153, 155
節　8
節　面　12
セラミックス　192
セレン　93
閃亜鉛鉱型構造　43
遷移金属化合物の色　118
遷移金属元素　114
遷移金属錯体　160
先端材料　198

層間化合物　84
相転位　76
族酸化数　116
薗頭反応　177
ゾル-ゲル転位　154
ゾル-ゲル法　157

た　行

第1遷移系列　114, 118
対角関係　81, 103
大環状キレート錯体　170

第3遷移系列　114
第3遷移系列元素　207
体心立方格子　62
第2遷移系列　114
第2遷移系列元素　207
ダイヤモンド　82, 193
多結晶　75
脱水縮合　153
多電子原子　13
単位格子　65
炭化物系セラミックス　193
タングステン　207
単結晶　65, 75
炭　素　82
炭素材料　193
炭素繊維　193
炭素族元素　82
タンタル　207

置換型固溶体　70
チタン　118
チタン合金　118
窒化ケイ素　192
窒化物系セラミックス　193
窒　素　87
窒素酸化物　88
窒素族元素　87
長距離秩序性　63
長残光体　200
超伝導体　194

低スピン錯体　163
ディップ法　157
テクネチウム　208
鉄　119
鉄・硫黄タンパク質　182
鉄-ポルフィリンタンパク質　179
δ型分子軌道　38
テルル　93
電位窓　151
電気陰性度　23
電気材料　194
電気的中性の原理　72
電気分解　146
典型元素　97
点欠陥　67
　——と物性　72
　——の表記方法　69

電　子　1
　——の確率分布　8
　——の質量　1
　——の素電荷　1
電子雲　30
電子親和力　22
電子対　132
伝導電子　58
テンプレート反応　172
電　離　130

銅　120
動径確率分布関数　12
同素体　82
銅タンパク質　183
動径波動関数　9
特性X線　18
ドナー数　138
塗布法　157
トランス影響　168
トランス効果　168
トランスメタル化　177
トリジマイト　86

な　行

内因性格子欠陥　72
内殻電子　14, 58
内圏型反応機構　169
ニオブ　207
二酸化ケイ素　86
二酸化炭素　85
二重結合　39
2族元素　98
ニッケル　120
2電子供与配位子　173
ニトロゲナーゼ　182
2配位錯体　160

ネオン　96
熱化学半径　56
燃料電池　201

は　行

配位化学　160
配位子　160
　——の反応　170

索　引

配位子交換反応　177
配位子場理論　164
配位数　160
π 型結合軌道　37
刃状転位　73
8 配位　161
八面体型構造　161
白金元素　208
発光ダイオード　199
波動関数　6
　　——の符号　12
波動性　5
波動方程式　6
バナジウム　119
ハフニウム　207
ハミルトニアン　33
ハロゲン　94
ハロゲン化水素　95
反結合軌道　36
反磁性　162
半導体　194
半導体レーザ　200
バンド構造　57

非 Werner 型錯体　162
ヒ化ニッケル型構造　43
光
　　——の波動性　5
　　——の粒子性　2
光機能材料　198
光触媒　122, 154
光電気分解反応　152
光ファイバー　198
非金属元素　79
非酸化物系セラミックス　193
非晶体　75
ヒ素　89
比抵抗　98
標準電位　146, 148
標準反応自由エネルギー　142

フェレドキシン　182
不確定性原理　6
不活性電子対効果　111
副量子数　9
不対電子　14
フッ素　94

不定比性化合物　71
プラストシアニン　184
フラーレン　83, 201
プロトリシス　133
プロトン　131
分光化学系列　165
分散力　63
分子間力　62
分子軌道　32
分子軌道法　31, 33
分子結晶　63
分子ふるい　158
分配図　136

閉殻構造　14, 96
並進ベクトル　65
平面三角形構造　160
劈開性　42
β 脱離　176
ヘム　179
ヘムエリトリン　181
ヘモグロビン　179
ヘリウム　96

方位量子数　9
ホウ酸　81
ホウ素　81
ホスフィン　89
蛍石型構造　44
ポテンシャル場　29
ボラン　82

ま　行

マンガン　119
マンガン団塊　119

ミオグロビン　179
密度　101

無機工業化学　188
無機材料化学　188
無機反応　130

メソポーラス酸化物　158
めっき　120
面心立方格子　61

モリブデン　207

や　行

夜光塗料　200
軟らかい酸・塩基　137

有機金属化学　172
有機金属化合物　172
　　——の反応　175
有効核電荷　17
誘電体　195

溶解度積　153
ヨウ素　94
溶融塩　152
4 電子供与配位子　174
4 配位錯体　161
四面体型構造　161

ら　行

らせん転位　74
ラドン　96
ラミナーフロー法　157
ランタニド収縮　21, 128
ランタノイド（ランタニド）
　　124, 209
ランタン　207

立方最密充填　61
立方体型構造　162
粒界　75
量子数　9
リン　89
リン酸　90

ルチル型構造　45, 123

レーザ　200
レニウム　208

6 電子供与配位子　174
6 配位錯体　161
六方最密充填　61

編著者略歴

出来 成人（でき・しげひと）
1945年　大阪府に生まれる
1971年　神戸大学大学院工学研究科修士課程修了
現　在　山梨大学燃料電池ナノ材料研究センター・教授
　　　　神戸大学名誉教授
　　　　理学博士

辰巳砂 昌弘（たつみさご・まさひろ）
1955年　大阪府に生まれる
1980年　大阪大学大学院工学研究科前期課程修了
現　在　大阪府立大学大学院工学研究科 物質・化学系専攻・教授
　　　　工学博士

水畑　穣（みずはた・みのる）
1964年　兵庫県に生まれる
1992年　神戸大学大学院自然科学研究科博士課程修了
現　在　神戸大学大学院工学研究科 応用化学専攻・准教授
　　　　博士（理学）

役に立つ化学シリーズ 3
無 機 化 学
定価はカバーに表示

2009年2月25日　初版第1刷
2017年6月25日　　　第4刷

編著者　出　来　成　人
　　　　辰　巳　砂　昌　弘
　　　　水　畑　　　穣
発行者　朝　倉　誠　造
発行所　株式会社 朝倉書店
　　　　東京都新宿区新小川町6-29
　　　　郵便番号　１６２－８７０７
　　　　電　話　03（3260）0141
　　　　ＦＡＸ　03（3260）0180
　　　　http://www.asakura.co.jp

〈検印省略〉

© 2009〈無断複写・転載を禁ず〉

悠朋舎・渡辺製本

ISBN 978-4-254-25593-5　C 3358

Printed in Japan

JCOPY 〈（社）出版者著作権管理機構 委託出版物〉
本書の無断複写は著作権法上での例外を除き禁じられています．複写される場合は，そのつど事前に，（社）出版者著作権管理機構（電話 03-3513-6969，FAX 03-3513-6979，e-mail: info@jcopy.or.jp）の許諾を得てください．

好評の事典・辞典・ハンドブック

物理データ事典	日本物理学会 編 B5判 600頁
現代物理学ハンドブック	鈴木増雄ほか 訳 A5判 448頁
物理学大事典	鈴木増雄ほか 編 B5判 896頁
統計物理学ハンドブック	鈴木増雄ほか 訳 A5判 608頁
素粒子物理学ハンドブック	山田作衛ほか 編 A5判 688頁
超伝導ハンドブック	福山秀敏ほか 編 A5判 328頁
化学測定の事典	梅澤喜夫 編 A5判 352頁
炭素の事典	伊与田正彦ほか 編 A5判 660頁
元素大百科事典	渡辺　正 監訳 B5判 712頁
ガラスの百科事典	作花済夫ほか 編 A5判 696頁
セラミックスの事典	山村　博ほか 監修 A5判 496頁
高分子分析ハンドブック	高分子分析研究懇談会 編 B5判 1268頁
エネルギーの事典	日本エネルギー学会 編 B5判 768頁
モータの事典	曽根　悟ほか 編 B5判 520頁
電子物性・材料の事典	森泉豊栄ほか 編 A5判 696頁
電子材料ハンドブック	木村忠正ほか 編 B5判 1012頁
計算力学ハンドブック	矢川元基ほか 編 B5判 680頁
コンクリート工学ハンドブック	小柳　洽ほか 編 B5判 1536頁
測量工学ハンドブック	村井俊治 編 B5判 544頁
建築設備ハンドブック	紀谷文樹ほか 編 B5判 948頁
建築大百科事典	長澤　泰ほか 編 B5判 720頁

価格・概要等は小社ホームページをご覧ください．

元 素 の

凡例:
- 族番号 → 1（ＩA） ← 旧族番号
- 原子量 → 1.008
- 周期番号 → 1　₁H ← 元素記号
- 原子番号 ↗　水素
- 元素名 ↑

周期	1 (IA)	2 (IIA)	3 (IIIA)	4 (IVA)	5 (VA)	6 (VIA)	7 (VIIA)	8 (VIII)	9
1	1.008 ₁H 水素								
2	6.941 ₃Li リチウム	9.012 ₄Be ベリリウム							
3	22.99 ₁₁Na ナトリウム	24.31 ₁₂Mg マグネシウム							
4	39.10 ₁₉K カリウム	40.08 ₂₀Ca カルシウム	44.96 ₂₁Sc スカンジウム	47.87 ₂₂Ti チタン	50.94 ₂₃V バナジウム	52.00 ₂₄Cr クロム	54.94 ₂₅Mn マンガン	55.85 ₂₆Fe 鉄	58… ₂₇C… コバ…
5	85.47 ₃₇Rb ルビジウム	87.62 ₃₈Sr ストロンチウム	88.91 ₃₉Y イットリウム	91.22 ₄₀Zr ジルコニウム	92.91 ₄₁Nb ニオブ	95.94 ₄₂Mo モリブデン	(99) ₄₃Tc テクネチウム	101.1 ₄₄Ru ルテニウム	10… ₄₅… ロジ…
6	132.9 ₅₅Cs セシウム	137.3 ₅₆Ba バリウム	57～71 ランタノイド	178.5 ₇₂Hf ハフニウム	180.9 ₇₃Ta タンタル	183.8 ₇₄W タングステン	186.2 ₇₅Re レニウム	190.2 ₇₆Os オスミウム	19… 77 イリ…
7	(223) ₈₇Fr フランシウム	(226) ₈₈Ra ラジウム	89～103 アクチノイド	(261) ₁₀₄Rf ラザホージウム	(262) ₁₀₅Db ドブニウム	(263) ₁₀₆Sg シーボーギウム	(264) ₁₀₇Bh ボーリウム	(265) ₁₀₈Hs ハッシウム	(2… 109… マイ…

ランタノイド	138.9 ₅₇La ランタン	140.1 ₅₈Ce セリウム	140.9 ₅₉Pr プラセオジム	144.2 ₆₀Nd ネオジム	(145) ₆₁Pm プロメチウム	15… ₆₂S… サマ…
アクチノイド	(227) ₈₉Ac アクチニウム	232.0 ₉₀Th トリウム	231.0 ₉₁Pa プロトアクチニウム	238.0 ₉₂U ウラン	(237) ₉₃Np ネプツニウム	(2… ₉₄P… プル…

周期表

(VIII)	11(IB)	12(IIB)	13(IIIB)	14(IVB)	15(VB)	16(VIB)	17(VIIB)	18(0)
								4.003 $_2$He ヘリウム
			10.81 $_5$B ホウ素	12.01 $_6$C 炭素	14.01 $_7$N 窒素	16.00 $_8$O 酸素	19.00 $_9$F フッ素	20.18 $_{10}$Ne ネオン
			26.98 $_{13}$Al アルミニウム	28.09 $_{14}$Si ケイ素	30.97 $_{15}$P リン	32.07 $_{16}$S 硫黄	35.45 $_{17}$Cl 塩素	39.95 $_{18}$Ar アルゴン
58.69 $_{28}$Ni ニッケル	63.55 $_{29}$Cu 銅	65.39 $_{30}$Zn 亜鉛	69.72 $_{31}$Ga ガリウム	72.61 $_{32}$Ge ゲルマニウム	74.92 $_{33}$As ヒ素	78.96 $_{34}$Se セレン	79.90 $_{35}$Br 臭素	83.80 $_{36}$Kr クリプトン
106.4 $_{46}$Pd パラジウム	107.9 $_{47}$Ag 銀	112.4 $_{48}$Cd カドミウム	114.8 $_{49}$In インジウム	118.7 $_{50}$Sn スズ	121.8 $_{51}$Sb アンチモン	127.6 $_{52}$Te テルル	126.9 $_{53}$I ヨウ素	131.3 $_{54}$Xe キセノン
195.1 $_{78}$Pt 白金	197.0 $_{79}$Au 金	200.6 $_{80}$Hg 水銀	204.4 $_{81}$Tl タリウム	207.2 $_{82}$Pb 鉛	209.0 $_{83}$Bi ビスマス	(210) $_{84}$Po ポロニウム	(210) $_{85}$At アスタチン	(222) $_{86}$Rn ラドン

152.0 $_{63}$Eu ユウロピウム	157.3 $_{64}$Gd ガドリニウム	158.9 $_{65}$Tb テルビウム	162.5 $_{66}$Dy ジスプロシウム	164.9 $_{67}$Ho ホルミウム	167.3 $_{68}$Er エルビウム	168.9 $_{69}$Tm ツリウム	173.0 $_{70}$Yb イッテルビウム	175.0 $_{71}$Lu ルテチウム
(243) $_{95}$Am アメリシウム	(247) $_{96}$Cm キュリウム	(247) $_{97}$Bk バークリウム	(252) $_{98}$Cf カリホルニウム	(252) $_{99}$Es アインスタイニウム	(257) $_{100}$Fm フェルミウム	(258) $_{101}$Md メンデレビウム	(259) $_{102}$No ノーベリウム	(262) $_{103}$Lr ローレンシウム